国家自然科学基金青年基金项目(51104154、51774274)资助
中央高校基本科研业务专项基金项目(2017XKQY026)资助

深部开采条件下瓦斯与煤层自燃防控关键技术研究

时国庆　著

中国矿业大学出版社

内 容 简 介

我国浅部煤炭资源已开采殆尽，深部开采势在必行，随着开采深度的增加瓦斯异常、冲击矿压、自然发火等问题日渐突出。围绕深部开采过程中瓦斯异常涌出和自然发火问题，本书研究了深部开采条件下瓦斯赋存与涌出规律，煤层自燃基础特性与自然发火规律，开展了瓦斯与煤层自燃关键防控技术研究，提出了"双置换，双排放"的瓦斯异常区瓦斯防控技术，构建了煤层自燃的三维立体预防及自燃隐患的定向防控技术。上述技术在梁宝寺煤矿的深部开采过程中进行了成功应用，取得了良好的经济和社会效益。

本书可作为煤矿安全工程技术人员及相关科技工作者和大中专院校安全工程专业师生参考材料。

图书在版编目(CIP)数据

深部开采条件下瓦斯与煤层自燃防控关键技术研究/时国庆著.—徐州：中国矿业大学出版社，2018.10

ISBN 978-7-5646-4238-9

Ⅰ.①深… Ⅱ.①时… Ⅲ.①煤矿开采—深层开采—瓦斯爆炸—防治—研究②煤矿开采—深层开采—煤炭自燃—防治—研究 Ⅳ.①TD712②TD75

中国版本图书馆CIP数据核字(2018)第254438号

书　　名　深部开采条件下瓦斯与煤层自燃防控关键技术研究
著　　者　时国庆
责任编辑　黄本斌
出版发行　中国矿业大学出版社有限责任公司
　　　　　(江苏省徐州市解放南路　邮编221008)
营销热线　(0516)83884103　83885105
出版服务　(0516)83995789　83884920
网　　址　http://www.cumtp.com　**E-mail**:cumtpvip@cumtp.com
印　　刷　徐州中矿大印发科技有限公司
开　　本　787×1092　1/16　**印张** 10.5　**字数** 262千字
版次印次　2018年10月第1版　2018年10月第1次印刷
定　　价　35.00元
(图书出现印装质量问题，本社负责调换)

前　言

2017年全年生产原煤35.2亿t，煤炭占全国能源消耗的60%以上，煤炭作为我国主体能源的地位短期内不会发生改变。与此同时，我国浅部煤炭资源已开采殆尽，深部开采势在必行，随着开采深度的增加瓦斯异常、地温升高、高冲击矿压、自然发火等问题日渐突出，严重威胁着矿井生产安全。如何保证深部煤炭资源安全、高效、低成本的开采，使其继续为我国的经济发展提供强劲的动力，是当前我国煤炭行业亟待解决的技术难题。为此，围绕梁宝寺煤矿深部开采过程中面临的技术难题，作者及科研团队专注于矿井深部开采过程中瓦斯赋存涌出规律、煤层自燃规律及其防治技术展开研究，研究成果有助于保障深部矿井安全回采。

研究了深部开采条件下影响矿井瓦斯赋存的主要因素，其中沉积环境、煤层围岩特性、地质构造、火成岩侵入、煤的变质程度和埋深对煤层瓦斯赋存影响显著。分析了深部开采过程中瓦斯涌出规律，可以看出地质构造和煤层埋藏深度对煤层的瓦斯异常涌出有较大的影响，断层附近和向斜轴部区域以及工作面瓦斯涌出经常出现异常；分析了矿井深部开采过程中微震事件与瓦斯异常涌出之间的相互关系，分析表明无论是工作面后方(采空区)还是工作面的前方，微震发生的频次都具有先增大后减小的趋势，且工作面前方煤体微震发生频次总体上大于工作面后方(采空区)微震发生的频次，大能量微震事件发生后易引起瓦斯的异常涌出，证明可依托冲击地压预警系统对瓦斯异常涌出做早期预警。

为抑制梁宝寺煤矿深部开采过程中瓦斯超限频发的问题，提出了“双置换，双排放”的瓦斯异常区域内瓦斯综合防治思路。即在采用工作面水力置换驱替瓦斯技术、间歇性注氮气泡沫的上隅角瓦斯置换与阻隔技术置换驱替瓦斯的同时，采用交替掩护式高位钻孔以及“注抽一体化”隅角瓦斯治理相结合的瓦斯抽排技术，引排瓦斯，形成了瓦斯驱替、堵截相结合的采空区瓦斯治理三维空间网络，形成了一套完整的工作面瓦斯治理综合技术体系。

在实验室对深部开采区域煤样进行了程序升温控制测试，得出了气体浓度随温度的变化趋势，分析了煤氧化温度与气体产物的特性，得出煤自燃预测预报指标：以CO为主，并辅以C_2H_4、C_2H_2来掌握煤炭自燃情况；CO的出现说明煤已经发生氧化反应，C_2H_4出现表明煤温已经达到100 ℃以上，C_2H_2的出现则说明煤温至少已经超过193 ℃，此时应采取积极的防灭火措施。基于色谱吸氧法和氧化动力学方法对煤样的自燃倾向性进行了测定，两者鉴定结果都为Ⅱ级自燃。在大量氧化动力学测试和绝热氧化实验的基础上，建立绝热氧化时间与氧化动力学判定参数之间的关系，测算梁宝寺深部采区3煤层煤样的最短自然发火期为33 d。

基于未确知测度理论，建立了采煤工作面自然发火危险性等级评价和排序模型。从地质条件和工况出发，选取了影响采煤工作面自然发火危险性的20个因素，利用熵计算了各影响因素的指标权重，依照置信度识别准则进行等级判定得出采煤工作面自然发火危险性的评价结果；采用沿工作面全线布点的方法观测采空区自燃“三带”，在深部开采工作面沿倾向上布置了4个测气点和测温点进行了自燃“三带”观测，分析了氧气、氮气、一氧化碳、二氧化碳、甲烷、乙烷和温度的变化规律，得出采空区自燃“三带”范围并计算得出了该工作面的最小安全推进速度，得到了采煤工作面采空区易自燃区域；采用计算流体动力学方法对深部开采工作面3418综放工作面在不同瓦斯抽采条件下的采空区氧气浓度分布进行了模拟研究；研究表明随着抽采流量的增加，采空区氧化带前缘和氧化带的后边界都向采空区深部方向运移，并且前缘和后缘的距离也有一定的增加，采空区瓦斯抽采导致自燃带的范围扩大。

为防止抽采漏风引起采空区自燃，提出了大流量灌注液态氮气惰化采空区的技术思路。针对氮气防灭火机理和注氮与瓦斯抽采之间的关系进行了分析，建立了采空区灌注液态氮气的工艺体系。针对传统的喷水泥砂浆、打挡风垛等方法的堵漏工作量大、堵漏效果差的缺点，开展了煤岩散体固化胶结的堵漏风技术研究。设计了基于高分子固化泡沫胶结材料的堵漏工艺，将高分子固化泡沫材料注射在采空区上、下端头松散的煤岩中，形成煤岩胶结体并形成致密覆盖膜的一种增阻、堵漏、控氧的防灭火技术。基于氮气惰化技术和固化泡沫堵漏技术，建立了综放工作面采空区煤自燃的立体综合预防技术体系，为工作面自然发火防治提供了技术支持。

针对防灭火钻孔施工时穿越松散带的钻孔施工所面临的卡钻、塌孔等难题，结合对松散区域分布范围和钻孔影响因素的分析，开展防灭火钻孔的施工方法研究，提出“小钻头施工、大钻头扩孔后下套管”的大口径钻孔施工方法、“钻孔的预钻技术”和“钻套一体化”等防灭火钻孔施工技术思路，显著提高了防火钻孔施工的成孔率；基于大孔径灭火钻孔的快速施工，提出了大流量灌注液态二氧化碳和两相泡沫的自燃隐患定向综合防控技术。技术集松散介质快速打钻、大流量快速灌注液态二氧化碳和防灭火泡沫为一体，实现了液态二氧化碳和防灭火泡沫的快速、定向定点、大流量的三维立体灌注，大大增加介质覆盖面积，提高了火区的惰化效果，增加了防控火区的效率。该技术既可作为高效的火灾预防手段，也可作为发生自燃灾变时的处置手段，对治理矿井火灾具有重要意义。

深部开采条件下瓦斯与煤层自燃防控关键技术研究成果的应用，有效防控了梁宝寺煤矿深部开采过程中瓦斯与火灾问题，保障矿井的安全有序回采，取得了显著的经济与社会效益。

成果的取得离不开团队的努力，在此感谢同事陈裕佳博士、常绪华博士的辛勤付出，感谢梁宝寺煤矿宁洪进副矿长、董钦亮副总工程师、张茂增工程师、王峰科长在研究过程中提出的良好建议和意见，同时也感谢他们在现场工作中给予的大力支持，感谢在研究和实验中热心帮助过我的所有人；感谢国家自然科学基金青年基金(51104154、51774274)、中央高校基本科研业务专项基金为本书的研究与出版提供的资金支持。

作　者

2018年4月

目　　录

1 绪 论

1.1 我国煤矿深部开采现状

2017年全国原煤产量实现恢复性增长，全年生产原煤35.2亿t，占全国能源消耗的60%左右[1]，煤炭资源为我国经济发展做出了巨大贡献，未来一段时期煤炭作为我国主体能源的地位仍不会改变。随着我国浅部煤炭资源的开采殆尽，深部开采势在必行。然而，随着开采深度的增加，各种技术难题凸显。如何保证深部煤炭资源安全、高效、低成本的开采，继续为我国的经济发展提供充足能源，是当前我国煤炭行业亟待解决的技术难题。

国内学术界根据目前采煤技术发展现状和安全开采要求，提出深部的概念是700～1 000 m[2]。另一个是相对概念，即根据煤岩体所处的赋存环境的明显变化来定义深部概念，提出了所谓“三高”概念，即高地应力、高地温、高渗透压，但也无明确界定。还有些学者根据采动灾害特征来定义深部概念，即只要出现了巷道变形剧烈、采场矿压剧烈、采场失稳加剧、岩爆与冲击地压骤增、瓦斯高度聚积、瓦斯压力增大、突水事故概率增大、突水事故趋于严重等灾害事故就算深部开采[3]。

国内近些年不同学者分别探讨了深部开采界线问题，梁政国通过综合考虑采场生产中动力异常程度、一次性支护适用程度、煤岩自重应力接近煤层弹性强度极限程度和地温梯度显现程度等综合指标判据，指出深浅部开采界线初步定为700 m，在浅部开采中，500 m以上为一般浅部开采，500～700 m为准深部开采，700～1 000 m为一般深部开采，1 000～1 200 m为超深部开采[4]；钱七虎建议依据分区破裂化现象来界定深部岩体工程[5]；何满潮等建议将深部开采深度定义为工程岩体最先开始出现非线性力学现象的深度[6]。

据不完全统计资料显示，我国埋深在1 000 m以下的煤炭资源量占到了已探明的5.9万亿t煤炭资源的53%，并且开采深度以平均每年10～25 m的速度增加。全国开采深度超过1 000 m的矿井达47座，其中采深最大的矿井达到1 501 m[7]。我国深部矿井主要分布在华北、华东和东北地区，主要集中在河北、山东、河南、安徽、江苏、黑龙江、吉林、辽宁等8个省份[8]。目前，全国深部矿井主要集中在华东地区，以山东、安徽居多，其比例占到了全国深部矿井数量的35.92%，产能占到了44.62%；华北地区深部矿井以河北居多，数量占到了14.08%，产能占到了14.4%；华中地区以河南居多，数量占到了19%，产能占到了19.07%；东北地区深部矿井数量比例为21.84%，产能比例为15.89%。这8个省份深部矿井的总产能为3.07亿t，占到了全国煤矿总产能36.5亿t的8.41%。近年来，山西地区部分矿井也正向深部延深，预计未来20年内全国深部矿井数量和产能所占比例会越来越大[9]。

1.2 深部开采面临的安全问题

与浅部煤矿开采相比，深部开采随着开采深度的增加，地压的加大、地温的升高以及瓦斯含量的积聚等一系列因素制约着煤矿的安全生产。据资料显示，由于瓦斯爆炸引起的10人以上死亡的煤矿事故70%出现在600 m以下的矿井[10]。并且要求的支护参数越来越高，所需开采成本也不断提高。基于前人的研究成果，对影响煤矿深部开采的地质环境因素可简单概括为“五高一扰动”，即高地应力、高温、高渗透压、高瓦斯、高冲击地压、采掘扰动。

(1) 高地应力。随着开采深度的增加，矿井原岩应力和构造应力不断加强，并且呈线性增长。随之带来的巷道变形速度快，破坏范围加大，持续变形，底鼓严重，返修率高。当采深从500 m增加到1 000 m时，仅垂直应力就达到了27 MPa，远超过了工程岩体的抗压强度。在如此高的地应力下掘进后的巷道的持续变形、流变给巷道支护带来了严峻的挑战。

(2) 高温。深部开采环境下，岩层的温度随着深度的增加以3～4 ℃/hm温度梯度上升，采深在1 000 m以上的矿井温度在夏季最高可达35 ℃[11]。如此高的温度下岩体的物理力学性质也会发生剧烈的变化，使其发生热胀冷缩破碎；同时，工人在高温环境中长时间劳动会影响人的中枢神经系统，使人疲劳精神恍惚，容易引发事故。

(3) 高渗透压。对于深井开采，采深越大，承压水位高、压力大，加之构造复杂和高地应力的长期作用，更容易造成渗流裂隙增多，相对集中，使岩溶水压力增大。并且随着含水量的增加，岩石的抗压强度和泊松比都有所下降，突水概率有所增加。

(4) 高瓦斯。煤层瓦斯压力随着埋藏深度的增大多呈静水压力梯度递增。在深部高地应力的作用下，由于瓦斯移动通道不顺畅，大量的瓦斯气体压缩在煤层以及岩体的空隙之间，造成了在掘进巷道时瓦斯气体突然释放，引发煤与瓦斯突出的危险。

(5) 高冲击地压。煤岩体在深部由于自重应力的增加以及地质构造的复杂性，容易积聚大量的固体能量。在开挖以及工程扰动的情况下，使得积聚的能量释放大于矿体失稳和破坏的能量，导致巷道底鼓，发生冲击地压。另外，其容易和煤与瓦斯突出、承压水现象共同作用，产生“共振”效应，引发更多危险。

(6) 强烈的采掘扰动。对于深部开采，受采动影响的巷道高于原岩应力的数倍甚至几十倍，使浅部岩石由原来的弹性应力状态进入深部后转化为塑性状态，造成更多岩石的破坏失稳，使得矿压显现更为剧烈，支护更加困难。同时，巷道群掘进时，由于巷道两侧的应力破坏区范围更大，使得相邻巷道掘进过程中应力增高范围区叠加，会造成先掘巷道的变形，相邻巷道周边围岩应力分布需要多次、长时间才能趋于平衡，巷道返修率明显加大。

深部矿井开采过程中，矿井瓦斯是严重威胁煤矿井下安全生产的灾害因素，当矿井中存在瓦斯时我们就将该矿井称为瓦斯矿井。煤层瓦斯压力和含量是影响矿井瓦斯涌出量大小的主要因素，一般来说，它们随着采深的增加也会出现规律性的增大。也就是说，随着矿井采深的增加，煤层中的瓦斯涌出量也将逐渐增大，从而使原先的低瓦斯矿井逐渐向高瓦斯矿井和煤与瓦斯突出矿井转变。与此同时，随着我国矿井集约化程度和开采规模也在不断提高，很多吨煤瓦斯含量较小的瓦斯矿井在上隅角也开始出现瓦斯超限等现象。并且随着工作面的向前推进，采空区瓦斯涌出所占的比例越来越大，尤其是综放工作面，由于采出率较低，采空区遗煤量大，采空区瓦斯问题就越严重。

随着采深的增加，煤层自燃事故也有增多的趋势。徐矿集团针对其下属的深部生产矿井统计了自燃事故、隐患及CO情况[12]，统计得出了已采水平煤层氧化地点数量与采深关系对应图，如图1-1所示。从图中可以看出，矿井煤层自燃危险性均随着采深的增加而增加；随着煤层开采深度的增加，矿山压力增大，增加了支护的难度造成煤体更易破碎[2,3]；并且，随采深的增加矿内地温也增加明显，地温的作用增强了煤体的氧化放热性，地温升高改善了自燃蓄热条件，有利于煤体的自燃发生，地温的增加加强了煤体自燃的供氧条件，这些因素都会导致自然发火将更为频繁。

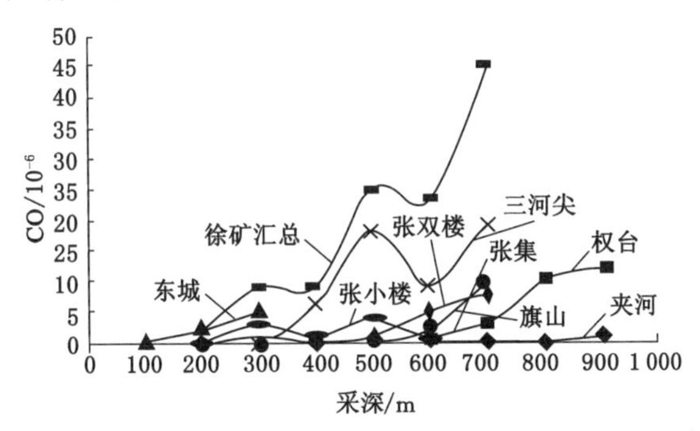

图1-1 煤层自燃危险性与开采深度的关系

1.3 梁宝寺煤矿深部开采的现状与安全问题

1.3.1 矿井概况

(1) 地理位置

梁宝寺矿井位于山东省西南部嘉祥县城西北约20 km，行政区划属嘉祥县梁宝寺镇。其矿区范围东起F_1断层，西至F_{13}断层，北至9、10、11矿区拐点坐标，南至奥陶系灰岩顶界露头；南北长约11 km，东西宽约9 km，面积95.273 1 km^2。极值地理坐标为：东经116°08′40″～116°15′18″，北纬35°29′38″～35°36′43″。

矿区南部18 km有日—菏双线铁路、327国道，南距嘉祥火车站20 km，日—东高速公路也从南部13 km处通过，东距京—沪双线铁路兖州火车站56 km，西距京—九双线铁路菏泽站76 km，铁路网线互相联通。东部10 km有京杭运河通过，区内公路直达济宁、梁山、兖州、嘉祥等地。水路、陆路交通十分便利。其交通位置如图1-2所示。

梁宝寺煤矿设计生产能力180万t/a，采用立井、分水平开拓方式。井田煤层赋存深度多在−500～−1 200 m间，垂高约700 m，缓倾斜；矿井服务年限内，多数时间处于深部开采条件下。根据煤层赋存条件，全井田采用两个水平上、下山开拓。一水平标高为−720 m，二水平标高−1 000 m。共划分为5个采区，已生产采区有一采区、二采区，目前生产采区为三采区。开采深度已达千米以下，随着开采深度的增加，矿井瓦斯涌出量增加明显，瓦斯超限逐步成为制约生产的主要因素。在2010年的瓦斯等级鉴定中3300采区就被定为瓦斯涌出异常区。

(2) 主采煤层

梁宝寺井田为全隐蔽式煤田，主要含煤地层为下二叠统山西组和上石炭统太原组，总厚

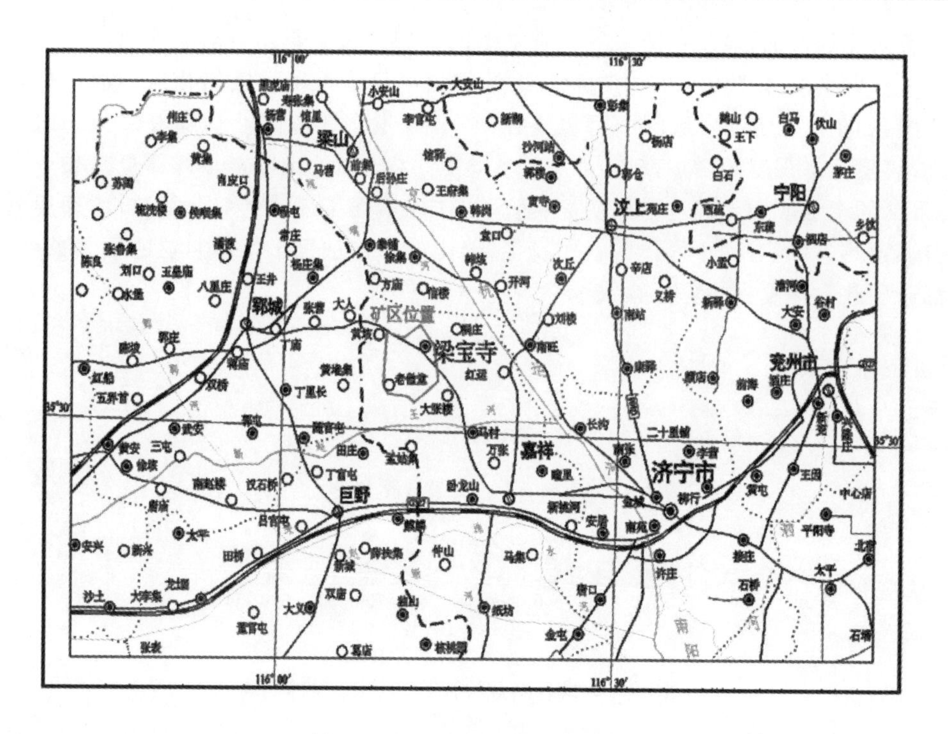

图 1-2　梁宝寺煤矿交通位置图

264.40 m；含煤 27 层，其中山西组含煤 3 层，太原组含煤 24 层，平均总厚 8.70 m，含煤系数 3.3%。大部和局部可采的 3($3_上$)、16 和 17 煤层，平均总厚 4.74 m，占煤层总厚的 54%，其中 3($3_上$)煤层厚度为 0～10.23 m，平均厚度为 3.36 m，占可采煤层总厚的 71%，是本区首采及主采煤层。

3 煤层位于山西组的中、下部，上距石盒子组 A 层铝土岩平均 184.66 m，下距太原组三灰，平均 62.45 m。该煤层为 $3_上$、$3_下$ 合并后的厚煤层，主要分布于勘探区的东北部，合并区域内煤层厚 5.88～10.23 m，平均 7.08 m，可采系数为 100%。该煤层属较稳定煤层，结构较简单，一般含夹石 0～4 层，夹石岩性多为碳质泥岩及泥岩，煤层顶板为泥岩和粉砂岩，个别点为细砂岩及中砂岩，煤层底板为泥岩和粉砂岩。

$3_上$ 煤层，该煤层为 3 煤层分叉后的上分层，位于山西组中、上部，下距 $3_下$ 煤层 0～37.24 m，距三灰平均 86.69 m，属较稳定煤层。煤厚 0～5.02 m，平均 2.47 m。该煤层结构较简单，含 0～3 层夹石，夹石岩性为泥岩和粉砂岩。煤层顶板多为泥岩、粉砂岩，个别为中、细砂岩；底板多为泥岩、粉砂岩，少数为碳质泥岩。

$3_下$ 煤层，主要分布于本区的中南部，距三灰平均间距 63.54 m。煤层厚度为 0～4.08 m，平均 0.42 m。个别点可采，但因分布孤立，未计算储量。该煤层结构简单，一般不含夹石，顶底板多为粉砂岩、砂岩。

16 煤层位于太原组下部，$十_下$ 灰为其直接顶板，下距 17 煤层 0.34～8.07 m，平均 2.68 m。煤层厚度为 0～2.09 m，平均 0.72 m。该煤层由于受岩浆岩侵蚀，使东部吞蚀成为无煤区或变为天然焦。可采点主要分布于勘探区的南部及西部，可采区内煤层厚度为 0.81～2.09 m，平均 1.53 m。就全区而言，该煤层属较稳定煤层，煤层结构简单，一般不含夹石，个别点含 1～2 层夹石。夹石岩性为碳质泥岩或碳质粉砂岩。煤层顶板为石灰岩，底板为泥岩或粉砂岩。

17 煤层位于太原组下部，下距太原组底界 22.61～35.54 m，平均 25.85 m，煤厚 0～1.55 m，属较稳定煤层～不稳定煤层。可采范围主要分布在勘探区的南部，可采区内煤厚 0.70～1.55 m，平均 0.95 m，属较稳定煤层。该煤层结构简单，一般不含夹石，只有个别点含 1～2 层夹石。夹石岩性为碳质泥岩。煤层顶、底板多为泥岩或粉砂岩。

(3) 构造特征

梁宝寺井田位于巨野向斜东部，东界为 F_1 断层，西界为 F_{13} 断层，由此构成本区的地堑构造。区内地层呈南浅北深的趋势，因受区域断层的控制，形成以梁宝寺向斜为骨干向北倾伏收敛的"裙边状"褶曲构造。本井田为受南北向断层（F_1、F_{13}）制约的地堑构造，地层倾角一般在 15°左右，伴有一系列南北向的宽缓褶皱，并伴有北东向、北西向断裂构造，构造复杂程度中等。

① 褶皱构造。全区呈宽缓褶曲构造，次一级褶曲发育，翼部倾角较缓，为 5°～10°，受 F_1、F_{13} 断层的影响，东、西地段地层倾角较大，一般为 20°左右，局部达 30°。纵观全区，地层倾角呈南部缓、西部陡的趋势。浅部地层大致走向为东西向。深部因梁宝寺向斜影响，地层走向呈现向北开口的"V"字形。区内褶曲以贯穿全区的梁宝寺向斜为骨架构造，主要褶曲有 10 条，见表 1-1。

表 1-1　　主要褶曲一览表

序号	褶曲名称	延伸长度/km	幅度/m	跨度/km	两翼地层倾角/(°)	查明程度
1	王庄向斜	11	20～200	1～2	5～15	南部基本查明，中、北部已查明
2	南宋庄背斜	10	0～50	1～3	5	南部基本查明，中、北部已查明
3	梁宝寺向斜	17	50～250	2～6	5～10	中部已查明，南部和北部基本查明
4	黄河李背斜	8	0～100	1～2	5～20	南部基本查明，中、北部已查明
5	申庄向斜	9	0～200	1～2	5～15	南部基本查明，中、北部已查明
6	贺庄背斜	4	0～40	1～2	5	查明
7	程庄向斜	5	30～80	1～2	5	基本查明
8	武寨背斜	6	0～80	1～2	5～10	基本查明
9	杜垓向斜	7	0～120	1～2	5～10	基本查明
10	李庄背斜	10	0～80	1～2	5～15	基本查明

② 断层。区内共发现断层 75 条，除 F_{26} 为逆断层外，其余均为正断层。按方向分为：东西向断层 8 条；南北向断层 14 条；北东向断层 25 条；北西向断层 28 条。按落差大小分为：落差≥100 m 的断层 10 条；50 m≤落差＜100 m 的断层 14 条；30 m≤落差＜50 m 的断层 26 条；落差＜30 m 的断层 25 条。

③ 全区共有 61 个勘探钻孔，其中见岩浆岩 25 个钻孔，占 41%，主要分布于井田的中部及东部。根据岩浆岩侵入情况分析，岩浆是在煤系沉积之后的构造运动中，沿构造裂隙带上升，遇到煤层及其他软弱岩层时顺层侵入；从侵入体的厚度看，岩浆可能从本区东部侵入。本区岩浆岩侵入层位在三灰到十二灰之间，并以顺 16 煤层侵入为主，因而对 16、17 煤层的

影响较大，使煤层部分被吞蚀或变成天然焦。因山西组3煤层距岩浆岩间距较大，煤层厚度未受影响，仅在局部地区煤层的变质程度略有升高。

(4) 通风方式及通风方法

矿井通风方式为中央并列抽出式，副井及主井进风，中央风井回风。井田主要含煤地层是下二叠统山西组和上石炭统太原组，其中山西组3层煤是矿井主采煤层。煤层埋藏较深，开采水平为－1 000 m，为深部井田开采矿井。

梁宝寺煤矿地质构造复杂，断层、褶曲、破碎带、岩浆入侵区等地质构造带较多，构造带处的瓦斯赋存及涌出规律不易掌握。矿井目前开采深度已达千米以下，随着开采深度的增加，矿井瓦斯涌出量增加明显，瓦斯超限逐步成为制约生产的主要因素。随着矿井持续生产及开采深度的增加，研究矿井深部尤其是瓦斯异常区的瓦斯防治关键技术对矿井安全生产具有重要意义。

1.3.2 矿井面临的主要安全问题

(1) 瓦斯

本井田$3(3_{上})$煤层采取瓦斯样13件，其成分和含量最高为92.23%和5.315 cm^3/g。瓦斯含量与岩浆岩对煤层影响及煤层厚度和煤层埋藏深度有关，煤层厚度大、埋藏深及受岩浆岩影响的地段，瓦斯含量相对较高。根据钻孔测得的瓦斯含量资料，本区瓦斯含量较低，但由于区内各煤层埋藏较深，在开采过程中应做好通风工作，以防瓦斯聚积，发生瓦斯爆炸。

(2) 煤尘

各煤层煤尘爆炸性试验结果表明火焰长度变化于0～700 mm之间，扑灭火焰的岩粉量为0～80%，所以各煤层均有煤尘爆炸危险性。

(3) 煤层自燃

各煤层原样着火温度变化于322～403 ℃之间，还原样与氧化样着火点之差(ΔT)变化于4～26 ℃之间，所以各煤层属不自燃～易自燃煤。

(4) 冲击地压

目前，梁宝寺煤矿目前采深平均已超过800 m，局部地点采深已经达到1 000 m。已探明的深部四层煤具有强烈冲击倾向，是典型的冲击地压矿井。煤层上覆岩中含有中砂岩为主的坚硬岩层，坚硬岩层易形成悬顶，极易产生岩体变形而聚积大量弹性能，如果坚硬顶板发生破碎或滑移，这些含有大量弹性能的岩体会急速释放出本身的大量弹性，能量释放的结果必然是诱发冲击灾害，正是由于坚硬顶板具有采后不易垮落下沉的特点，它们一旦受到外来因素影响发生破坏断裂垮落现象，不仅会给采煤工作面和其他工作面带来强烈的矿山压力显现后果，而且位于冲击地压上面的覆盖岩层甚至是地表岩体也会随着它的垮落而发生严重的同步垮落下沉现象。

梁宝寺煤矿主采煤层为3煤层，根据该矿实验测得的3煤层冲击倾向性测定结果(表1-2)，对比中华人民共和国煤炭行业标准《煤层冲击倾向性分类及指数的测定方法》(MT/T 174—2000)，可以认为梁宝寺煤矿3煤层具有强冲击倾向性。在一定的煤层赋存条件、地质条件、开采条件以及大面积采空区悬顶等条件下，有发生冲击地压的危险性。并且根据相邻矿区开采3煤层时以及本矿区在回采和掘进过程中的矿压实际显现情况，也证明3煤层多次发生煤炮及部分锚杆拉脱等动力现象，给安全生产带来了影响与潜在的威胁。

表 1-2 煤层冲击倾向性各项指标鉴定结果

煤样	序号	动态破坏时间 DT/ms	冲击能指数 K_E	弹性能指数 W_{ET}
3305 工作面轨道巷	1	13	3.73	12.44
	2	167	3.03	8.36
	3	15	5.31	8.92
	4	93	6.24	8.89
	5	13	8.87	7.00
	平均值	60	5.44	9.12
	判定结果	强冲击倾向	强冲击倾向	强冲击倾向

2 煤矿深部采区煤自燃基础特性研究

为掌握梁宝寺煤矿深部开采主采煤层的煤炭自燃特性，分别采用静态吸氧法、氧化动力学方法对煤层进行了自燃倾向性鉴定，采用程控升温法研究了煤样升温过程中的气体产物特征。

2.1 煤样工业成分

煤的工业分析主要对煤中的水分、灰分、挥发分、全硫和真密度进行测定，并根据水分、灰分和挥发分对固定碳、氢含量进行计算。本测试采用标准《煤的工业分析方法》(GB/T 212—2008)、《煤中全硫的测定方法》(GB/T 214—2007)、《煤的真相对密度测定方法》(GB/T 217—2008)进行测试。在3418工作面采集煤样，工业测试结果见表2-1。从表中可以看出，该煤挥发分含量较高。

表 2-1　　工业分析测试结果

煤样名	分析结果/%						放热量 Q_{ad} /(MJ/kg)	真相对密度 TRD
	M_{ad}	V_{ad}	A_{ad}	FC_{ad}	H_{ad}	$S_{t,d}$		
3418工作面煤样	3.17	35.69	8.92	52.22	5.20	0.49	28.17	1.36

2.2 煤的自燃倾向性

2.2.1 煤自燃倾向性的色谱吸氧法分析

根据煤氧复合作用学说，煤在氧化自燃的过程中，会先后发生物理和化学变化，物理变化包括气体的吸附、脱附、水分的蒸发与凝结、热传导、煤体的升温、结构的松散等；化学变化包括煤表面分子中各种活性结构与氧发生化学吸附和化学反应，生成各种含氧基团及产生多种气体，同时伴随着热效应(放热和吸热)。在工业中，用物理吸氧量来表示煤自燃倾向性的大小[14-16]。

煤炭自燃倾向性是划分煤炭自然发火危险性等级的指标参数[17-25]。它不仅是煤炭矿井恰当地设计采煤方法，选择采区规模，合理设计矿井通风和风压条件的重要依据之一，也是采取适当措施存贮和长途运输煤炭的重要依据。

(1) 实验目的与原理

煤的自热首先开始于吸附空气中的氧气，当煤中不含或含少量硫化矿物时，其自燃主要表现为煤自身吸附空气中的氧而开始的自热过程。因此，对煤吸氧特性参数的研究，如吸附氧量、吸附温度和吸附过程的有关参量等，也就成为研究包含煤自燃倾向性在内的煤自燃机理的内容之一。

实验研究证明，煤在低温常压下的吸附，符合 Langmuir 方程的吸附规律，而其吸附氧能力的差异则与煤化参数之间存在一定的对应关系，且亦受多种因素的影响与制约。根据煤低温吸氧的性能是表征煤自燃性的关键参量的结论，煤炭科学研究总院抚顺分院提出了以双气路流动色谱法测定煤吸氧量的煤自燃倾向性鉴定方法，当前该方法是我国煤炭行业鉴定煤自燃倾向性的标准，故以下采用了双气路流动色谱法鉴定煤自燃倾向性。

(2) 引用标准

《煤层煤样采取方法》(GB/T 482—2008)、《商品煤样人工采取方法》(GB 475—2008)、《煤岩样品采取方法》(GB/T 19222—2003)、《煤样的制备方法》(GB 474—2008)、《煤自燃倾向性色谱吸氧鉴定法》(MT/T 707—1997)、《煤自燃性测定仪技术条件》(MT/T 708—1997)、《煤的真相对密度测定方法》(GB/T 217—2008)、《煤的工业分析方法》(GB/T 212—2008)。

(3) 测试仪器

利用双气路流动色谱法，测定煤低温吸附流态氧的特性，以煤在限定条件下测定的吸氧量值，对煤自燃倾向性进行分类。

① 气路流程

利用色谱技术测定煤在既定温度下对氧的吸附量，使用双气路流动色谱法，在仪器的气路中，将载气氮和吸附气氧分开，使得相对压力达到 1，这样测定吸氧量即可以在常压下进行。测定时，是在色谱仪上使吸附质(氧)连续地进入进样系统，随载气一起进入装有待测煤样的样品管。由于热导检定器产生的响应值得到的峰面积与吸附量成正比，峰面积即可反映吸附量；同时，由于测定的是煤在低温氧化过程中的吸附过程，根据物理化学的基本原理，它属于物理吸附，因而吸附质氧分子与吸附剂煤之间的作用力属于范德华引力，氧分子所以能被煤表面吸附，就是因为煤的表面存在着残余的表面自由力场，当氧分子碰撞到煤的表面时，其中一部分即被吸附。在被吸附的氧分子中，只有当运动的动能足以克服引力场的位垒时，才能重新回到气相，因而它接触的固体表面上总是保留着许多被吸附的分子，其吸附量则取决于煤的表面和其孔结构的特性、吸附平衡的温度以及吸附质氧气的平衡压力。这样，将氧气以连续的方式供给恒定温度下装于样品管中的煤，使它于 101 325 Pa 的压力下将其吸附，并使之达到吸附平衡，而载气则由另一路进入仪器，由于热导检测器测量臂和参考臂通过的都是纯载气氮，而无信号输出，之后利用 6 通和 4 通阀位置的变换，载气即冲洗着样品吸附平行后的氧气使之脱附，进入热导池的测量臂，而输出信号由色谱峰的面积计算其吸附的氧气量。气路系统和实物如图 2-1 和图 2-2 所示。

② 主要性能指标

测量方法：双气路流动色谱吸氧法；

测量范围：吸氧量 0.05～4.00 mL/g；

测量误差：≤5%；

载气：氮气(纯度≥99.95%)；

吸附气：氧气(纯度≥99.95%)；

基线飘移：≤0.6 mV/h；

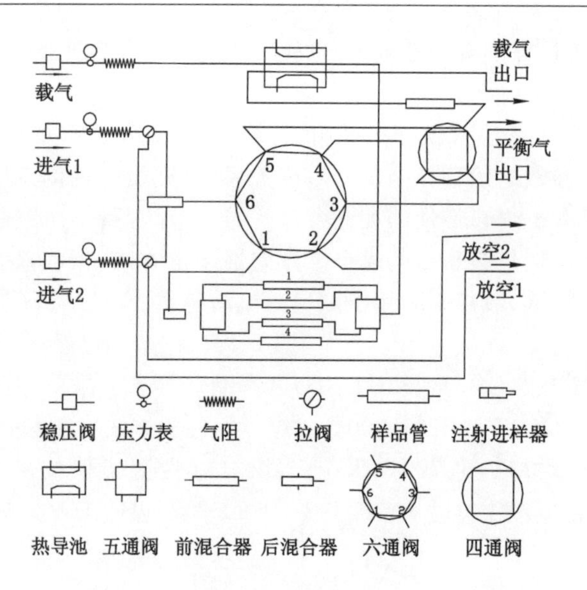

图 2-1　仪器气路系统

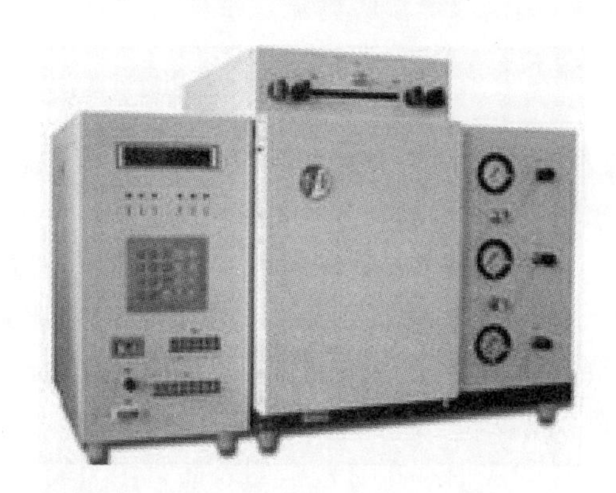

图 2-2　ZRJ-1 型煤自燃倾向性测定仪

灵敏度：>10 mV/mL（氧气峰高，氮气载气）；

供电电源：(220±22)V，(50±0.5)Hz，功率≤500 W。

③ 仪器特点

仪器由 4 个单元组成：气路系统及其控制单元；柱箱及其温度控制单元；微机控制单元以及记录打印单元。其主要特点为：

a. 仪器设计专用性强，结构紧凑，稳定性好，操作简便。

b. 热导检测器采用抗氧化元件和恒定热丝平均温度桥路供电，使用寿命高。

c. 微机控制系统，实现湿度控制、测定、显示及计算、打印自动化。

d. 采用 4 路进样系统，测试周期短、效率高。

(4) 测试方法

① 测定条件

煤样采集后，粉碎到粒度<0.15 mm，且 0.10～0.15 mm 的粒度应占 70%以上，并在测量前将煤样进行脱水处理；煤样的粒度≤0.15 mm；煤样质量为(1±0.05) g；载气流速为

(30±0.05) cm^3/min;氧气流速为(20±0.05) cm^3/min;吸附、脱附温度为(30±1) ℃;吸附时间为 20 min。

② 吸附量计算

在实验中应该满足下述条件:a. 固体表面是均匀的,也即对某单一组分的煤粒可以认为其表面是均匀的,因此,将每个单组分颗粒的 Langmuir 吸附值叠加,可使煤的吸附从总体上符合 Langmuir 吸附规律;b. 被吸附分子间没有相互作用力;c. 吸附为单分子吸附;d. 在一定条件下吸附与脱附之间可建立动态平衡。从而可按单分子层吸附理论推导出的 Langmuir 吸附方程计算吸附量。试验结果的吸附量计算采用仪器常数法,其计算式为:

$$V_d = K_1 K R_{C1} \left\{ S_1 - \left[\frac{a_1 R_{C1}}{a_2 R_{C2}} \times S_2 \left(1 - \frac{G}{d_{TRD} \cdot V_S}\right) \right] \right\} \times \frac{1}{(1 - W_Q) \cdot G} \tag{2-1}$$

式中 V_d——吸氧量,cm^3;

K——仪器常数;

R_{C1}——实管载气流量,cm^3/min;

R_{C2}——空管载气流量,cm^3/min;

a_1——实管时氧气的分压与大气压之比;

a_2——空管时氧气的分压与大气压之比;

S_1——实管脱附峰面积,mV·s;

S_2——空管脱附峰面积,mV·s;

G——煤样质量,g;

d_{TRD}——煤的真比重;

V_S——样品管(标准态)体积,cm^3;

W_Q——煤样全水分,%;

K_1——校正因子,$K_1 = 5V_{db} / \sum_{i=1}^{5} V_{di}$;

V_{db}——标准样品的吸氧量(干煤),cm^3/g;

V_{di}——标准样品第 i 次测定的吸氧量,cm^3/g。

(5) 煤自燃倾向性分类

测定结果以每克干煤在常温(30 ℃)、常压(1.013 3×10^5 Pa)下的吸氧量作为分类的主指标,配以工业分析等参数,通过模糊数理统计的聚类分析方法,将煤的吸氧量值与工业分析结果综合评判,同时结合现场有关煤自然发火特征资料反馈修正,确定煤自燃倾向性等级分类标准见表 2-2 和表 2-3。

表 2-2 煤样干燥无灰基挥发分 V_{daf}>18%时自燃倾向性分类

自燃倾向性等级	自燃倾向性	煤的吸氧量 V_d/[cm^3/g(干煤)]
Ⅰ	容易自燃	V_d>0.70
Ⅱ	自燃	0.40<V_d≤0.70
Ⅲ	不易自燃	V_d≤0.40

表 2-3 煤样干燥无灰基挥发分 V_{daf}≤18%时自燃倾向性分类

自燃倾向性等级	自燃倾向性	煤的吸氧量/[cm³/g(干煤)]	全硫/%
Ⅰ	容易自燃	V_d≥1.00	≥2.00
Ⅱ	自燃	V_d<1.00	
Ⅲ	不易自燃		<2.00

其中,煤样干燥无灰基挥发分 $V_{daf}=V_{ad}\times[100/(100-M_{ad}-A_{ad})]$,$V_{ad}$、$M_{ad}$、$A_{ad}$分别为工业分析中测得的挥发分、水分和灰分。

(6) 实验测试结果

按照上述实验过程对所取煤样进行吸氧实验。实验测量煤样的吸氧量和自燃等级结果见表 2-4。

表 2-4 煤的物理吸氧量及自燃等级

煤样名	吸氧量/(cm³/g)	干燥无灰基挥发分 V_{daf}/%	自燃等级
3418 工作面煤样	0.63	40.58	Ⅱ

2.2.2 基于氧化动力学方法的煤自燃倾向性测试研究

(1) 煤的氧化动力学方法的定义

为克服色谱吸氧法的不足,中国矿业大学提出了煤自燃倾向性的氧化动力学测试方法[26-27]。采用该方法对许多矿区的大量煤样进行了测试,结果表明,该方法测试原理科学、鉴定结果更符合实际。该方法的主要特点如下:

① 以煤氧作用的动态发展全过程为研究对象

煤自燃是一个复杂的非线性动态发展过程,煤的绝热氧化实验结果充分表明,煤在不同氧化阶段的反应特征及内在作用机制存在较大差别,仅从煤自燃过程的一个局部阶段出发来研究煤自燃倾向性是不全面的。因此,必须研究煤氧动态发展的整个过程,在深刻把握不同氧化阶段反应特性的情况下才能对煤自燃倾向性做出科学的判定。

② 以热自燃理论和自由基链式反应理论为基础

煤的氧化自燃过程分为低温缓慢氧化过程和加速氧化过程。研究表明:煤在低温氧化阶段的反应是一个热量的逐步积聚过程,温度的升高主要靠热量的积累,体现的是热自燃的特性;在煤的加速氧化阶段,温度的升高是热与自由基共同作用的结果,体现的是热自燃与自由基链式自燃机理。因此,研究煤的氧化动力学特性,需要应用热自燃理论和自由基链式反应理论。

热自燃理论阐述自热的产生机理。物质自燃之所以会产生主要由于分子热运动,分子发生有效碰撞生成产物放出热量或碰撞生成的活化络合物进一步分解生成产物放出热量,这些热量不断积累,使活化分子不断增加,温度不断增加导致反应的自行加速。自由基链锁反应理论阐述链式反应的机理。物质的反应自动加速并不一定要靠热量的积累,也可以通过链锁反应逐渐积累自由基的方法使反应自动加速,物质自燃是由于自由基作用的结果。

煤炭自燃是一个温度逐步升高的过程,在煤与氧接触的过程中一部分煤、氧快速反应生成氧化产物放出热量,一部分发生化学吸附生成不稳定络合物,不稳定络合物再分解成产物，同时放热。随着热量的积累、温度的提高，煤中活化分子的数量增多，分子热运动加快产生更多的产物放出更大的热量，同时温度的提高又促进了煤中每个链锁的基元反应，提高了自由基的增长速度，加快了反应进度，导致了进一步产热。同时温度的升高也导致了某些煤样自由基销毁的速度大于生成的速度，使得自由基浓度减少抑制了反应的快速增加。因此，煤炭自燃是一个热和自由基反应共同作用、相互促进的结果。

③ 以多参数综合测试方法为手段

国内外煤自燃倾向性测试方法的综合比较表明：色谱吸氧法只能反映煤的物理吸附特性、R_{70}法只能测试煤缓慢氧化阶段的特性，交叉点温度法、波兰的活化能法只能测试煤快速氧化阶段的特性，现有的测试手段除绝热氧化法以外均未能反映出煤自燃的综合特性，但绝热氧化法由于其测试周期长、测试条件苛刻难以形成测试标准。因此，只有采用多参数的综合测试方法，对煤从低温氧化到自燃各个阶段的各种参数进行综合测试，并对比分析，才能提出科学的煤自燃倾向性判定指标。

总之，煤的氧化动力学方法是以煤从低温氧化到自燃的动态发展全过程为研究对象，以热自燃理论和自由基链式反应理论为基础，以多参数综合测试方法为手段的一种科学的研究方法。

(2) 不同阶段氧化动力学特征参数的选取

煤自燃倾向性的氧化动力学方法其特点之一就是以煤从低温氧化到自燃的动态发展全过程为研究对象，测试方法能够体现煤自燃整个动态过程的氧化能力的强弱。由于煤自燃的缓慢氧化阶段和加速氧化阶段其氧化特性及作用机制各不相同，所以很难通过测试一个参数就能反映出整体自燃过程的氧化特性，只有对其不同阶段的氧化特性进行研究，分别找出能够代表本阶段氧化特性的特征参数，再通过对这些特征参数的合成处理，最终提取一个能综合反映整个自燃过程特性的判定指标。因此，选取能够代表不同氧化阶段氧化动力学特性的特征参数就成为煤自燃倾向性氧化动力学测定方法的一个重要环节。

① 低温缓慢氧化阶段氧化动力学特征参数的选取[28-30]

煤在低温缓慢氧化阶段（一般常温到 70 ℃）主要表现为热自燃特性，温度的升高靠热量的积聚产生。根据煤氧复合学说，煤低温阶段热量的产生是煤氧复合作用的结果。煤氧复合作用为煤氧之间物理吸附、化学吸附、化学反应的共同作用，温度在 40～50 ℃以上化学吸附已处于主导地位。同等条件下煤与氧结合能力越强，耗氧越多，温升速率越快，煤越易达到临界自燃温度。在进入煤样罐入口的干空气中的氧气含量一定的情况下，煤样氧化耗氧量的大小取决于煤样罐出气口的氧气浓度；出气口氧气浓度越小，煤样氧化耗氧量越大。因此，可通过测试相同实验条件下煤样 70 ℃时煤样罐出气口的氧气浓度来判定该煤样在低温阶段的氧化特性。

② 加速氧化阶段氧化动力学特征参数的选取

煤的快速氧化阶段（一般 70 ℃之后）是自由基链式加速和热加速共同作用的结果。由于不同的反应热效应不同，因而在消耗等量氧气的情况下各反应所产生的热和导致的温升速率也各不相同，所以耗氧量的大小难以充分反映该阶段温升速率的快慢。煤加速氧化在宏观上最终表现为煤本身温升速率的快慢，而交叉点温度是衡量加速氧化阶段温升速率快慢的指标。研究表明，加速氧化阶段反应速率快的煤交叉点温度低；反之，加速氧化阶段反应速度慢的煤交叉点温度就高。因此，通过测试交叉点温度的大小可以反映出煤在加速氧化阶段的氧化自燃特性。

（3）氧化动力学方法的测试系统和设备

煤自燃倾向性的氧化动力学测试系统是在能够同时测试煤低温缓慢氧化阶段和加速氧化阶段的特征参数的基础上建立的。测试系统由干空气瓶、气体预热铜管、煤样罐、控温箱、气体自动采集系统、气体分析系统和数据采集系统等部分组成。该系统能够在线采集控温箱和测试煤样的温度，并实现了在测试样达到指定温度（70 ℃）时对煤样罐出气口气体进行自动定量采集、分析的功能，整个设备自动化程度高，操作简单。其系统和仪器如图 2-3 和图 2-4 所示。

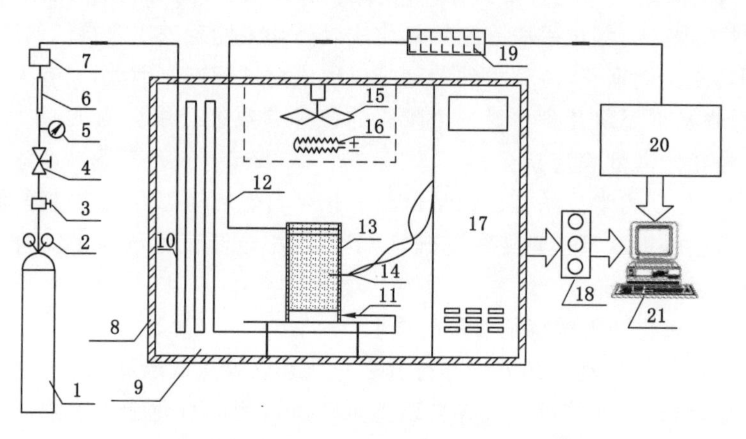

图 2-3　煤自燃倾向性的氧化动力学测试系统图

1——干空气瓶；2——减压阀；3——稳压阀；4——稳流阀；5——压力表；6——气阻；7——流量传感器；8——隔热层；9——控温箱；10——气体预热铜管；11——进气管；12——出气管；13——煤样罐；14——铂电阻温度传感器；15——风扇；16——加热器；17——控制器及显示键盘；18——数据采集系统；19——自动采样控制系统；20——气相色谱仪；21——计算机

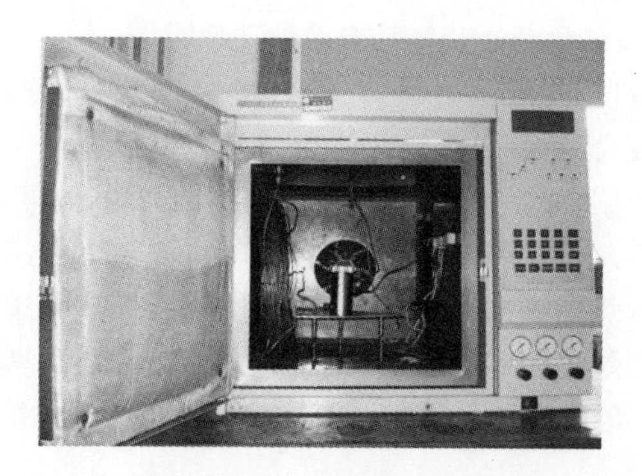

图 2-4　煤自燃倾向性的氧化动力学测试仪器

测试系统各组成部分具体介绍如下：

① 干空气瓶

总压力满足气瓶使用规定，减压阀出口压力稳定在 0.5 MPa。

② 气体预热铜管

气体预热管路为长 50 m、外径 2 mm、内径 1 mm 的纯铜材质管路。

③ 控温箱

控温箱内壁为不锈钢材质，内壁和外壳之间装设有石棉保温层，箱内有一加热器，并有一风扇强制温度控制箱内的气体对流，使温度控制箱内的温度场均匀。控温箱能够实现恒温、程序升温两种运行方式，其可控温度范围为室温～350 ℃，控温精度为±0.5 ℃。可通过设定参数，对气体流量、控温方式及控温箱温度等条件进行控制。

④ 气体自动采集系统

气体自动采集分析能够在煤温达到 70 ℃时对煤样罐出气口的气体自动定量采集并送入色谱仪进行分析。该系统由六通阀、气缸及控制气缸的电磁阀组成。煤样温度 70 ℃以前，电磁阀处于关闭状态，煤样罐出气口气体通过六通阀定量管自动排空；当煤样温度达到 70 ℃时，电磁阀启动，气缸旋转六通阀，自动将六通阀定量管中的气体送入色谱仪中分析氧气浓度。气样分析完毕后电磁阀关闭，气缸恢复至原始状态。

⑤ 数据采集系统

数据采集系统能够对煤样几何中心的温度和煤样罐所处控温箱的内部温度进行实时采集，并对煤样罐出气口气样的氧气浓度测试结果进行一体化采集。该系统包括硬件和软件两部分。硬件主要完成多路多种模拟数据的采集和与上位机的数据通信。软件包括系统工作参数设置和系统工作状态显示两个部分。系统工作参数设置能够对控温箱的运行方式、程序升温的升温速率、程序升温的终止温度以及数据采集速率等参数进行设置；系统工作状态显示能够对煤样几何中心温度、控温箱温度、氧气浓度和气体流量等参数进行在线显示、记录。软件操作界面如图 2-5 所示。

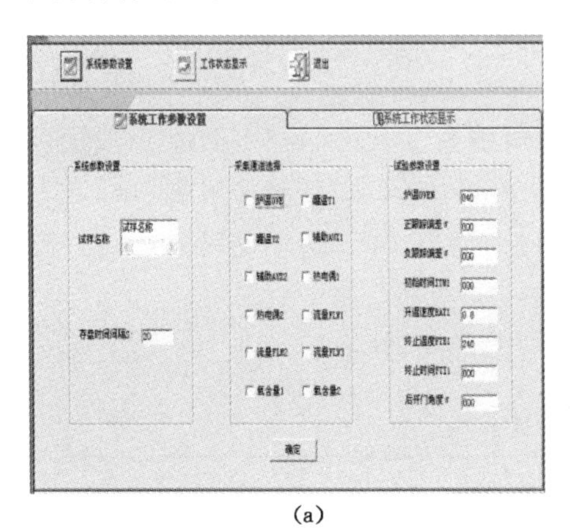

(a)

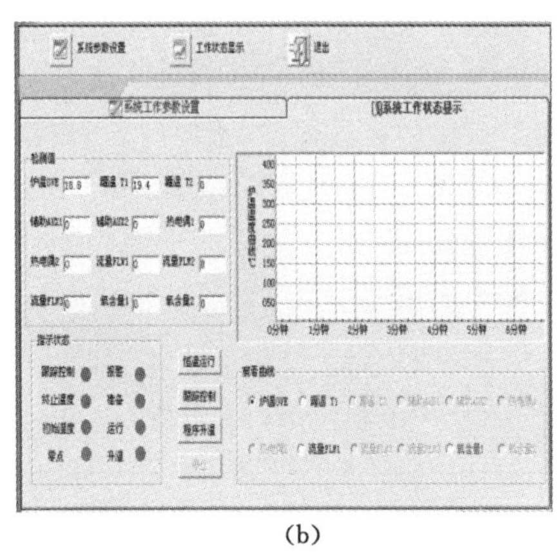

(b)

图 2-5　系统软件工作界面图

(a) 系统工作参数设置界面；(b) 系统工作显示界面

⑥ 煤样罐

煤样罐为黄铜材质圆柱体，热传导性能良好，其外径 47 mm，内径 45 mm，外高为 101 mm，内高为 100 mm。罐底顶两端分别设进出气口，罐几何中心部分安设一直径 2 mm 的铂电阻温度传感器，传感器顶端正好位于煤样罐几何中心。煤样罐示意图如图 2-6 所示。

(4) 氧化动力学方法的测试条件

① 测试煤样粒度的选取

煤低温缓慢氧化阶段耗氧量较低，选择合适试样的测试粒径对耗氧量的测试十分重要。粒径不宜太大，太大会影响煤与氧气接触的表面积，氧浓度变化不明显；同时也不宜太小，太

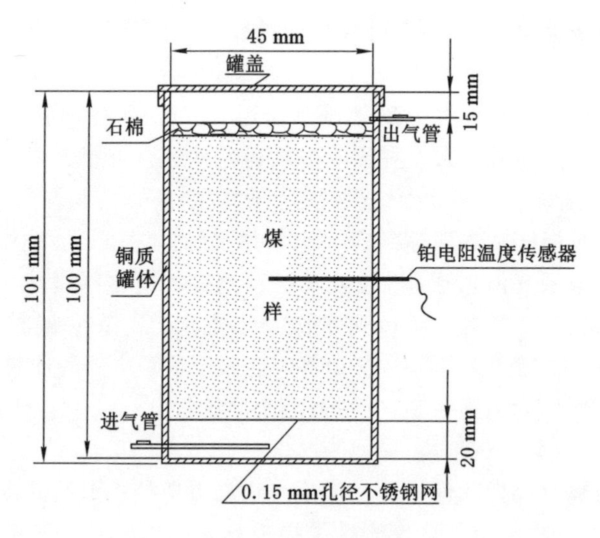

图 2-6　煤样罐示意图

小增加了氧气进入煤体的阻力，使空气流通不畅，影响测试的重复性。为了氧气浓度的测试需要，同时考虑到煤样制取，该方法测试煤样的粒径为 0.2～0.35 mm。

② 煤样的干燥温度

煤炭自燃倾向性体现的是煤本身自热的内在属性，不应受外在水分的影响，因此待测煤样应为去除外在水分的空气干燥煤样。本方法煤样的空气干燥温度选择为 40 ℃。

③ 供气流量的选取

指标参数的测定过程中，不同阶段对应的供气浓度也不同，本方法初始阶段通入干空气流量为 96 mL/min，中间阶段通入干空气流量为 8 mL/min，后期程序升温阶段通入干空气流量则又调整为 96 mL/min。

(5) 测试结果

测试结果见表 2-5。

表 2-5　　测试结果

煤样名称	煤样罐出口氧气浓度(70 ℃)/%	交叉点温度 T_{cpt}/℃
3418 工作面煤样	20.17	160.1

(6) 判定指数的计算及结果

煤自燃倾向性取决于煤在低温自热与加速氧化两个阶段的升温特性，这两个阶段的氧化机理和升温特性不同，两个阶段对煤自燃发展过程的促进作用也存在较大差异，即两者在对煤自燃的推动作用中的重要程度存在差别。

为了权衡两个阶段对煤自燃发展过程的不同影响程度，可引用权数对其进行区分。权数是指在综合指标中起着权衡轻重作用的指数，是权重的数值体现。重要程度高的指标参数，相应权数应大；而重要程度低的指标参数，相应权数则应小。将测试结果的两个指标参数按照其重要程度分别乘以相应权数再进行平均值处理，无疑有利于更好更全面反映煤自身的氧化自燃特性。因此，在指标参数的合成过程中，正确地给定各指标参数的权数非常重要。常用的确定权数的方法有：① 根据经验确定；② 根据测量次数确定；③ 根据数据的精度参数确定。考虑到煤低温氧化阶段对于煤自燃过程的发展更为重要，根据试验结果与经验，低温氧化阶段的权数取 0.6，快速氧化阶段的权数取 0.4。由于加法合成法能较好地体现出各评价指标间的权重关系，故采用加法合成方法对这两个指标进行合成。

依据加法合成法，煤自燃倾向性的综合判定指数计算式如下：

$$I_{c_{O_2}} = \frac{c_{O_2} - 15.5}{15.5} \times 100 \tag{2-2}$$

$$I_{T_{cpt}} = \frac{T_{cpt} - 140}{140} \times 100 \tag{2-3}$$

$$I = \varphi(\varphi_{c_{O_2}} I_{c_{O_2}} + \varphi_{T_{cpt}} I_{T_{cpt}}) - 300 \tag{2-4}$$

式中　I—— 煤自燃倾向性判定指数，无量纲；

$I_{c_{O_2}}$——煤样温度 70 ℃时煤样罐出气口氧气浓度指数，无量纲；

$I_{T_{cpt}}$——煤在程序升温条件下交叉点温度指数，无量纲；

c_{O_2}——煤样温度达到 70 ℃时煤样罐出气口的氧气浓度，%；

T_{cpt}——煤在程序升温条件下的交叉点温度，℃；

15.5——煤样罐出气口氧气浓度的计算因子，%；

140——交叉点温度的计算因子，℃；

$\varphi_{c_{O_2}}$——低温氧化阶段的权数，$\varphi_{c_{O_2}}=0.6$；

$\varphi_{T_{cpt}}$——快速氧化阶段的权数，$\varphi_{T_{cpt}}=0.4$；

φ——放大因子，$\varphi=40$；

300——修正因子。

氧化动力学判定煤自燃倾向性分类指标见表 2-6。利用上面公式进行计算，计算结果见表 2-7，并与物理吸氧量判定结果进行对比。结果显示，氧化动力学方法鉴定结果为Ⅱ级自燃，其鉴定结果与吸氧量鉴定结果一致。

表 2-6　煤自燃倾向性分类指标[26]

自燃倾向性分类	判定指数 I
容易自燃	$I<600$
自燃	$600\leqslant I\leqslant 1\,200$
不易自燃	$I>1\,200$

表 2-7　氧化动力学判定结果及对比

煤样名	氧化动力学判定指数 I	氧化动力学法自燃等级	吸氧量/(cm^3/g)	吸氧量法自燃等级
3418 工作面煤样	625	Ⅱ	0.63	Ⅱ

2.3　煤的实验最短自然发火期预测

绝热氧化法是目前国内外认为最准确、最能体现煤自身氧化能力强弱的一种测试方法[31]。它通过最大限度地控制煤体与环境之间热量的交换，使煤体依靠自身的氧化产热升温，来测试煤从 40 ℃升到 200 ℃所用的时间，它是在煤易自燃的条件下模拟煤的自然发火过程，煤的实验发火期越短，越容易自燃，反之就不容易自燃。但是煤的绝热氧化实验耗时费力，课题组通过典型煤样实验结果，建立了煤的实验最短发火期与氧化动力学判定参数之间的关系，通过氧化动力学判定参数可以得到煤的实验最短自然发火期，从而判断煤自燃的难易程度。

煤的实验最短自然发火期预测模型为：

$$t=\varphi\left[\frac{30}{-0.637\,8c_{70}+13.597}+0.040\,6\exp(0.035\,6T_{\mathrm{cpt}})\right] \tag{2-5}$$

式中 t——煤绝热氧化实验最短自然发火期，d；

c_{70}——煤在程序升温条件下温度达到 70 ℃时煤样罐出气口的氧气浓度，%；

T_{cpt}——煤在程序升温条件下的交叉点温度，℃；

φ——修正系数，$\varphi=0.625$。

基于程序升温实验结果，利用式(2-4)进行计算，得出梁宝寺矿 3 煤层煤的实验最短发火期为 33 d，为中等自然发火危险煤层，见表 2-8。

表 2-8　煤层自然发火期判定结果

项目 样品	70 ℃时煤样罐出口氧气浓度/%	程序升温条件下的交叉点温度/℃	煤最短自然发火期/d	自然发火危险程度
梁宝寺矿 3 煤层	20.17	160.1	33	中等

2.4　煤层自燃指标气体测定

煤自燃是一个复杂的物理、化学变化过程，是多变的自加速的放热过程，在自燃的不同温度下会出现不同种类和含量的气体，如 CO、CO_2、CH_4、C_2H_6、C_2H_4、C_3H_8 和 C_2H_2 等。根据煤自燃进程中的温升气体释放等变化特征判识自燃状态，对自然发火进行识别并预警是矿井火灾预防与处理的基础，是矿井煤层火灾防治的关键，占有极其重要的地位。测试煤样产生各种气体的顺序和浓度，找出自然发火对应的指标气体，为梁宝寺煤自然发火早期预报提供了前提条件。

2.4.1　指标气体优选原则

为了使预报煤层自然发火更为及时准确，所选择的指标气体必须具备下列条件[31]：

(1) 灵敏性：煤矿井下一旦有煤炭处于自燃状态，且煤温超过一定值时，则该气体一定出现，其生成量随煤温升高稳定增加。

(2) 规律性：指标气体的浓度变化与煤温之间有较好的对应关系，且重复性好。

(3) 可测性：普通色谱分析仪能检测到指标气体的存在。

2.4.2　实验设备

指标气体实验系统如图 2-7 所示，其主要由程序控温箱、气体分析仪、铜质煤样罐、预热气路、温度控制系统、气体质量流量控制器等组成。图 2-8、图 2-9 为本实验系统的主要实物图。

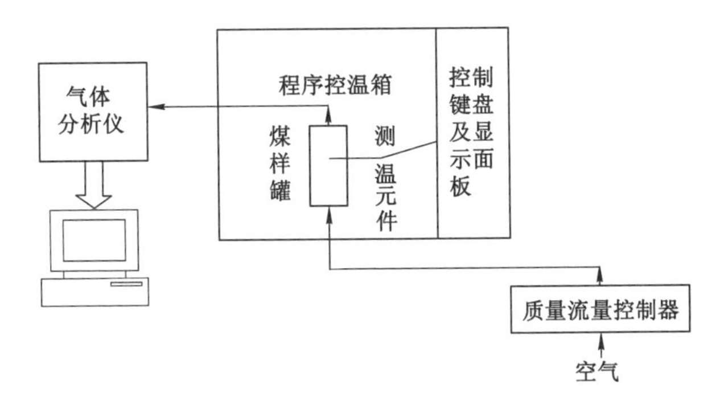

图 2-7 指标气体实验系统图

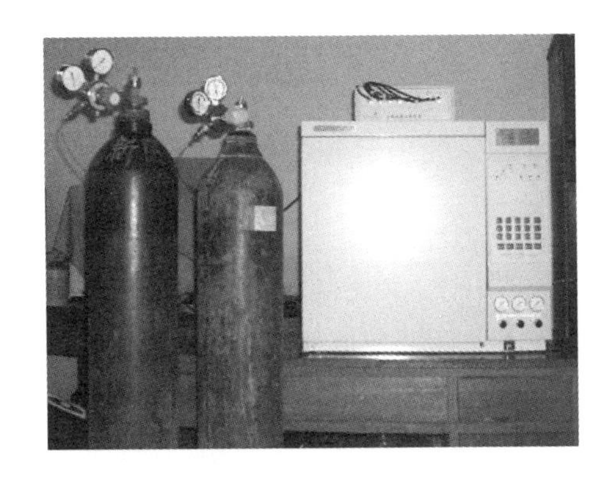

图 2-8 温度控制箱

图 2-9 指标气体分析仪

2.4.3 实验过程

对原煤样进行破碎并筛分出 40～80 目的煤样 50 g，将筛分出的 50 g 煤样置于铜质煤样罐内，煤样罐置于程序控温箱内，然后连接好进气气路、出气气路和温度探头，检查气路的气密性。测试时向煤样内通入 50 mL/min 的干空气。在程序控温箱控制下对煤样进行加热，当达到指定测试温度时，恒定温度 5 min 后采取气样进行气体成分和浓度分析。

2.4.4 实验结果及分析

（1）实验数据

实验数据见表 2-9。

表 2-9 梁宝寺矿煤程序升温实验数据

温度/℃	气体成分/$\times 10^{-6}$					
	CO	CO_2	CH_4	C_2H_6	C_2H_4	C_3H_8
30	2.67	387.53	12.66	0	0	0
45	3.95	403.92	20.05	0	0	0
55	8.64	430.08	38.32	0.28	0	0
70	30.82	481.58	88.48	0.93	0	0

续表 2-9

温度/℃	气体成分/×10⁻⁶					
	CO	CO_2	CH_4	C_2H_6	C_2H_4	C_3H_8
80	60.09	522.25	125.67	1.25	0	0
90	111.92	596.55	175.33	1.87	0	0
100	176.42	730.91	223.85	2.57	0.39	0
115	398.99	1 099.34	320.23	4.96	0.79	1.38
130	696.37	1 633.44	452.01	8.28	1.31	2.28
145	1 078.39	2 357.98	618.54	13.2	2.19	3.95
160	1 756.89	3 639.82	831.44	20.86	3.53	6.08
175	2 633.49	5 305.68	1 138.59	31.77	5.69	9.73
193	4 255.77	7 740.78	1 483.78	46.89	9.13	15.73

(2) 气体浓度随温度的变化规律

利用 Matlab 生成气体浓度变化趋势如图 2-10 和图 2-11 所示。

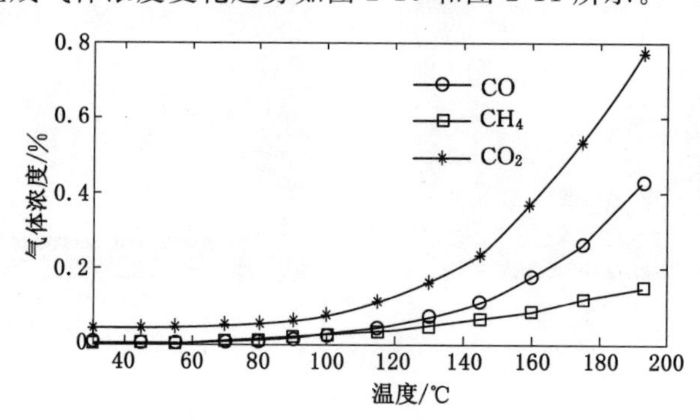

图 2-10　梁宝寺矿煤样 CO、CH_4、CO_2 变化趋势图

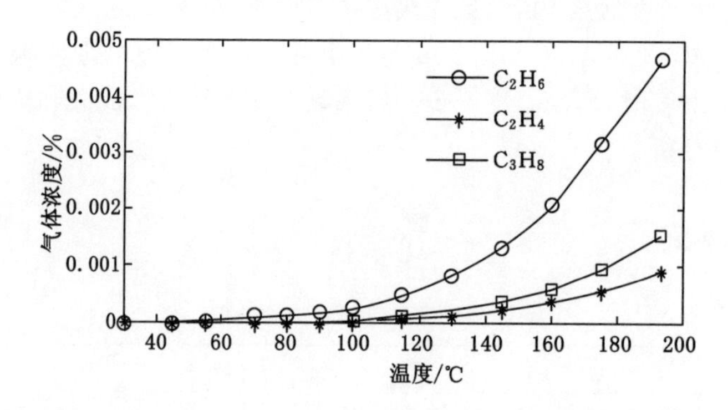

图 2-11　梁宝寺矿煤样 C_2H_6、C_2H_4、C_3H_8 变化趋势图

(3) 指标气体分析与优选

从图 2-10 和图 2-11 可知，煤样在 30～200 ℃范围内的氧化过程中有规律地出现 CO、CO_2、CH_4、C_2H_6、C_2H_4 和 C_3H_8 气体，且生成量随煤温的升高基本呈指数上升趋势；在 30～

193 ℃范围内该煤样没有生成 C_2H_2 气体。CO、CO_2、CH_4 三种气体均在 30 ℃时即开始出现，CH_4 的生成量相对较小，这是由于煤样采集后放置时间较长，煤样中本身吸附的 CH_4 多数已经脱附出来的缘故。CO 的生成量在低温氧化阶段较小，煤温达到 70 ℃之后其生成量迅速增加，这说明该温度下煤已经开始快速氧化，物理吸附已经越来越弱而化学吸附和化学反应则占据了主要位置。55 ℃左右出现少量的 C_2H_6，100 ℃时出现 C_2H_4，浓度不大但随温度升高呈现有规律的变化；C_3H_8 出现的最晚，115 ℃时开始出现并呈现出有规律的变化。C_2H_2 在整个过程中都没有出现，说明其出现的温度高于 193 ℃，一旦有 C_2H_2 出现则表明煤已经发生剧烈的化学反应。

综上所述，该工作面煤应以 CO 作为指标性气体，并辅以 C_2H_4、C_2H_2 来掌握煤炭自燃情况。CO 的出现说明煤已经发生氧化反应，C_2H_4 出现说明煤温已达到 100 ℃以上，C_2H_2 的出现则说明煤温至少已经超过 193 ℃，此时应采取积极的防灭火措施。

2.5 本章小结

(1) 在实验室对煤样进行程序升温控制测试，得出了气体浓度随温度的变化趋势，分析了煤氧化温度与气体产物的特性，得出 3418 工作面预测预报指标：以 CO 为主，并辅以 C_2H_4、C_2H_2 来掌握煤炭自燃情况。CO 的出现说明煤已经发生氧化反应，C_2H_4 出现表明煤温已经达到 100 ℃以上，C_2H_2 的出现则说明煤温至少已经超过 193 ℃，此时应采取积极的防灭火措施。

(2) 基于色谱吸氧法和氧化动力学方法对 3418 工作面煤样的自燃倾向性进行了测定，两者鉴定结果都为Ⅱ级自燃。由于该矿过去发生过自燃火灾，因此需要加强该工作面自燃火灾的预测预报。

(3) 在大量氧化动力学测试和绝热氧化实验的基础上，建立绝热氧化时间与氧化动力学判定参数之间的关系，预测梁宝寺矿煤的实验最短自然发火期为 33 d。

3 梁宝寺煤矿深部采区瓦斯赋存与涌出规律研究

随着矿井生产集约化和机械化程度的提高，煤层开采强度的增大，矿井绝对瓦斯涌出量越来越大。梁宝寺煤矿为低瓦斯矿井，地质构造复杂，断层、褶曲、破碎带、岩浆入侵区等地质构造带较多，构造带处的瓦斯赋存及涌出规律复杂[32]。矿井目前开采深度已达千米以下，随着开采深度的增加，矿井瓦斯涌出量增加明显，瓦斯超限逐步成为制约生产的主要因素。在2010年的瓦斯等级鉴定中3300采区被省局定为瓦斯涌出异常区；随着矿井持续生产及开采深度的增加，研究矿井尤其是瓦斯异常区的瓦斯赋存及涌出规律对保证矿井安全生产具有重要的实际意义[33]。为此，我们在对煤层瓦斯基本参数进行测定的基础上，结合瓦斯地质学的基本规律，研究了矿井瓦斯异常区工作面回采过程中的瓦斯来源及涌出规律，为瓦斯异常区瓦斯综合治理奠定了基础。

3.1 瓦斯基本参数测定

煤是一种孔隙裂隙体，瓦斯在煤层中主要以吸附和游离两种状态存在，其中吸附瓦斯占到了90%以上[34]。当井下采掘作业使煤体暴露在空气中后，煤体中的气体就会在内部瓦斯压力的作用下向工作面涌出。而决定瓦斯涌出量大小的就是煤层瓦斯压力和含量等参数。因此，准确测定煤层瓦斯参数是研究瓦斯赋存和涌出规律的基础，是对瓦斯进行有效的综合治理的前提。2010年10月下旬，对3煤层的瓦斯基本参数进行了测试，包括煤层瓦斯压力、煤层瓦斯含量、煤的真假密度、煤的孔隙率、煤的工业分析、煤的坚固性系数 f 值、瓦斯放散初速度 ΔP 值、瓦斯吸附常数 a、b 值等参数。

3.1.1 煤层瓦斯压力测定

煤层瓦斯压力是煤层瓦斯流动和涌出的最基本参数，也是煤层发生突出的主要动力。因此，准确测定煤层瓦斯压力对于煤与瓦斯突出危险性预测，合理制定防突措施等均具有十分重要的作用。

(1) 煤层瓦斯压力测定的原理

煤层瓦斯压力测定的原理[35]是向煤层打一钻孔，深入煤层内，通过钻孔在煤孔内布置一根瓦斯管与外界沟通，连上瓦斯压力表，封闭钻孔与外界的联系。此时，由于煤孔内的瓦斯已经向外放散，压力较低，煤孔周围的煤层中瓦斯向煤孔内运移，压力逐渐增高。由于煤孔周围的煤体体积远大于煤孔的空间体积，煤层内的吸附瓦斯量又比游离瓦斯量大得多，故经过一段时间的瓦斯渗流，煤孔内的瓦斯压力逐渐接近煤层的原始瓦斯压力，从外部的压力表上可以读出煤孔内的瓦斯压力值。由于压力气体无孔不入，测定原始瓦斯压力的关键在于密封钻孔的质量。

（2）煤层瓦斯压力测定方法

目前密封钻孔测定煤层瓦斯压力的方法可分为两种[36]，即固态密封和液态密封方法。固态密封钻孔法是向钻孔内送入固态的物质，充填煤孔与外界之间的钻孔中，目前主要采用黄泥、水泥等固体物。这些固体物如果封堵密实，同时在封孔段岩层致密，也能测得煤层原始瓦斯压力。但是人工封孔可靠性差，难以保证这些固体与钻孔壁能紧密接触，在测压期间这些固体物会因失水而产生裂纹。此外，有些固体物在封孔时早期强度不足，不能马上接压力表，上压力表越晚，钻孔排放瓦斯越多，测压所需平衡时间就越长，有时需要几个月，会严重地耽误施工工期。这种方法主要用于对测定时间限制不大的情况。

液态密封法就是中国矿业大学周世宁院士发明的“黏液封孔器”测定法，在进行钻孔的封孔测压工作中，该封孔器采用两个胶囊，它们之间充入压力较高的黏液，并保持黏液的压力始终高于钻孔里端瓦斯室的气体压力。形成一段胶囊封黏液，黏液封被测气体的这样一个体系，杜绝了煤孔中的瓦斯气体向外泄漏的通道，可以从与瓦斯室相连的压力表上测出煤层的瓦斯压力值[21]。

本次测压使用水泥浆封孔的井下被动式直接测定法，钻孔设计和现场施工严格按照煤炭行业标准《煤矿井下瓦斯压力的直接测定方法》（AQ 1047—2007）的有关规定进行。

施工的标准要求：具体选择测压孔位置时，应避开地质构造裂隙带、采动等影响范围，测压孔见煤点与地质构造裂隙带、采动影响范围至少应大于 50 m；同一地点设 3 个测压孔时，每两个测压孔的见煤点的距离应大于 20 m。

根据以上原则选择适宜地点布置测压钻孔，钻孔为下向穿层孔，直径 75 mm，测压孔施工结束后，封孔前首先用压风将钻孔内的水与钻屑吹干净，然后将焊有托盘的测压管放入钻孔中，测压管要进入煤层，测压管连接采用内接式，这样有助于封孔。测压管选用 4 分铁管（公称直径 15 mm，下同），在 4 分铁管头部焊一金属托盘，在托盘处用纱布裹缠，做成“马尾巴”送入钻孔内，通过反复顶、拉将测压管固定住。

根据封孔深度确定水泥的数量，并按一定比例配制成水泥浆，用注浆泵一次连续将水泥浆注入孔内，凝固后上压力表，封孔示意图如图 3-1 所示。

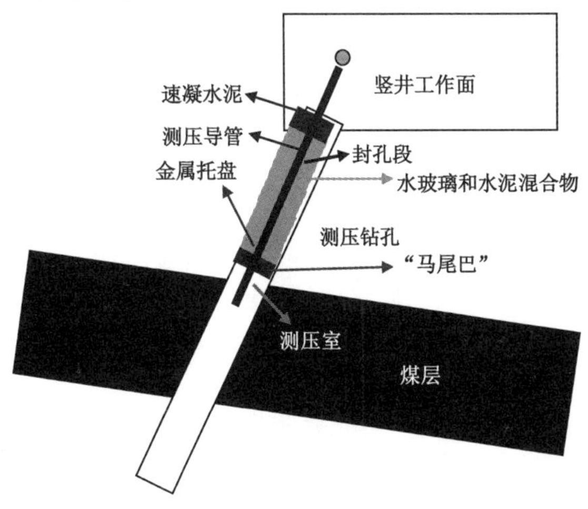

图 3-1　梁宝寺煤矿测压封孔示意图

装上压力表后即开始每天观察并记录表值的变化，按照测压规范，直到压力表数值稳定20 d后方可卸下压力表，结束测压工作。测压材料主要包括425标号水泥，内径为4分铁管制作的测压管和注浆管，以及阀门、管接头、压力表接头、压力表、生料带和棉纱等辅助材料。

(3) 测压钻孔布置

根据以上标准并结合现有的巷道条件，测压孔布置在3300轨道大巷有1#、2#、3#测压钻孔。

(4) 瓦斯压力测定结果(表3-1)

表3-1　瓦斯压力测定结果

钻孔位置	编号	钻孔方位/(°)	钻孔倾角/(°)	终孔总长度/m	测定结果/MPa
3300轨道大巷	1#	34	−12	40	0.025
	2#	64	−12	40	0.06
	3#	344	−11	40	0

由此可见，埋深在−820 m水平范围内的瓦斯压力为0～0.06 MPa。3煤层最高瓦斯压力没有超过《防治煤与瓦斯突出规定》规定的预测煤层突出危险性单项指标值。

3.1.2 煤层瓦斯含量测定

(1) 直接法测定煤层瓦斯含量是通过向煤层施工取芯钻孔，用井下取芯系统将煤芯从煤层深部取出，及时放入煤样筒中密封，然后用井下解吸系统测量煤样筒中煤芯的瓦斯解吸量，并以此来计算瓦斯损失量Q_1。井下现场测定如图3-2所示。

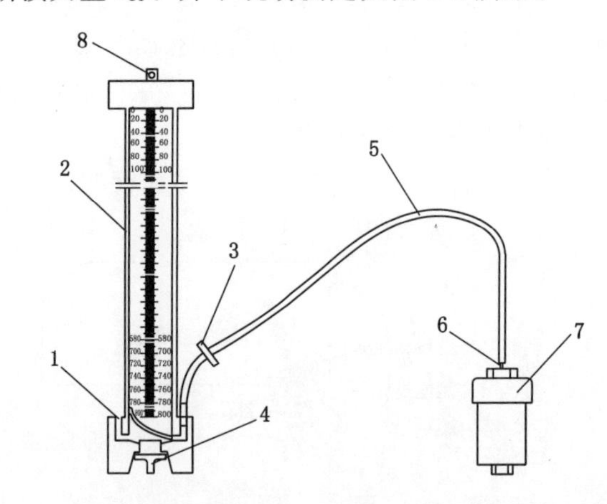

图3-2　井下瓦斯解吸测定仪与煤样罐连接示意图

1——排水口；2——量管；3——弹簧夹；4——底塞；5——排气管；
6——穿刺针头或阀门；7——煤样筒；8——吊环

(2) 把煤样筒阀门关闭后带到实验室，在地面解吸仪上测量从煤样筒中释放出的瓦斯量，与井下测量的瓦斯解吸量一起计算煤芯瓦斯解吸量Q_2。

(3) 将煤样筒中的部分煤样经称量系统称重后装入密封的粉碎系统中加以粉碎，测量在粉碎过程及粉碎后一段时间所解吸出的瓦斯量(常压下)，并以此计算粉碎瓦斯解吸量Q_3。

(4) 借助水分测定系统、气体分析系统和数据计算系统求取解吸瓦斯含量:瓦斯损失量、煤芯瓦斯解吸量和粉碎瓦斯解吸量之和就是瓦斯解吸含量,即 $Q_m=Q_1+Q_2+Q_3$。

根据现场和实验室测定数据,梁宝寺煤矿 3 煤层瓦斯含量测定与计算结果见表 3-2。

表 3-2 煤层瓦斯含量测试结果

序号	煤层	测试位置	瓦斯残存量/(m^3/t)	瓦斯含量/(m^3/t)
1	3 煤层	3300 北翼轨道巷	0.767	2.616 7～2.733 1

由表 3-2 可知,3 煤层瓦斯含量为 2.616 7～2.733 1 m^3/t,从测试结果分析,3 煤层瓦斯含量测试结果最大值没有超过瓦斯抽采标准(瓦斯含量 8 m^3/t)。

3.1.3 吸附常数 *a*,*b* 值测定

煤体内部存在着大量孔隙,具有很大的表面积,因此煤是一种天然吸附剂。瓦斯作为一种吸附质,在一恒定温度下,吸附量与压力关系较好地符合朗缪尔方程:

$$X=\frac{abp}{1+bp} \tag{3-1}$$

式中 X——在某一温度下,瓦斯压力为 p 时,单位质量纯煤吸附的瓦斯量,m^3/t;

p——瓦斯压力,MPa;

a——吸附常数,当 $p\to\infty$时,即为纯煤的饱和吸附量,m^3/t;

b——吸附常数,MPa^{-1}。

其中,常数 a、b 即为煤的吸附常数,决定着煤样在不同压力下吸附瓦斯量的多少,因此煤的瓦斯吸附常数是衡量煤吸附瓦斯能力大小的指标。a 值的物理意义是当瓦斯压力趋向无穷大时,纯煤极限瓦斯吸附量。

煤的瓦斯吸附常数测定在实验室通常采用容量法进行等温吸附实验完成,测定步骤如下:

(1) 在新暴露的煤壁上采集新鲜煤样(全厚)2 kg,剔除矸石,装袋密封,送回实验室后自然阴干。

(2) 将煤样粉碎,取 0.2～0.25 mm 粒度的试样 30～40 g 装入密封罐中;在恒温 80 ℃高真空(10^{-2}～10^{-3} mmHg)条件下脱气 4 h 左右。

(3) 在 30 ℃恒温和 0.1～5.0 MPa 压力条件下,进行不同瓦斯压力下的吸附平衡,并测定各种瓦斯平衡压力下的吸附瓦斯量。

(4) 根据不同平衡瓦斯压力下的吸附瓦斯量(一般不少于 6 个测点),按朗缪尔方程 $X=abp/(1+bp)$ 回归计算出煤的瓦斯吸附常数 a 和 b 值。

本次测定将采集的 3 煤层新鲜煤样,送实验室进行吸附常数和工业分析测定,测定结果见表 3-3。

表 3-3 煤层瓦斯吸附常数测定结果表

煤层	取样地点	水分 M_{ad}/%	灰分 A_d/%	挥发分 V_{af}/%	吸附常数	
					a/(m^3/t)	b/MPa^{-1}
3 煤层	3300 北翼轨道巷	2.77	8.51	29.94	8.377 4	2.282

由表 3-3 可知：梁宝寺煤矿深部采区 3 煤层的瓦斯吸附常数 a 值为 8.377 4 m^3/t，b 值为 2.282 MPa^{-1}。

3.2 瓦斯异常区瓦斯赋存及涌出规律研究

煤层中赋存的瓦斯是在煤化作用、构造运动、埋藏演化史中经过复杂的生物化学和物理化学作用以及多次吸附—解吸、扩散、渗流、运移后，在目前的应力条件下形成平衡。煤体瓦斯的赋存和运移不仅对煤层瓦斯含量大小有影响，而且还直接影响到煤层中瓦斯流动及其发生灾害的危险性的大小。

瓦斯在煤层中主要有游离、吸着和吸收三种赋存状态，其中煤体吸附（吸着和吸收）瓦斯量的大小取决于煤对瓦斯的吸附能力，而吸附能力又取决于煤的孔隙率、变质程度以及外界温度和压力。近年来，随着分析测试仪器和技术的不断发展，有学者提出瓦斯除气态外，也可能以液态或固态的形式存在于煤层中，但从总体上来说，由于游离态、吸着态和吸收态的瓦斯在煤体中所占的比例在 90%左右，其他状态的瓦斯存在形式在煤体瓦斯中所占的比重很小，不足以影响整体的瓦斯特征。

梁宝寺矿区各可采煤层瓦斯含量均较低，CH_4（含重烃）含量均一般小于 3 cm^3/g。矿井近几年瓦斯等级鉴定结果见表 3-4。

表 3-4　梁宝寺矿井近年瓦斯等级鉴定结果表

瓦斯鉴定年份	CH_4涌出量		CO_2涌出量		鉴定等级
	相对量 /(m^3/t)	绝对量 /(m^3/min)	相对量 /(m^3/t)	绝对量 /(m^3/min)	
2010	1.91	8.83	3.76	17.28	低
2011	1.78	10.11	2.79	15.42	低
2012	2.12	12.27	2.13	12.33	低

同时，根据对 3300 采区以及其中的 3316 工作面瓦斯基本参数测定、瓦斯赋存和涌出规律的研究，得出梁宝寺煤矿 3300 采区的瓦斯压力和含量。认为该区域虽然被山东省划定为瓦斯异常涌出区，但是整体的瓦斯含量仍然不高。但随着将来采掘工作向深部延伸，瓦斯压力和含量有持续增大的趋势，在以后的工作中应引起足够重视。

虽然通过以上数据分析表明梁宝寺矿井历年的瓦斯鉴定为低瓦斯矿井，但在建井、生产勘探阶段，局部区域出现瓦斯涌出异常偏高现象，因此在生产过程中应加强瓦斯预报和监测，尤其应加强对瓦斯异常区域的监测，防止局部瓦斯聚集和在大的构造附近可能会出现瓦斯突出的情况。

3.2.1 瓦斯赋存规律研究

通常，影响煤层瓦斯赋存状态的地质因素主要有：区域地质演化过程和井田构造特征，煤层及其围岩的组合特征，煤化程度及煤质特征，水文地质条件等。在特定矿区和井田的具体地质条件下，它们中有些起着区域性的控制作用，在井田内横向差异不明显；有些起着局部性的控制作用，在井田内表现出较大的差异性。诸因素的组合影响导致了井田内煤层瓦斯的不均衡分布。尤其在瓦斯风化带，由于影响煤层瓦斯赋存的因素较多，且各因素影响程度的一致性又较差，给瓦斯赋存规律的研究造成了一定的困难。

由矿井瓦斯涌出量地质资料分析，梁宝寺煤矿属低瓦斯、高二氧化碳矿井，瓦斯涌出特征是均匀缓慢地涌出，即普通涌出式。至今，尚未发生瓦斯及煤的突出，无突出危险。3 煤层瓦斯涌出有一定规律，在倾向上，随着深度的增加，涌出量明显呈直线上升；在走向上，各采区不平衡。瓦斯含量分布不均匀，很难找出瓦斯梯度，但总体上呈由南向北加大的趋势，虽然瓦斯含量较低，但在矿井开采中仍出现局部瓦斯超限的问题，随着开采向深部推进，矿井瓦斯的涌出量会进一步升高。

3.2.1.1　含煤岩系沉积环境与瓦斯分布对瓦斯赋存的影响

聚煤前的沉积环境和聚煤后的沉积环境及其演化，影响着煤层下伏及上覆地层的岩性、岩性组合及其厚度变化。沉积相组合决定了含煤岩系的岩性组合，而瓦斯的形成和保存条件无一不是沉积环境的物质反映，所以沉积环境对岩层的透气性，对瓦斯的保存或逸散均有着重要的影响。

此外，沉积环境不仅控制着煤的聚集，煤层的厚度变化、延伸方向等，而且对煤质和煤层结构也有一定的影响，它直接影响生成瓦斯的物质基础。

(1) 沉积环境对瓦斯生成的物质基础的影响

聚煤期沉积环境影响煤层的分布及厚度的变化，因而，也必然影响煤层瓦斯生成量。煤层厚度及其变化与瓦斯生成量有一定的关系。一般煤层越厚，瓦斯生成的基础越充沛。各种聚煤环境对煤的分布、煤层厚度及其变化、煤层的稳定性等有着不同的影响，造成了瓦斯形成条件的差异。

一般来说，在三角洲、滨海平原等环境中形成的煤层，其厚度较大，分布较广，较稳定；滨海冲积平原等环境中形成的煤层，煤厚变化大，不稳定；山间盆地、泻湖等环境中形成的煤层，煤厚也可能较大，但分布范围较小；障壁后潮滩、河口湾环境成煤厚度较小，且多呈窄带状分布；浅海礁后泥炭坪成煤分布范围有限，厚度变化也较大。不同沉积环境对煤层分布及厚度变化的影响，也同样影响着瓦斯的生成量和区域性分布。梁宝寺煤矿主采的 3 煤层位于山西组中、下部，其沉积环境演化大体可分 5 个阶段，即：水下三角洲平原沉积、边缘三角洲潮汐平原沉积、边缘三角洲沼泽平原沉积、下三角洲平原沉积、上三角洲平原沉积。该煤层为 $3_{上}$、$3_{下}$合并后的厚煤层，合并区内煤层厚 5.88～10.23 m，平均 7.08 m，该煤层属较稳定煤层，结构较简单，且煤层厚度较大，为瓦斯生成提供了良好的基础。

(2) 沉积环境演化对煤层瓦斯赋存和逸散的影响

聚煤期前后沉积环境及其演化，决定了煤层下伏及上覆地层的岩性、岩性组合和厚度，关系到岩层的透气性能。特别是煤层上覆地层的沉积面貌，对煤层瓦斯的保存或逸散有着直接的影响。含煤岩系沉积之后，沉积环境是否连续演化，对煤层瓦斯的保存也有重要影响。构造运动、历史上突发事件时的沉积及间歇性的火山喷发，可影响到聚煤环境或聚煤期后沉积环境的正常演化，造成沉积间断或导致沉积旋回的不完整，因而不利于瓦斯的保存。聚煤沼泽环境对煤的组成和性质，对瓦斯的生成和保存亦有一定的关系。一般来讲，煤中的凝胶化组分高，则 CH_4的含量亦较高；丝炭化组分高，则 CO_2 含量高。

不同煤岩类型的煤，其孔隙度不等。同一煤化程度的煤，从光亮煤→半亮煤→半暗煤→不含丝炭的暗淡煤，也有孔隙度逐渐降低的趋势。

$3(3_上)$可采煤层均为黑色、黑褐色、褐黄色条痕，裂隙发育，以亮煤、暗煤为主，夹少量镜煤及丝炭条带，为条带状结构、层状构造，半亮～半暗型煤。由此可见梁宝寺井田的宏观煤岩特性较利于瓦斯的生成和储集。一般情况下，形成于氧化沼泽环境的煤层，其瓦斯含量不如形成于近海还原环境的煤层高。近海型煤田中，煤层大多是在咸化介质、停滞和厌氧的泥炭沼泽中形成的，多数属还原环境，因而煤层含硫量较高，煤层瓦斯含量也较高。

3.2.1.2 煤层顶/底板(围岩)特征对瓦斯赋存的影响

煤层围岩主要指煤层直接顶、基本顶和直接底板等在内的一定厚度范围的层段。煤层围岩对瓦斯赋存的影响，决定于它的隔气、透气性能。瓦斯之所以能够封存于煤层中的某一部位，并导致局部瓦斯涌出异常，与该地段煤层围岩透气性低，造成有利于封存瓦斯的条件有密切关系，因此，煤层围岩的隔气和透气性能直接影响到瓦斯的保存条件。

(1) 围岩的孔隙性

围岩由不同的岩性组成，不同类型的岩石都有一定的孔隙和裂隙。孔隙和裂隙是指未被固体物质所填充的空间，它包括岩石颗粒间的粒间孔隙，颗粒内部的粒内孔隙，岩石裂缝以及各种各样的孔、洞、缝的总和。这些孔隙可以是连通的，也可以是孤立的。

岩石的孔隙按其大小可分为三种：① 超毛细管孔隙；② 毛细管孔隙；③ 微毛细管孔隙。只有彼此连通的超毛细管孔隙和毛细管孔隙才是有效的气体储集空间。度量岩石有效储集空间用的是有效孔隙度。所谓有效孔隙度是指岩石中相互连通的孔隙体积和岩石总体积之比。

煤层及其围岩的透气性越大，瓦斯越易流失，煤层瓦斯含量就越小；反之，瓦斯易于保存，煤层的瓦斯含量就高。煤层与岩层的透气性可在非常宽的范围内变化，孔隙与裂隙发育的砂岩、砾岩和灰岩的透气系数非常大，它比致密而裂隙不发育的岩石(如砂页岩、页岩、泥质页岩等)的透气系数高成千上万倍。现场实践表明：煤层顶底板透气性低的岩层(如泥岩、充填致密的细碎屑岩、裂隙不发育的灰岩等)越厚，它们在煤系地层中所占的比例越大，则煤层的瓦斯含量越高。煤系主要岩层均是泥岩、页岩、砂页岩、粉砂岩和致密的灰岩，而且厚度大、横向岩性变化小，围岩的透气性差。砂岩比在 0～1 之间，砂岩比越大，反映统计层段内砂质岩层厚度越大，越有利于煤层中瓦斯的逸散。封闭瓦斯的条件好，所以煤层瓦斯压力高、瓦斯含量大，这些地区的矿井往往是高瓦斯或有煤与瓦斯突出危险的矿井；反之，当围岩是由厚层中粗砂岩、砾岩或是裂隙溶洞发育的灰岩组成时，煤层瓦斯含量往往较小。

(2) 围岩的力学性质

围岩的岩性组合及变形特点对瓦斯的保存和逸散有着重要的影响。根据岩石的力学性质，各种岩层可以分为强岩层和弱岩层两类。强岩层不易发生塑性变形；弱岩层则常呈塑性变形。不同力学性质的岩层具有不同的构造表象。

此外，在不同岩性的岩层中，节理的发育情况也是不同的。强岩层产生大致垂直于层面的破劈理；弱岩层则产生密集的、与层面斜交或大致平行的流劈理；在相邻的弱、强岩层中节理出现折射现象。

梁宝寺煤矿主要含煤地层为下二叠统山西组和上石炭统太原组，山西组以灰～灰白色中、细砂岩、深灰色粉砂岩、泥岩及煤组成。上部以泥岩、粉砂岩为主，夹中砂岩，局部有灰绿色粗砂岩或细砂岩；中、下部以粉砂岩、砂岩为主。图 3-3 为梁宝寺煤矿 3 煤层 40 m 砂岩比等值线及泥岩直接顶板分布区图。从图上可以看出，瓦斯涌出量等值线与煤层顶板岩性分布有较密切的关系，从图中 40 m 砂岩比等值线上可以看到，形成以 L_{10-2} 和 L_{9-2} 为中心的较高瓦斯集中区，相对瓦斯含量为 1 m^3/t，并向周围逐渐降低为 0.8 m^3/t，平面上趋势为东西向椭圆形圈闭，这与顶板砂岩比趋势相吻合，由椭圆中心向南北向砂岩比增加。另外，发现瓦斯含量受直接顶板影响比较明显，在研究区表现为较高瓦斯含量集中区向直接顶板泥岩区靠近。

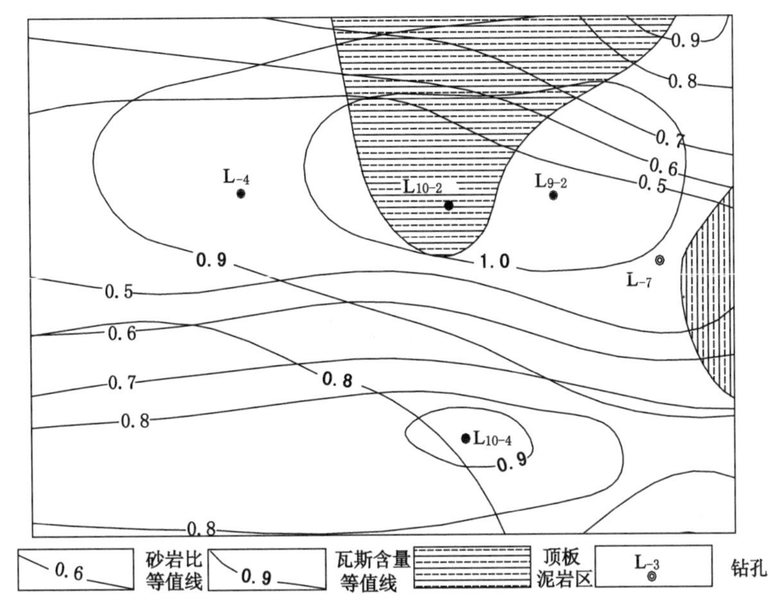

图 3-3　梁宝寺煤矿 3 煤层东翼顶板岩性与相对瓦斯含量等值线图

表 3-5　　梁宝寺煤矿 3 煤层钻孔顶板岩性与瓦斯涌出量

孔号	顶板岩性	顶板砂岩比	瓦斯含量/(m^3/t)
L_{2-2}	粉砂岩	1.00	0.161
L_{4-5}	细砂岩	0.42	0.954
L_{6-3}	粉砂岩	0.92	0.089
L_{6-4}	泥岩	0.50	1.256
L_{6-5}	砂岩	0.80	0.525
L_{8-2}	砂岩	0.59	1.894
L_{9-2}	粉砂岩	0.64	0.438
L_{10-1}	粉砂岩	0.67	0.138
L_{10-2}	泥岩	0.32	0.144
L_{10-3}	砂岩	0.92	1.820

由此反映出，顶板岩性透气较好，区域瓦斯逸散条件较好，透气性差的部位具有较好的瓦斯保存条件。利用已知钻孔柱状图和统计的数据表也可以看出，煤层泥质岩顶板区较砂岩区瓦斯涌出量高。从表 3-5 中的数据也可以分析得到，在其他条件相同的情况下，在较大范围内煤层顶板为砂岩的区域，瓦斯相对涌出量明显降低，并且在由砂岩构成的顶板中，岩

石中粒度细的煤层比粒度粗地区的煤层中瓦斯含量要大。

3.2.1.3 地质构造形态对瓦斯赋存的影响

国内外瓦斯地质研究表明，地质构造与瓦斯的富集及瓦斯突出的分布关系密切，成煤后地壳的上升将使剥蚀作用加强，从而给煤层瓦斯向地表运移提供了条件；当成煤后地表下沉时，煤层为新的覆盖物覆盖，从而减缓了瓦斯向地表逸散。从某种角度上说，区域地质构造控制着煤层瓦斯含量的区域分布。

在瓦斯地质研究中，考虑区域构造的作用，着重于地质构造的力学分析和形态分析两个方面，侧重从构造体系和构造形式以及构造复合、联合部位等方面探讨其对瓦斯分布的影响。就构造形态而论，封闭型地质构造有利于封存瓦斯，使煤层瓦斯含量增大；开放型的地质构造有利于瓦斯排放，使煤层瓦斯含量减小。

（1）构造体系与瓦斯赋存及分布的关系

巨野煤田位于华北地台鲁西台背斜鲁西南断块坳陷的中、西部，就东西构造带而言，位于昆仑—秦岭纬向构造带的东延北支部分，并处于和新华夏系第二沉降带的复合端。区内发育东北—北北东向褶皱和东西向褶曲，北东向褶皱主要有滋阳背斜、兖州—济宁向斜、滕县背斜、滕县向斜及巨野向斜等，东西向褶曲主要发育在东西向地堑构造内，如汶上—宁阳向斜、单县—鱼台向斜等。断裂构造发育，主育南北向及东西向正断层，形成棋盘格状的构造格局，具有经济价值的煤层均赋于地堑内。东西向正断层由北向南依次有汶泗断层、郓城断层、菏泽断层、单县断层等；南北向正断层自东向西依次为峄山断层、孙氏店断层、济宁断层、嘉祥断层、巨野断层、田桥断层及聊考断层等，如图 3-4 所示。断层延展长、落差大，为区域性断裂构造。由于上述两组构造发育形成东西及南北向地堑、地垫构造。

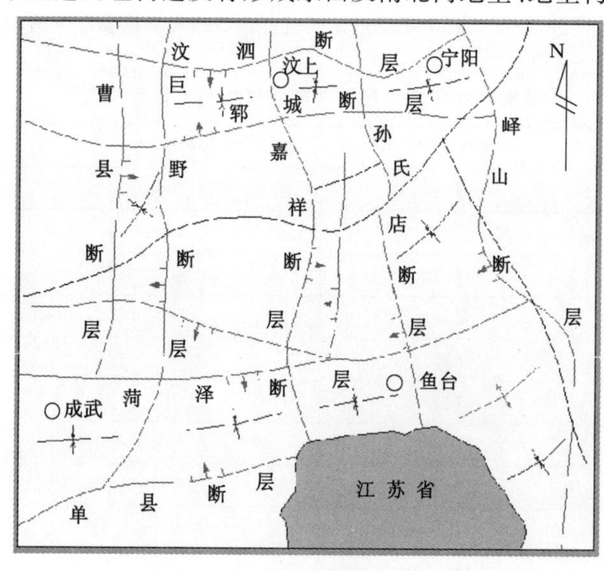

图 3-4 区域构造纲要图

井田受到五次构造应力场的更迭，目前的构造格局是印支期以来多期构造作用的结果。在应力场作用下，梁宝寺矿区发生了较复杂的构造演化，形成了大量的褶皱与断裂构造，褶皱构造形成的时代相对较早。而矿区发现的断层处 1～2 条例外，基本为正断层性质，这种张性构造的发育，导致煤中裂隙大多呈张开状，有利于煤层瓦斯的逸散，通过长期的逸散，导致矿井瓦斯含量明显偏小。从应力场特征来看，梁宝寺矿区受到NW—SE伸展，相对的受NE—SW向挤压作用，因此，在矿井构造中，NE向断层目前属于开放型断层，应力相对较小，有利于瓦斯的逸散，断层带瓦斯含量也应小些；而NW向断裂目前处于相对挤压环境，断裂较封闭，较易形成应力集中，不利于瓦斯的逸散，这也是矿井当巷道掘进中遇到该类断层时，瓦斯涌出量会相对较高的原因。

(2) 构造形迹对瓦斯赋存的影响

构造形迹对瓦斯赋存的影响：一方面造成了瓦斯分布的不均衡；另一方面形成了有利于瓦斯赋存或有利于瓦斯排放的条件。由于地质构造应力的作用和应力场的复杂性，在同一构造形迹内出现有应力集中程度不同的块段，造成了相对的高压和相对的低压地区，驱动瓦斯的运移，形成了瓦斯的相对富集，这也是瓦斯分布不均衡的重要原因之一。不同形态类型的构造形迹，地质构造的不同部位，不同的力学性质和封闭情况，形成了有利于瓦斯赋存或者排放的不同条件。

构造类型和构造复杂程度对瓦斯赋存均有影响，地质构造中的断层破坏了煤层的连续完整性，使煤层瓦斯排放条件发生了变化。梁宝寺井田位于巨野向斜东翼，为一东界F_1断层、西界F_{13}断层组成的地堑构造。区内地层呈南浅北深的趋势，因受区域断层的控制，形成以梁宝寺向斜为骨干向北倾伏收敛的“裙边状”褶曲构造，并伴生北东向及北西向断层组，构造复杂程度中等。

3.2.1.4 地质构造对瓦斯赋存的影响

地质构造是影响煤层瓦斯赋存和含量的最重要的条件之一。在构造应力场中，煤既是传递应力的介质，又是受应力改造的岩体。在构造作用下，煤最易产生运动和变化，由此引起煤中瓦斯的运移和变化。就构造形态而论，封闭型地质构造有利于封存瓦斯，使煤层瓦斯含量增大；开放型的地质构造有利于瓦斯排放，使煤层瓦斯含量减小。

(1) 褶曲构造

背斜和向斜构造对煤层瓦斯赋存影响，主要是其轴部为应力集中区，受挤压后使得其轴部的煤层变得致密而透气性不好，煤层产生的瓦斯不容易逸散，在外部保存条件较好的情况下，一般易产生较高的瓦斯压力和瓦斯含量。一般来说，背斜有利于煤层气的保存，CH_4只能沿煤层向高处运移。但是如果煤层顶板封闭条件差，背斜更有利于气体的扩散，而向斜转折端易于瓦斯赋存。背斜构造中和面以上表现为拉张应力，产生大量的张性裂隙或断层，应力释放快为低压区，煤层气容易逸散，中和面以下煤层CH_4聚积。向斜构造两翼与轴部中和面以上表现明显的应力集中为高压区；中和面以下表现为拉张应力，向斜轴部中和面以下的煤层CH_4封存较差。

梁宝寺煤矿全区呈宽缓褶曲构造，次一级褶曲发育，翼部倾角较缓，为5°～10°，受F_1、F_{13}断层的影响，东、西地段地层倾角较大，一般为20°左右，局部达30°。纵观全区，地层倾角呈南部缓、西部陡的趋势。浅部地层大致走向为东西向。深部因梁宝寺向斜影响，地层走向呈现向北开口的“V”字形。区内褶曲以贯穿全区的梁宝寺向斜为骨架构造，主要褶曲有10条，王庄向斜倾角5°～15°，申庄向斜倾角5°～15°，两翼倾角小不利于瓦斯向两翼逸散，且顶底板大部为厚的砂岩，偶有泥质粉砂岩，有利于瓦斯的封存，从而在向斜的轴部易成为瓦斯积聚区。

(2) 断裂构造

断裂运动伴随着构造运动而发生，断裂的类型对瓦斯保存有重要影响。开放型断层有利于瓦斯逸散，封闭型断层则有利于瓦斯保存。由拉张而形成的断层，且断盘接触岩石透气性好，与地面连通情况好，这种断层一般为开放型断层；由压扭而形成的断层，且断盘接触岩石透气性差，与地面连通情况差，这种断层一般为封闭型断层。此外多个断层的空间组合方式及断层的走向对煤层的瓦斯赋存有不同的影响。一般走向断层阻隔了瓦斯沿煤层倾斜方向的逸散，则不利瓦斯赋存。由多个断层形成的地堑，煤层瓦斯向四周逸散被阻隔，容易在地堑区域形成高瓦斯区。另外，从构造应力分布角度来分析，断层尖端有利于地应力局部集中和瓦斯集中，同时破碎煤体有利于部分吸附气转化为游离气，而又为瓦斯赋存提供空间。因此，在现今应力场作用下，特别是掘进或开采过程中，往往造成断层附近的局部瓦斯涌出量明显增大。

梁宝寺煤矿的张性断裂构造发育，井下小型断层发育，对梁宝寺煤矿 3 煤层中已开采区域井下实测断层进行统计，共统计断层 115 条，绝大多数为正断层，仅有 2 条逆断层，小断层走向多集中于北东东、北东和北西方向，构造形成过程中有利于瓦斯的逸散，使得整个矿井瓦斯相对较低，梁宝寺煤矿井田范围内断层对瓦斯赋存规律影响如下：众多的断层构造为矿区的瓦斯排放创造了良好的条件，是矿井瓦斯含量低的原因，但局部构造复杂，却是瓦斯含量较高的区域。从整体来看，断层的形成使煤层中瓦斯的存在状态发生改变，呈现“动”的趋势，动向为构造带，使整个煤层中的瓦斯含量大幅度降低。但由于构造成因不一，构造区域结构不同，大断层所附生的小断层、裂隙等为瓦斯的后期保存提供了条件。断层等构造形成时，处于运动状态的瓦斯，随着时间延长，断层构造应力和透气性的变化，其中的一部分在断层附近的区域保存下来。由于断层、褶曲等构造的存在，构成了井田内瓦斯含量的不均衡分布。凡煤层赋存平稳，无断层切割和褶曲构造存在的块段，瓦斯含量分布均匀，且涌出量小，而受多条断层控制形成的地堑、地垒、褶曲等构造集中的区域瓦斯含量高，且不均匀。

(3) 岩浆岩分布对瓦斯赋存的影响

本区岩浆岩侵入层位在三灰到十二灰之间，并以顺 16 煤层侵入为主，因而对 16、17 煤层的影响较大，使煤层部分被吞蚀或变成天然焦。因山西组 3 煤层距岩浆岩间距较大，煤层厚度未受影响，仅在本区中西部煤层变质程度略高。岩浆岩侵入分布区，由于煤质增高，煤层的瓦斯吸附量也随之增加，导致瓦斯局部增加。

(4) 水文地质对瓦斯赋存的影响

地下水与瓦斯共存于含煤地层中，其运移和赋存都与煤层和岩层的孔隙、裂隙通道有关。由于地下水的运移，一方面驱动着裂隙和孔隙中的瓦斯运移，另一方面又带动了溶解于水中的瓦斯一起流动，故有利于瓦斯的排放；同时，水被吸附在裂隙和孔隙的表面后可以降低煤对瓦斯的吸附能力，并增大了瓦斯的排驱能力。地下水和瓦斯占有空间是互补的，从而造成了“水大瓦斯小”。梁宝寺煤矿山西组 3 煤顶、底板砂岩和太原组三灰为开采上组煤的直接充水含水层，也是梁宝寺煤矿整体瓦斯较低的一个重要原因。

3.2.1.5 煤的变质程度对瓦斯赋存的影响

煤是天然的吸附体，煤的煤化程度越高，其存贮瓦斯的能力就越强。一般来说，煤的变质程度越高，生成的瓦斯量越大。因此，在瓦斯排放条件相同的条件下，煤的变质程度越高，煤层瓦斯含量越大。

成煤第二阶段，由泥炭演变为煤的煤化作用，包括先后进行的成岩作用和变质作用。这一阶段在以温度和压力为主的物理化学作用下，泥炭经过褐煤、烟煤转变成无烟煤。在煤化作用过程中，不断地产生瓦斯，煤的煤化程度越高，产生的瓦斯越多。其主要原因是：第一，煤层瓦斯的产出量直接依赖于煤化程度；第二，随着变质程度的加深，煤的气体渗透率下降，气体沿煤层向地表方向运移也就更慢；第三，变质程度越高，煤的吸附能力越大，煤层中可以滞留更多的气体。但应该指出的是，当煤由无烟煤向超级无烟煤过渡时，其瓦斯含量不符合上述规律。这是因为，高变质无烟煤的结构发生了质的变化，孔隙率和表面积大大减小，其瓦斯含量低，而且与埋深无关。

3($3_{上}$)煤层属气煤，可选性良好。由于受岩浆岩影响，局部 3($3_{上}$)煤出现弱黏煤、1/2 中黏煤、1/3 焦煤，对煤质有一定的影响，煤化程度高。3($3_{上}$)煤是良好的动力用煤及炼焦配煤。16 煤和 17 煤为气煤，受岩浆岩影响，局部出现弱黏煤、1/3 焦煤、贫煤、无烟煤、天然焦。由此可见，本矿井所采煤层属于中变质煤，从变质程度来说煤保存瓦斯的能力中等，煤的吸附能力随着煤的变质程度的提高而增大，在同一温度和瓦斯压力条件下，变质程度高的煤层往往含有更多的瓦斯。

3.2.1.6 *煤层埋藏深度对瓦斯赋存的影响*

煤层埋藏深度的增加不仅会因地应力增高而使煤层和围岩的透气性降低，而且瓦斯向地表运移的距离也增大，这两者的变化均朝着有利于封存瓦斯、不利于放散瓦斯的方向发展。国内外的研究表明：当深度不大时，煤层瓦斯含量随埋深的增大基本上呈线性规律增加；当埋深达到一定值后，煤层瓦斯含量将会趋于常量，并有可能下降。

一般情况下，煤层上覆基岩厚度为煤层埋藏深度减去第四系地层沉积厚度。第四系地层主要为黄土层，一般分布于地表，胶结性不好，孔隙度大，连通性好，容易排放瓦斯。由于第四系松散沉积物易于搬运，厚度变化较大，这就造成煤层上覆地层垂向上变化较大。在第四系松散沉积厚度较小、垂向差异不大的矿井，上覆基岩厚度和埋藏深度对瓦斯的影响基本上相当。由于本区构造复杂，成为控制瓦斯赋存的主要因素，在进行煤层埋深与瓦斯研究时，应按照不同地质构造单元进行划分，探讨煤层埋深与瓦斯赋存的影响。

一般出露于地表的煤层，瓦斯容易逸散，并且空气也向煤层渗透，导致煤层中的瓦斯含量小，浓度低。随着煤层埋藏深度的增加，地应力增高、围岩透气性降低，瓦斯向地表运移的距离相应也增大，这种变化有利于封存瓦斯、不利于放散瓦斯。所以，在瓦斯风氧化带以下，瓦斯含量、涌出量及瓦斯压力主要随煤层埋藏深度增加而变大。梁宝寺煤矿地面标高一般为＋37～＋40 m，地形起伏不大，可以根据煤层底板标高来寻找对应埋深对瓦斯含量的影响。

图 3-5 为梁宝寺煤矿北部 3 煤层底板标高与相对瓦斯含量等值线分布图。从图中可以看出，当底板等高线从－1 000 m 逐渐下降至－1 400 m 时，相对瓦斯含量从 1.4 m^3/t 增大至 1.7 m^3/t，其等值线形态受煤层底板形态控制。因此，梁宝寺煤矿的相对瓦斯含量与煤层埋深密切相关。

3.2.2 工作面瓦斯涌出规律

为了对梁宝寺煤矿异常采区综放工作面瓦斯异常涌出进行有效的治理，就必须对典型的综放工作面瓦斯涌出规律进行分析研究，找到综放工作面瓦斯异常区的成因。这里以 3300 采区 3316 工作面为试验地点，总结出来的规律具有普遍性，能够有效指导瓦斯异常涌出治理工作，保证梁宝寺煤矿的安全生产。

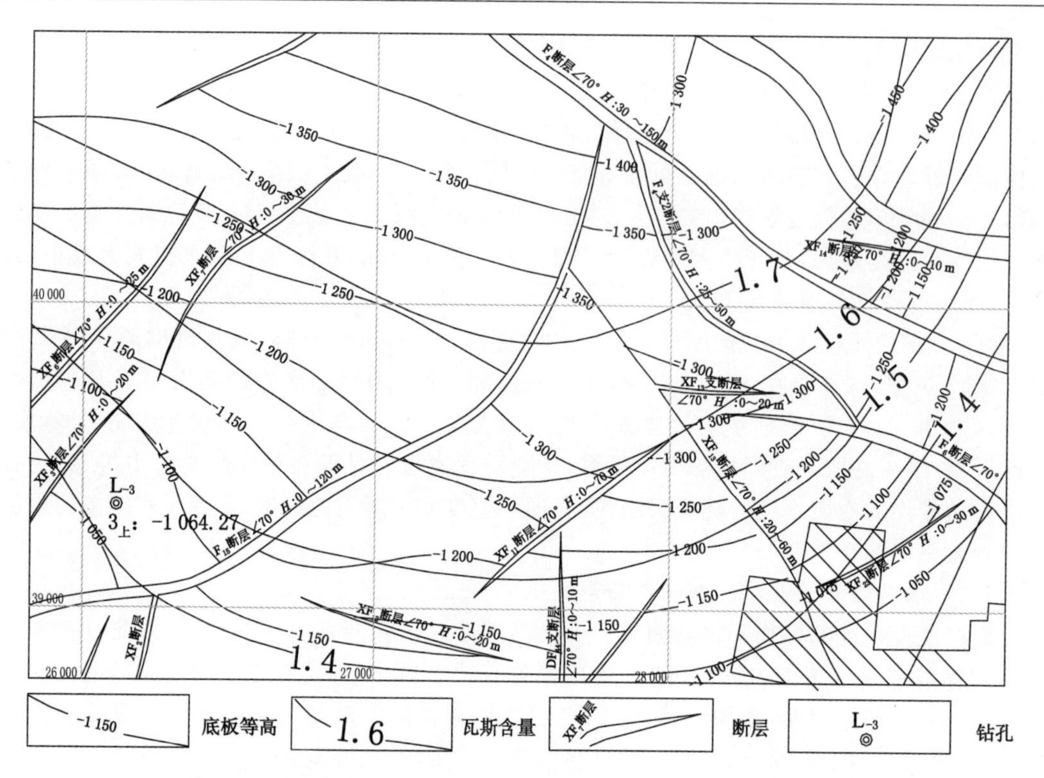

图 3-5　梁宝寺煤矿北部 3 煤层底板标高与相对瓦斯含量等值线图

3.2.2.1　工作面概况

3300 采区开采煤层为 3 煤层，煤层较厚，平均厚度在 5 m 左右，工作面均为综采放顶煤工作面。3316 工作面标高为－840～－880.5 m，走向长为 1 354 m，倾斜长为 100 m，煤层倾角平均为 5°，工作面里切眼以南 503～873 m 处 3 煤层出现分岔，实际揭露 $3_上$、$3_下$ 煤层最大间距 14.3 m。面内断层发育，巷道实际揭露的断层共 13 条，见表 3-6。断层走向以北东和近东西向为主，3316 外切眼向南 400 m 处及以南范围内的煤层被岩浆岩侵入，煤层被侵蚀或变质为焦炭；工作面无陷落柱、古河流冲刷等地质现象。

表 3-6　　巷道揭露的断层情况表

构造序号	构造名称	走向/(°)	倾向/(°)	倾角/(°)	性质	落差/m	对回采影响程度
1	F_1	84	354	60	正断层	2.5	无影响
2	F_2	73	163	60	正断层	1.5	无影响
3	F_3	84	174	40	正断层	2.0	无影响
4	F_{28}	72	162	70	正断层	27	无影响
5	DF_{18}	34	304	85	正断层	7	影响大
6	DF_{37}	83～87	263～267	173～177	正断层	12～18	无影响
7	F_4	89	179	60	正断层	7	无影响
8	F_5	57	327	50	正断层	0.8～1	无影响
9	F_6	57～66	327～336	70	正断层	0～2	无影响

续表 3-6

构造序号	构造名称	走向/(°)	倾向/(°)	倾角/(°)	性质	落差/m	对回采影响程度
10	F_7	59～62	149～152	45～60	正断层	2.5～5.5	影响大
11	F_8	62～65	152～155	45～60	正断层	1.5	影响小
12	F_9	57	327	45	正断层	1	影响小
13	F_{10}	57	327	45	正断层	2	影响小

3.2.2.2 综放工作面瓦斯来源及构成

综采放顶煤是一种高产高效的采煤方法，其工作面管理比较简单、产量高、推进速度快，在目前应用较广。但由于综采放顶煤产量高，推进速度快，瓦斯涌出量也相应增大，给瓦斯治理带来了较大的难度。因此分析放顶煤工作面瓦斯来源及构成，可以给煤矿瓦斯治理提供依据，使煤矿的瓦斯防治措施更加有的放矢。

根据放顶煤工作面采煤工艺和梁宝寺煤矿 3 采区煤层赋存状况，放顶煤工作面瓦斯涌出划分成三大瓦斯涌出源：采（放）落煤瓦斯涌出、煤壁瓦斯涌出和采空区瓦斯涌出（包括丢煤、围岩和邻近层瓦斯涌出）。各来源的瓦斯涌出采用如下方法测定：

(1) 在综放 3316 工作面刚开始开采阶段（基本顶第一次垮落前），选择检修班测定工作面进、回风平巷风量和瓦斯浓度，确定工作面进、回风瓦斯涌出量，两者之差即为工作面煤壁瓦斯涌出量 $Q_{煤壁}$。

(2) 在放顶煤工作面基本顶未垮落前，选择正常采煤班，测定采煤过程中进、回风瓦斯涌出量，两者之差即为工作面采（放）落煤瓦斯涌出量与循环暴露煤壁瓦斯涌出量之和，将该值减去(1)中测得的循环暴露煤壁瓦斯涌出量即得采（落）煤瓦斯涌出量 $Q_{落煤}$。

(3) 选择工作面推进至距开切眼 100 m 左右位置的正常采煤班，测定采（放）煤过程中工作面瓦斯涌出量 Q（测点布置与前类似），将此值减去(1)、(2)中获得的循环暴露煤壁和采（放）煤瓦斯涌出量，即得采空区瓦斯涌出量 $Q_{采空区}$。

(4) 在各源瓦斯涌出量已知时工作面瓦斯涌出来源构成可按下式计算：

$$C_{煤壁}=Q_{煤壁}/Q\times 100\% \tag{3-2}$$

$$C_{落煤}=Q_{落煤}/Q\times 100\% \tag{3-3}$$

$$C_{采空区}=Q_{采空区}/Q\times 100\% \tag{3-4}$$

式中 $C_{煤壁}$，$C_{落煤}$，$C_{采空区}$——煤壁、落煤和采空区瓦斯涌出比例，%；

$Q_{煤壁}$，$Q_{落煤}$，$Q_{采空区}$——煤壁、落煤和采空区瓦斯涌出量，m^3/min；

Q——放顶煤工作面瓦斯涌出量，m^3/min。

通过对 3316 工作面基本顶来压前后的检修班（无采掘作业）瓦斯涌出量的多次跟踪实测的数据进行统计，选取其中一条较典型的瓦斯涌出量变化曲线如图 3-6 所示。图中横坐标为测定时间，纵坐标为瓦斯涌出量。经统计分析，基本顶来压前的检修班平均瓦斯涌出量为0.75 m^3/min，由于检修班无任何采掘作业，而且基本顶来压以前工作面瓦斯涌出量较小。故认为基本顶来压前的瓦斯涌出量就近似为煤壁瓦斯涌出量，即 $Q_{煤壁}=0.75\ m^3/min$。工作面推进 100 m（基本顶周期来压结束后）时检修班的平均瓦斯涌出量为 1.66 m^3/min。

实际上工作面推进 100 m 时检修班的瓦斯涌出量只包含煤壁瓦斯涌出量和采空区瓦斯涌出量，煤壁瓦斯涌出量在基本顶来压前后不变，故采空区瓦斯涌出量为：

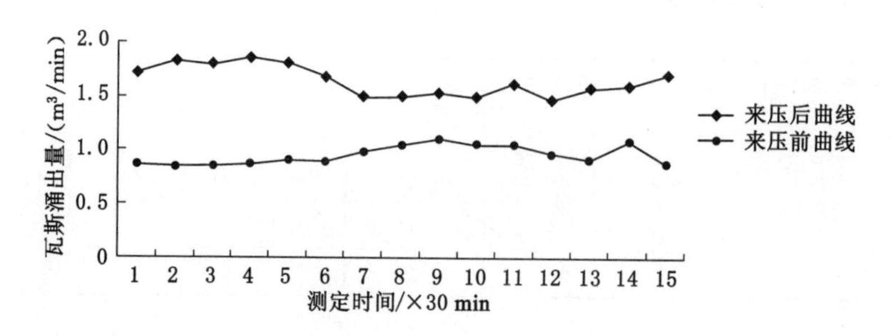

图 3-6　基本顶来压前后检修班瓦斯涌出曲线

$$Q_{采空区}=Q_{来压后检修班}-Q_{煤壁} \tag{3-5}$$

将实测数据 $Q_{来压后检修班}=1.86\ m^3/min$ 和 $Q_{煤壁}=0.75\ m^3/min$ 代入上式得：

$$Q_{采空区}=1.11\ m^3/min$$

3316 工作面基本顶来压前的采煤班瓦斯涌出量测定结果如图 3-7 所示。

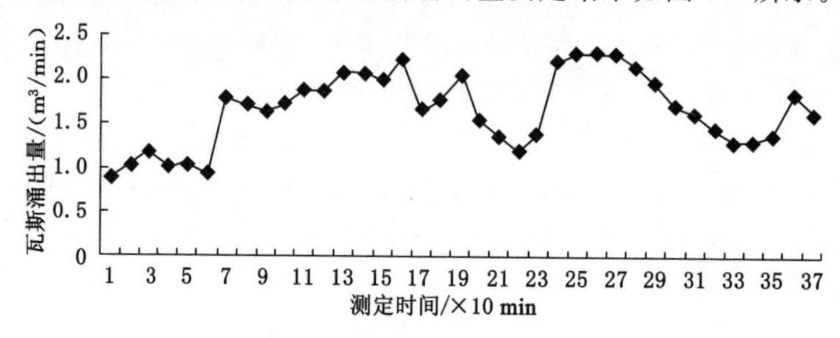

图 3-7　采煤班瓦斯涌出曲线

经统计割煤期间工作面平均瓦斯涌出量为 2.02 m^3/min，由于此前在检修班测得的煤壁瓦斯涌出量为 0.75 m^3/min，故落煤瓦斯涌出量为 1.27 m^3/min。

采煤班瓦斯涌出量为：

$$Q=Q_{落煤}+Q_{煤壁}+Q_{采空区} \tag{3-6}$$

将 $Q_{落煤}$、$Q_{煤壁}$、$Q_{采空区}$ 测得的数据代入上式，得：

$$Q=3.13\ m^3/min$$

通过上面统计分析，工作面瓦斯涌出量来源于煤壁、落煤和采空区的比例如下：

$$C_{煤壁}=Q_{煤壁}/Q\times100\%=24\%$$

$$C_{落煤}=Q_{落煤}/Q\times100\%=40\%$$

$$C_{采空区}=Q_{采空区}/Q\times100\%=36\%$$

可以看出，采空区瓦斯涌出所占有的比例为 36%，且绝对瓦斯涌出量较高，又由于其瓦斯是在一个相对封闭的空间内，一般的瓦斯排放方法很难达到较好的效果，给工作面的安全回采带来了较大隐患。

3.2.2.3　梁宝寺煤矿瓦斯异常区综放工作面瓦斯涌出规律

（1）煤壁瓦斯涌出规律

煤壁瓦斯涌出规律是指单位面积煤壁瓦斯涌出量随时间的变化情况。由于放顶煤工作面与综掘工作面煤壁瓦斯涌出规律是一致的，考虑到采煤工作面连续推进，难以长时间连续观测煤壁瓦斯涌出与时间的关系，因此，煤壁瓦斯涌出规律测定在综掘工作面进行。测定方法如下：

① 在正常连续掘进的煤巷中，沿掘进方向布置3～5个测点，如图3-8所示。测定各测点巷道断面积，确定各相邻测点间暴露煤壁面积和煤壁平均暴露时间。

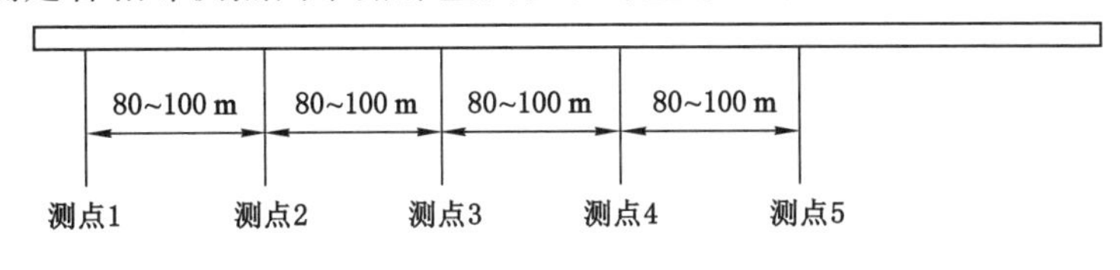

图3-8 煤壁瓦斯涌出规律测点布置示意图

② 定期同时测定各相邻点的风量和瓦斯浓度（测定应选择在工作面清完煤后进行），按下式计算测定时的各相邻测点间在对应的暴露时间下单位面积煤壁瓦斯涌出量：

$$q = (S_i v_i c_i - S_{i+1} v_{i+1} c_i)/(2\overline{m}l) \quad (i = 1,2,\cdots) \tag{3-7}$$

式中 q——相邻测点间单位面积煤壁瓦斯涌出量，$m^3/(m^2 \cdot min)$；

S_i——第i测点巷道断面积，m^2；

v_i——第i测点巷道断面积上的平均风速，m/min；

c_i——第i测点巷道断面上的平均瓦斯浓度；

$\overline{m}$——第i与第$i+1$测点间的平均煤厚，m；

l——第i与第$i+1$测点间的距离，m。

③ 每间隔3～5 d重复①、②中步骤，持续测定一个月时间。

根据各相邻测点间在不同的暴露时间t_i下的单位面积煤壁瓦斯涌出量测值q_i，按下式进行回归处理即可得到煤壁瓦斯涌出规律：

$$q_t = q_0/(1+t)^{\beta} \tag{3-8}$$

式中 q_t——暴露时间为t时的单位面积煤壁瓦斯涌出量，$m^3/(m^2 \cdot min)$；

q_0——暴露时间$t=0$时的单位面积煤壁瓦斯涌出量，$m^3/(m^2 \cdot min)$；

t——煤壁暴露时间，min；

β——煤壁瓦斯涌出衰减系数。

煤壁瓦斯涌出规律测定是在煤巷掘进工作面进行的。共设了6个测点，在正常掘进过程中同时测定各相邻测点的瓦斯浓度和风量，其测定结果整理见表3-7。

表3-7 煤壁瓦斯涌出量测试数据

区段	2011-11-16			2011-11-21			2011-11-26		
	t/d	Q/(m^3/min)	S/m^2	t/d	Q/(m^3/min)	S/m^2	t/d	Q/(m^3/min)	S/m^2
1-2	7	0.268	980	12	0.186	980	17	0.163	980
2-3	15	0.178	980	20	0.142	980	25	0.089	980
3-4	24	0.109	980	29	0.098	980	34	0.064	980
4-5	33	0.088	980	38	0.068	980	43	0.063	980

注：t——煤壁暴露时间，d；Q——两测点之间煤壁瓦斯涌出量，m^3/min；S——煤壁的暴露面积，m^2。

经过回归分析，得煤壁瓦斯涌出规律曲线方程如下：

$$Q=4.15(1+t)^{-1.01} \tag{3-9}$$

式中 Q——单位面积煤壁瓦斯涌出速度，$m^3/(d \cdot m^2)$；

t——煤壁暴露时间，d。

(2) 落煤瓦斯涌出规律

落煤瓦斯涌出规律的测定主要是考查采落煤瓦斯涌出随时间的变化特征，其测定方法如下：

① 在采煤工作面不加分选地采取 10～15 kg 混合粒度的新鲜采落煤炭，装入专用的煤样筒中，并记录开始装筒时间；

② 在进行步骤①的同时，采集 1～3 mm 粒度煤样 150 g，装入密封煤样罐中密封，送实验室测定煤中瓦斯含量；

③ 将装有煤样的煤样筒与瓦斯解吸速度测定仪连通，记录解吸测定开始时间和不同解吸时间下的累计瓦斯解吸量；

④ 连续测定若干小时，直至煤样瓦斯解吸速度小于 10 mL/min 时停止解吸测定，并称量筒中煤样质量；

⑤ 根据解吸测定数组(t_i、Q_i)和装入密封罐中煤样瓦斯含量测定结果，确定采落煤炭瓦斯解吸规律：

$$V = V_0 e^{-kt} \tag{3-10}$$

$$Q = f(t) \tag{3-11}$$

式中 V——落煤在不同时间下的瓦斯解吸速度，$mL/(g \cdot min)$；

V_0——装筒时的落煤瓦斯解吸速度，$mL/(g \cdot min)$；

Q——落煤开始解吸测定后的不同时间下的瓦斯解吸总量，m^3；

t——落煤装筒后的瓦斯解吸时间，min。

落煤瓦斯涌出规律测定是在 3316 工作面进行的，随着工作面的推进，煤壁循环暴露，采集刚刚暴露的新鲜煤样进行解吸，实测得到瓦斯解吸速度衰减曲线如图 3-9 所示。

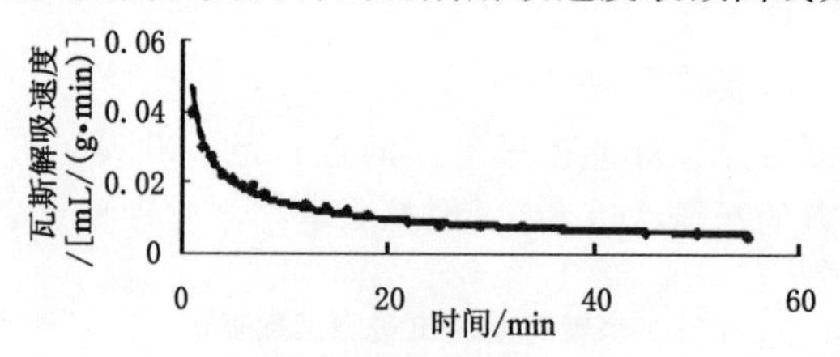

图 3-9 落煤瓦斯解吸速度衰减曲线图

对图 3-9 进行回归得到落煤瓦斯解吸规律为：

$$V = 0.026e^{-0.03t} \quad (r = 0.93) \tag{3-12}$$

式中 V——瓦斯解吸速度，$mL/(g \cdot min)$；

t——解吸时间，min。

为进一步研究落煤瓦斯解吸规律，测定了煤样(300 g)的瓦斯解吸体积随时间的变化过程，得到的煤样瓦斯解吸曲线如图 3-10 所示。

经回归得到曲线的方程为：

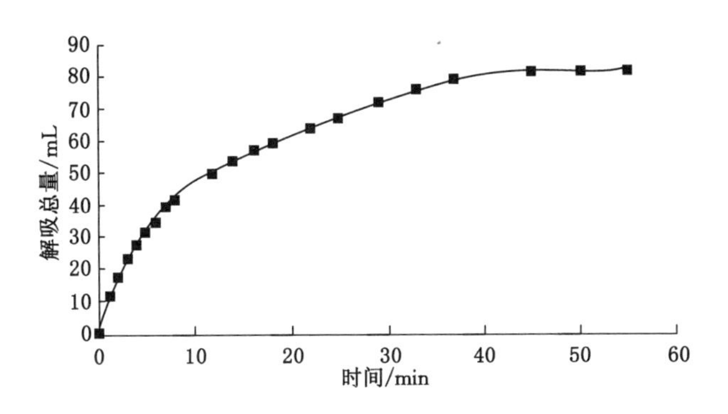

图 3-10　煤样瓦斯解吸曲线图

$$Q = 11.8t^{1/2} \quad (r = 0.94) \tag{3-13}$$

式中　Q——煤样瓦斯解吸总量，mL；

t——解吸时间，min。

由图可见，煤样中的瓦斯在脱离煤体后的 30 min 内，瓦斯放散的总体积增加较快，30 min 后瓦斯放散体积增加较为缓慢。

(3) 采空区瓦斯涌出规律

采空区瓦斯涌出与工作面采出率、围岩和邻近层瓦斯排放率、通风方式、通风参数以及采空区面积等诸因素有关，对于给定开采条件的采煤工作面而言，由于采出率、围岩及邻近层赋存状况、通风方式和通风参数相对固定，采空区瓦斯涌出主要取决于采空区面积。

在工作面回采期间，随着采空区面积扩大，采空区瓦斯涌出量逐渐增大，当采空区面积扩大到一定范围后，采空区瓦斯涌出保持相对稳定。分析采空区瓦斯涌出规律的目的，是为了掌握给定条件下的采煤工作面采空区瓦斯涌出与采空区面积或推进距离的定量关系。

采空区瓦斯涌出规律的测定方法及步骤如下：

① 在工作面开采过程中，选择若干个不同推进距离下的检修班，测定工作面瓦斯涌出量(测定回风风量与瓦斯浓度)；

② 将工作面瓦斯涌出量减去煤壁瓦斯涌出量，获得对应推进距离(采空区面积)下的采空区瓦斯涌出量；

③ 根据各推进距离(L)下的采空区瓦斯涌出量($Q_{采空区}$)测值，建立采空区瓦斯涌出量与推进距离(L)或采空区面积(S)之间的函数关系，即：

$$Q_{采空区} = f(L) \text{或} Q_{采空区} = f(S)$$

在 3316 工作面回采过程中，每隔一定距离对工作面检修班瓦斯涌出量进行测定，得到采空区瓦斯涌出规律曲线如图 3-11 所示。

通过对数据进行回归分析得到的采空区瓦斯涌出规律曲线方程为：

$$Q = 2.8 \times 10^{-7} L^3 - 0.003\,2L^2 + 0.015\,6L + 0.033 \tag{3-14}$$

从图 3-11 可以看出，曲线开始较陡而后逐渐变缓，最后达到一个基本恒定的值。工作面向前推进前期，随着采空区面积、丢煤量的增加和邻近层瓦斯的涌出，采空区瓦斯涌出量随推进距离增加而增大。当工作面推进超过 120 m 时，先期的采空区瓦斯涌出随时间增加而逐渐衰竭。而且随着采空区后方不断被上覆岩层压力压实，使得后方采空区瓦斯涌出受到阻碍，采空区的瓦斯涌出量便不再随推进距离而增大。120 m 是采空区瓦斯涌出有效影

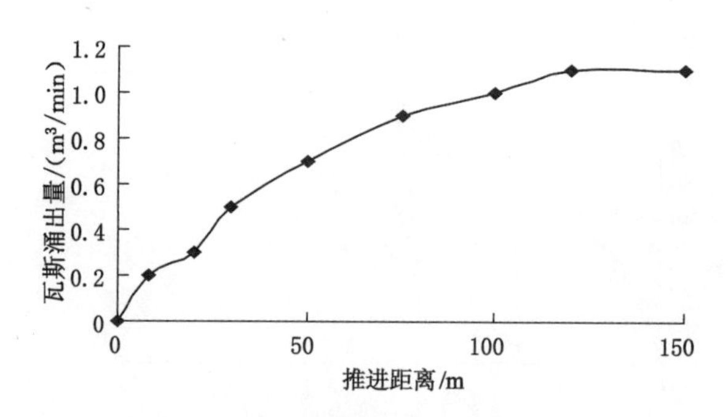

图 3-11　采空区瓦斯涌出规律曲线图

响的长度。

3.2.2.4　工作面瓦斯涌出不均衡系数

工作面在回采期间，由于工序的不同，工作面的瓦斯涌出量也是不相同的。具体表现在：各工序间的瓦斯涌出是不均衡的，生产班与检修班瓦斯涌出是不相同的。瓦斯涌出不均衡性对于合理的工作面配风极为重要。

瓦斯涌出不均衡系数采用如下方法测算：

① 选择采煤工作面采煤班，每隔 10 min 测定一次进、回风瓦斯浓度并记录该时段的作业工序；

② 绘制采煤班瓦斯涌出量与时间、工序关系散点曲线，确定采煤班平均瓦斯涌出量，并计算曲线中的最高值、最低值与平均瓦斯涌出量的比值，即瓦斯涌出不均衡系数；

③ 选择采煤工作面检修班，每隔 20 min 测定一次进、回风瓦斯浓度并记录检修工艺；

④ 绘制检修班瓦斯涌出量与时间、工序关系曲线，求平均瓦斯涌出量，并计算班内瓦斯涌出不均衡系数；

⑤ 根据采煤班和检修班实测瓦斯涌出曲线，确定两者间的瓦斯涌出不均衡系数。

放顶煤工作面瓦斯涌出不均衡系数测定是在 3316 工作面的采煤班和检修班进行的。由于检修班作业较少，对瓦斯涌出影响较小，瓦斯涌出量曲线比较平缓，所以检修班瓦斯涌出不均衡系数已失去意义。对采煤班瓦斯涌出量进行测试得到的作业工序—瓦斯涌出量关系如图 3-12 所示。

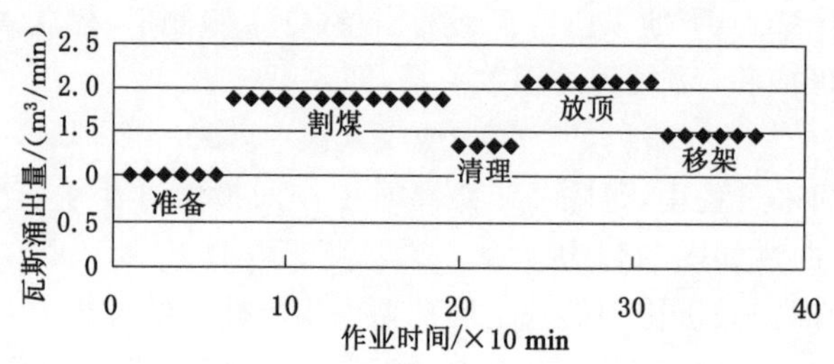

图 3-12　采煤班不同作业工序瓦斯涌出量散点图

图中从左至右作业工序分别为：准备、割煤、清理、放顶、移架。由上图得出的整个采煤班平均瓦斯涌出量为：$Q_{平均}=1.68\ m^3/min$。

各工序平均瓦斯涌出量分别为：$Q_{准备}=1.01\ m^3/min$，$Q_{割煤}=1.92\ m^3/min$，$Q_{清理}=1.38$

m^3/min,$Q_{放顶}=2.02\ m^3/min$,$Q_{移架}=1.50\ m^3/min$。

瓦斯涌出不均衡系数按下式计算:

$$k = Q_{工序}/Q_{平均} \tag{3-15}$$

计算瓦斯涌出不均衡系数分别为:$k_{准备}=0.60$,$k_{割煤}=1.12$,$k_{清理}=0.84$,$k_{放顶}=1.26$,$k_{移架}=0.93$。

由此可见,放顶工序瓦斯涌出不均衡系数最高,为 1.26;准备时瓦斯涌出不均衡系数最小,为 0.60。

3.2.2.5 梁宝寺煤矿瓦斯异常区煤层瓦斯异常涌出成因分析

瓦斯异常区除了受自然因素影响外,还受到人为开采采动影响、采空区影响等多方面影响,对于梁宝寺煤矿瓦斯异常区的成因主要有以下几个方面:

(1) 岩浆岩侵入

由于岩浆岩侵入的过程,使该区具有高温高压并携带一些热液气体,促使煤层变质程度加深,产生新的 CH_4气体,岩墙本身作为一个非透气墙,阻止了气体外逸,因此形成了 CH_4富集区。火成岩的影响具体表现在两方面,一方面是沿走向展布的火成岩墙导气性弱,使深部瓦斯不易向外扩散,而在岩墙附近富集。火成岩墙上部的瓦斯含量极低,而位于火成岩墙下部瓦斯含量大幅度增加,且靠近火成岩墙区域的瓦斯含量高于其下部相邻区域。另一方面在火成岩附近的煤体受火成岩作用煤的变质程度增高,因而煤层中瓦斯含量也增高。

(2) 构造

梁宝寺煤矿全区呈宽缓褶曲构造,次一级褶曲发育,翼部倾角较缓,为 5°～10°,受 F_1、F_{13}断层的影响,东、西地段地层倾角较大,一般为 20°左右,局部达 30°,且断层较多。以 3316 工作面为例,巷道掘进中共揭露断层 13 条,大部分断层封闭性好,对瓦斯的排放条件差,落差较大的断层伴生构造因受断层形成时的应力破坏,自身比较破碎,微孔隙、节理、裂隙发育为瓦斯提供了赖以赋存的空间,形成了伴生构造复杂区域的瓦斯富集区,一旦受采动影响或爆破震动,瓦斯会迅速向外运移、释放,形成瓦斯涌出异常区。

(3) 顶板及围岩性质

梁宝寺煤矿主要含煤地层为下二叠统山西组和上石炭统太原组,山西组以灰～灰白色中、细砂岩、深灰色粉砂岩、泥岩及煤组成。上部以泥岩、粉砂岩为主,夹中砂岩,局部有灰绿色粗砂岩或细砂岩;中、下部以粉砂岩、砂岩为主。瓦斯涌出量等值线与煤层顶板岩性分布有较密切的关系,在以 L_{10-2}和 L_{9-2}为中心的较高瓦斯集中区,相对瓦斯含量为 1 m^3/t,并向周围逐渐降低为 0.8 m^3/t,平面上趋势为东西向椭圆形圈闭。另外,瓦斯含量受直接顶板影响比较明显,在研究区表现为较高瓦斯含量集中区向直接顶板泥岩区靠近。

通过以上分析可知,影响瓦斯异常涌出的原因中岩浆岩侵入、断层的影响、顶板与围岩性质,这三个方面是由于矿区的煤层地质条件所决定的,很难对其有所改变和采取相应的措施。采空区瓦斯涌出量大和上隅角瓦斯超限就是它们集中的体现。采空区作为瓦斯异常涌出的主要来源,目标明确,因此应该是治理瓦斯异常涌出的重点。通过采取相应的抽采方法对采空区的瓦斯进行合理抽采,达到抑制瓦斯异常涌出的目的。

3.3 深部开采冲击地压影响下综放工作面瓦斯的异常涌出

3.3.1 基于微震系统采煤工作面地压异常监测

(1) 微地震监测系统

微震监测技术(microseismic monitoring technique,简称 MS)是近年来从地震勘查行业演化和发展起来的一项跨学科、跨行业的新技术。微震监测技术的基本原理是:岩石在应力作用下发生破坏,并产生微震和声波。在破裂区周围的空间内布置多组检波器实时采集微震数据,经过数据处理后,应用震动定位原理,可确定破裂发生的位置,并在三维空间上显示出来[37](图 3-13)。

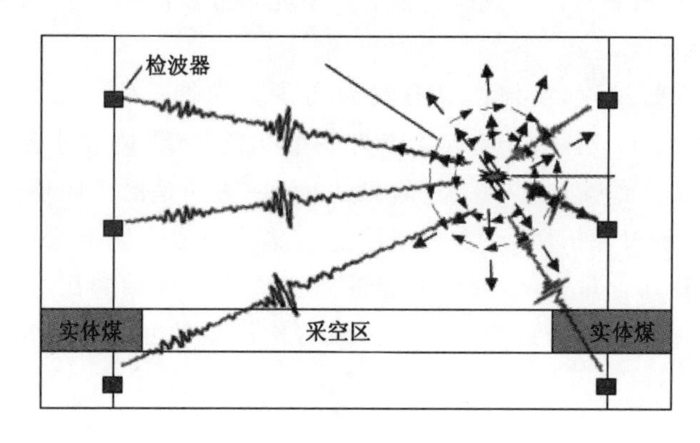

图 3-13 微震监测岩体破裂示意图

为实现监测目标,梁宝寺煤矿自 2010 年陆续引进了北京安科兴业科技有限公司生产的集中式微地震监测系统,即 KJ551 煤矿微地震监测系统,共购买了 7 台监测分站,分别应用于一号井的 4 个采区和二号井 2 个采区的 7 个工作面回采监测中。矿井安装了一套 SOS 微震监测系统对全矿井范围进行微震监测。该系统可实现对包括冲击地压在内的矿震信号进行远距离(最大 10 km)、实时、动态、自动监测,输出冲击地压等矿震信号的完全波形。通过数据处理,可准确计算出能量大于 100 J 的震动及冲击地压发生的时间、能量及三维坐标,通过分析工作面周围岩层的断裂信息评价冲击地压危险程度。

(2) 3426 采煤工作面周边微震监测系统布置

为有效监控和防范冲击地压事件,梁宝寺煤矿在 3426 工作面设置了 KJ551 煤矿微震监测站,设置地点如图 3-14 所示。

通过在 3426 采煤工作面轨道巷道周围布置的微震监测站,监测到 3426 工作面及附近在回采过程中的矿压活动情况,根据微震能量和频率的不同可判断采场煤岩体受矿压活动的影响程度,同时配合分析采场的瓦斯监测系统的数据就可以直观地反映出采场冲击地压事件与瓦斯涌出之间的关系。

(3) 3426 采煤工作面周边煤岩破坏监测

原始煤层巷道的开挖和工作面回采会打破周围煤岩体的原始应力平衡状态,产生应力的二次分布,如果重新分布的矿山压力超出煤岩体屈服应力,那么煤岩体原始裂隙、孔隙就会发育、扩展、贯通,煤岩体会产生破裂,通过在煤岩体周围布置微震应力传感器可监测到煤

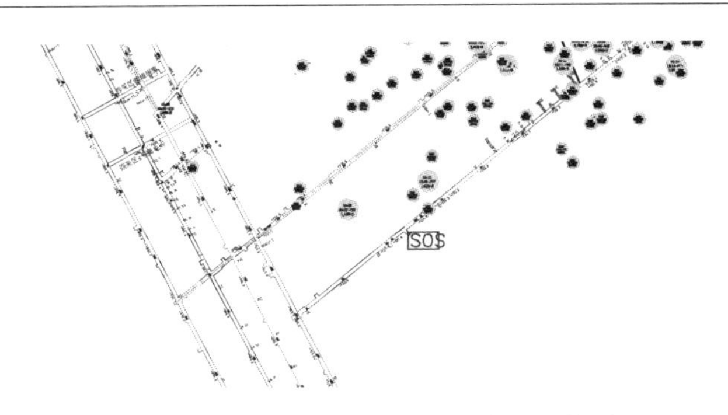

图 3-14　微震监测系统安设位置示意图

岩体破坏的地点、时间和破坏程度。图 3-15 为采用微震监测系统监测到的 2017 年 10 月 1 日至 10 月 30 日 3426 工作面周边微震事件分布图，图中两条黑线之间为 10 月份工作面回采的范围，图中圆点的大小表征煤岩体破坏时微震能量的大小，圆点的密集程度则反映了煤岩体破裂的频率。

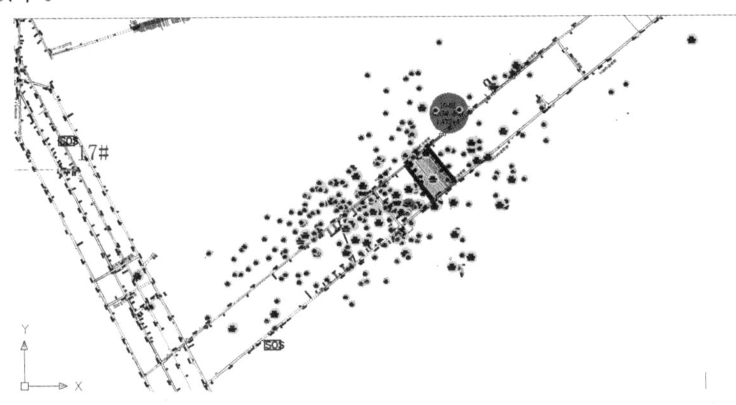

图 3-15　3426 工作面 10 月份微震事件分布

从图 3-15 可以看出，采场工作面前方煤岩体、后方采空区、工作面和进回风巷道均有微震事件发生，说明工作面回采过程中采场附近煤岩体受到不同程度的破坏。图中微震事件主要集中在工作面前后 50～100 m 范围内，且工作面前 50 m 左右的微震事件最为丰富，分布最为密集，说明采动导致的应力重新分布对煤岩体的破坏主要是在工作面前后 50 m 左右的小范围内；采空区中开始出现小微震事件，然后小微震事件逐渐密集，直至出现大微震事件，说明采空区顶板发生断裂性破坏，这是由于周期来压导致的采空区顶板垮落所致，而顶板垮落后采空区微震事件先大量减少然后再增多也说明微震事件产生的频率和能量都有一定的周期性。所以通过监测微震事件能量强度和频率大小的周期性变化就能判断工作面推进过程中前方支撑应力峰值位置和影响范围以及采空区顶板周期性破坏位置及时间。微震事件的密集过程实质就是煤岩体裂隙通道发育、扩展、贯通的过程，图中工作面前方8 m 微震事件较少，说明此区域经历支撑应力峰值后已完成卸压破碎，而 8～30 m 范围内微震事件增多说明此区域为应力增加区，煤岩体受支撑应力的影响经历了原始裂隙闭合和扩展等过程。

对监测数据的分析表明，10 月份，发生微震能量达到 10^4 量级以上的事件有 2 次，分别

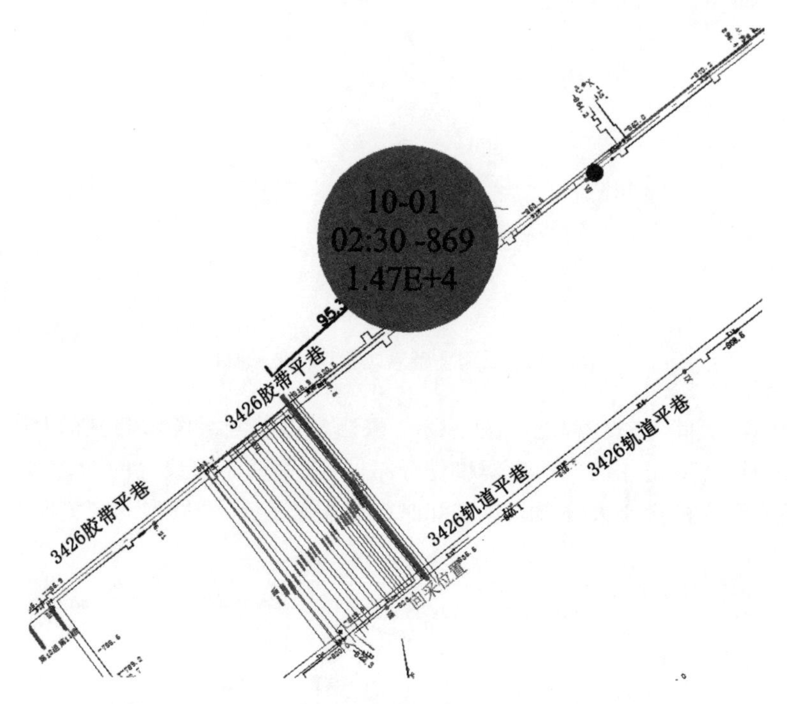

图 3-16　10 月 1 日份大能量微震事件发生地点示意图

是 10 月 1 日 2:30 左右能量达到 1.47×10^4，发生地点位于采煤工作面后部 95 m 位置，如图 3-16 所示；另一次是 10 月 25 日 4:30 左右发生了冲击能量达到 1.37×10^4 的事件，发生地点位于采煤工作面前部 68 m 位置，如图 3-17 所示。能量超过 10^3 量级但不足 10^4 量级的微震事件发生频次为 49 次，如图 3-18 所示。

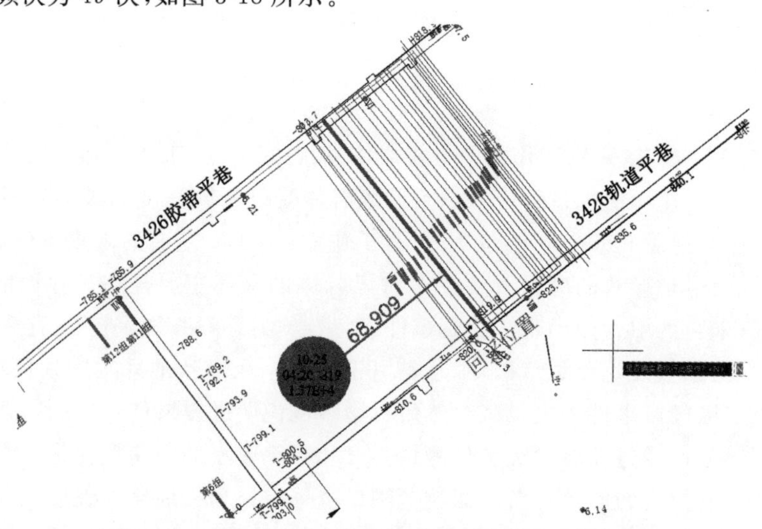

图 3-17　10 月 25 日大能量微震事件发生地点示意图

图 3-19 和图 3-20 是 9 月份和 11 月份微震发生位置及频次特征的分布图。从图中可以看出，3426 工作面在 9 月份发生微震的频次和能量规模都较小，而在 11 月份微震事件发生的频次特别高，但没有出现能量大于 10^4 量级的微震事件。

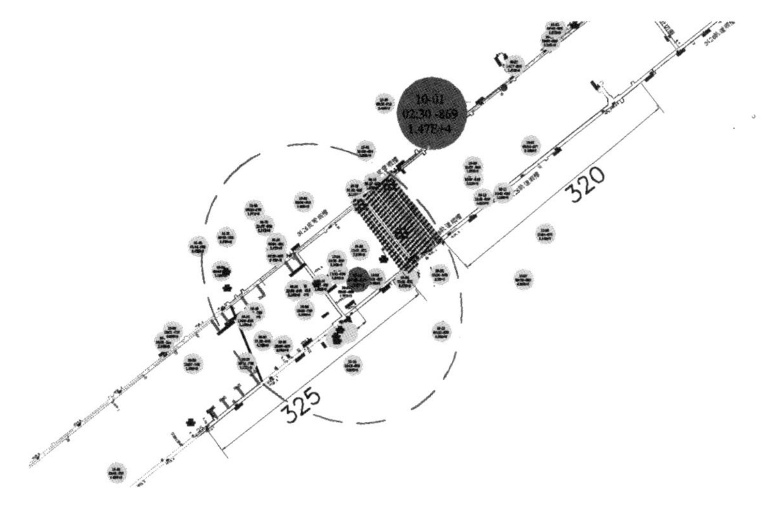

图 3-18　2017 年 10 月份能量大于 10^3 量级的微震分布图

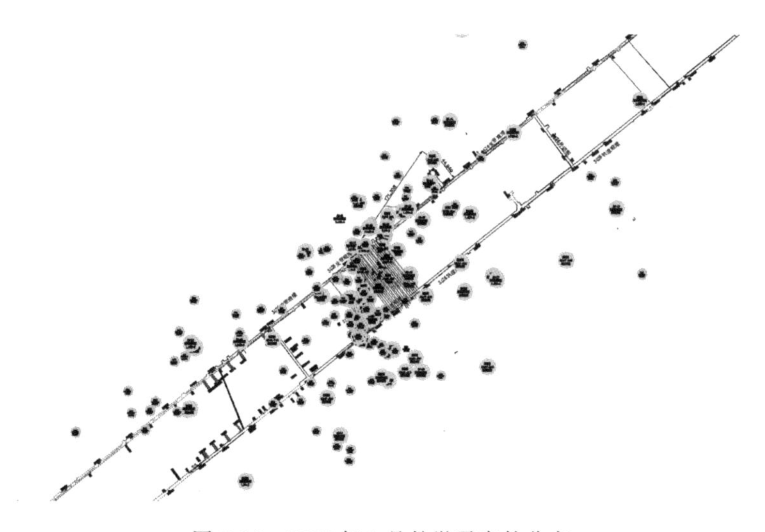

图 3-19　2017 年 9 月份微震事件分布

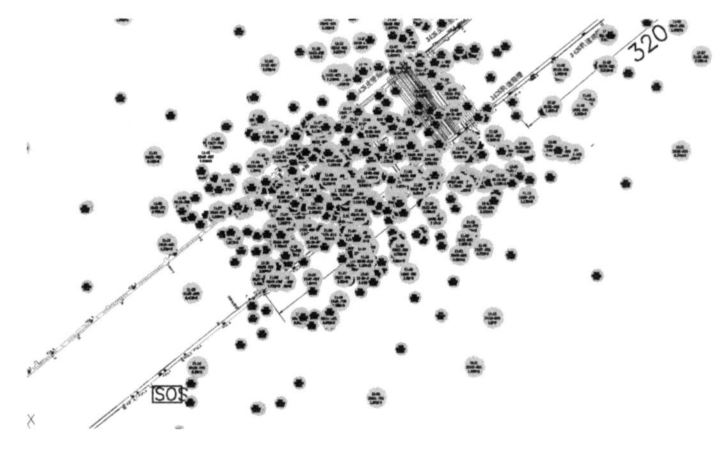

图 3-20　2017 年 11 月份微震事件分布图

(4) 3426 采煤工作面周边微震事件统计分析

采场微震的发生频率表征了采场煤岩体受矿山压力变化的损伤破坏情况，微震频率越高说明煤岩体受矿山压力的影响越大，发生动力性灾害的可能性就越大。对采场微震发生的地点、时间以及能量值进行统计能说明采场的矿压活动情况，同时根据前面模拟实验分析可以知道，强烈的矿压活动一般都会伴随有瓦斯异常涌出现象，所以通过分析微震事件对瓦斯涌出进行预测，同时当微震达到某一能量时，采取相应的瓦斯异常涌出防治措施，减少强矿压灾害与瓦斯灾害发生的可能性。为此，本项目 10 月份梁宝寺煤矿 3426 工作面回采过程中采场发生的能量大于 10^3 量级的微震频率及能量进行统计，分析矿压活动的规律。

(5) 采场微震发生位置特征

设置沿工作面推进方向为正向，相反为负向(亦即沿采空区方向)，设定 10 个区间对在工作面前后投影平面内发生的微震频次进行统计，表征采场的煤岩活动情况，大量数据的统计结果如图 3-21 所示。

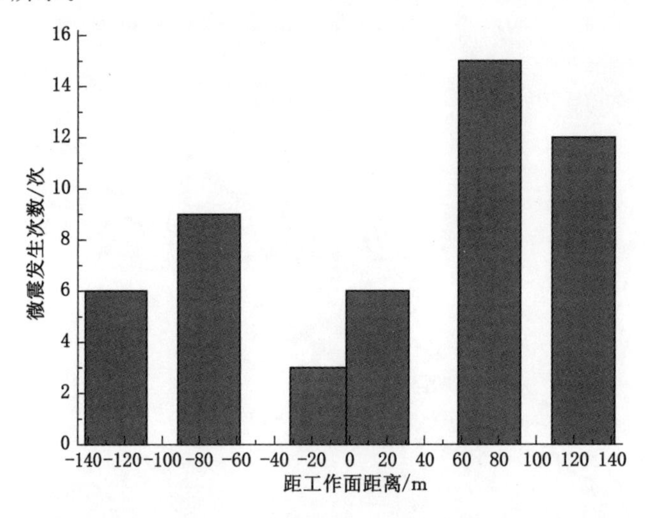

图 3-21　微震发生位置规律统计

从上述的统计图中可以看出：

① 无论是工作面后方(采空区)还是工作面的前方，微震发生的频次都具有先增大后减小的趋势，且工作面前方煤体微震发生频次总体上大于采空区微震发生频次，说明采煤工作面前方煤体在支撑压力作用下必然会产生一定程度的损伤、破碎，这些损伤会导致煤体瓦斯流通通道发育贯通。

② 在统计的 6 个区间中，工作面前方 50～100 m 范围内微震发生的频次最大，且距工作面 100 m 左右时微震发生频次集中，达到最大，说明在工作面前方 100 m 范围内采场顶板、底板及煤体受支撑应力损伤、破坏严重，此区域的瓦斯涌出量会增大；距工作面 300 m 以后微震频次很小，说明支撑应力引起的煤岩活动减少，煤岩体破坏较低，大部分煤岩体保持原有性质。

③ 采空区也是在 50～100 m 微震发生频次较高，且距工作面 100 m 左右时微震发生频次集中，说明在距工作面 100 m 左右采空区顶板活动剧烈，大部分微震事件的发生是由于采空区顶板垮落造成的，顶板垮落时会对采空区瓦斯涌出提供动力源，此时应做好瓦斯防治

措施;而采空区距工作面 150 m 以后微震频次已经变得很小,说明采空区遗煤及矸石逐渐处于稳定的压实状态。

3.3.2 矿压条件下 3426 工作面瓦斯涌出规律

影响工作面瓦斯涌出量的因素复杂众多,一般可分为地质因素和开采因素。其中,地质因素包括煤岩层瓦斯含量、瓦斯压力和煤岩层渗透性等,开采因素包括回采速度、采煤方法、产量和落煤方式等。对于稳定生产的工作面来说,煤层瓦斯含量、瓦斯压力、回采速度、采煤方法、产量和落煤方式等因素均为定值,所以向工作面涌出的瓦斯量也可通过计算得出,其结果基本变化不大,依据计算结果可设定工作面风量,使采场瓦斯浓度处于安全值以下。但是,3426 工作面之前的生产实践表明,一般情况下工作面的瓦斯浓度不大,如图 3-22 所示。有时向工作面涌出的绝对瓦斯量会增加几倍甚至十几倍,瓦斯浓度会显著增高。同时监测到 3426 工作面瓦斯异常时,3426 工作面前未采煤层、3426 工作面采空区、邻近未采煤层,其中的一个地点或几个地点会发生高强度微震,说明强矿压破碎、撕裂煤体,增加瓦斯通道,使采煤工作面前方煤体和煤柱中的瓦斯流向工作面,强矿压还能使采空区高浓度瓦斯涌向工作面,能使工作面瓦斯涌出量瞬间增加。图 3-23 是 10 月 1 日全天内 3426 工作面回风流平均瓦斯浓度变化曲线,我们发现强矿压显现后 3426 工作面瓦斯出现了异常涌出的现象,下面将进行进一步的分析。

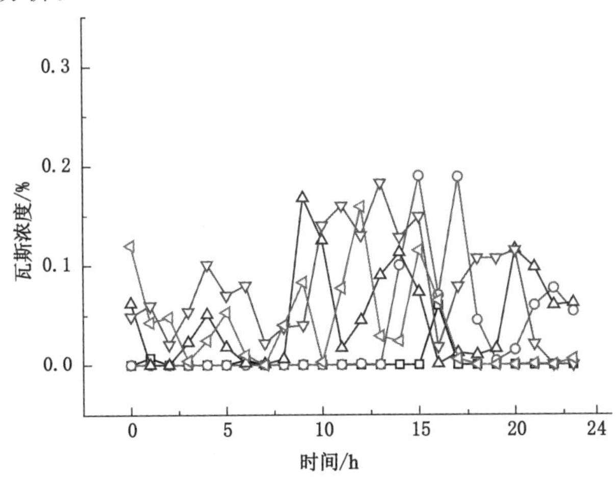

图 3-22 无大能量微震事件时的回风巷不同测点全天瓦斯浓度变化情况

图 3-22 是随机选取的无大能量微震事件情况下全天内回风巷每小时平均瓦斯浓度变化规律情况,通过图中的数据可以看出无异常大能量微震事件时,回风巷瓦斯浓度不高,根据生产情况瓦斯浓度一般低于 0.2%,不会出现回风流瓦斯浓度超限的情况。

图 3-23 是 10 月 1 日全天 3426 工作面瓦斯浓度变化情况每间隔 1 h 获取瓦斯平均浓度数据得到的瓦斯浓度变化曲线;图 3-24 是瓦斯浓度异常时刻 10:00 左右 3426 工作面瓦斯浓度的变化曲线。从图中可以看出,10 月 1 日 3426 工作面的瓦斯出现了异常涌出的现象,在 10:00 左右瓦斯浓度从正常时期的 0 急速增加到 1.2%左右,在短时间内出现了瓦斯超限的问题。

从图 3-24 可以看出,瓦斯异常升高的时间开始于 10 点左右,大概持续至 11 时左右逐步恢复正常。除发生微震事件外,10 月 1 日当日没有影响瓦斯涌出的异常其他事件发生,

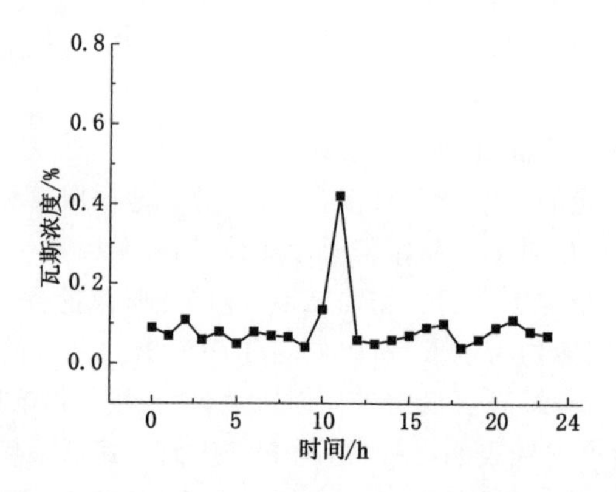

图 3-23　10 月 1 日 3426 工作面回风流瓦斯浓度变化曲线

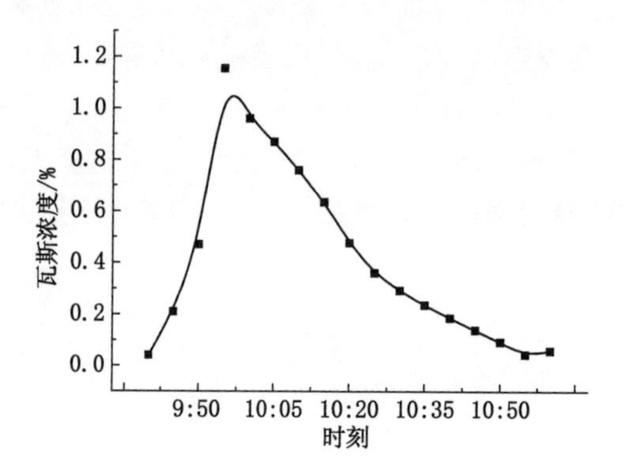

图 3-24　10 月 1 日 10 时左右瓦斯浓度变化曲线

由此可推定瓦斯的异常涌出是由冲击地压引起的。

为分析微震与瓦斯涌出之间的关系，针对 10 月 25 日发生的另一次大能量微震事件，我们统计了 10 月 25 日全天整点时刻 3426 工作面回风巷瓦斯浓度的变化规律，如图 3-25 所示。通过图中的数据可以看出，相比 10 月 1 日的微震事件在发生微震事件的当天瓦斯异常涌出的现象并不明显，瓦斯浓度的波动范围没有出现明显的异常，与工作面正常回采期间瓦斯浓度的变化规律相差不大。分析其原因，一是 10^4 量级的微震事件其本身释放的能量并不大，二是同 10 月 1 日发生的微震事件相比，该微震事件发生在工作面前部的未开采煤体部分，同等能量的冲击作用下其对瓦斯涌出的影响不如能量事件发生在采空区时带来的影

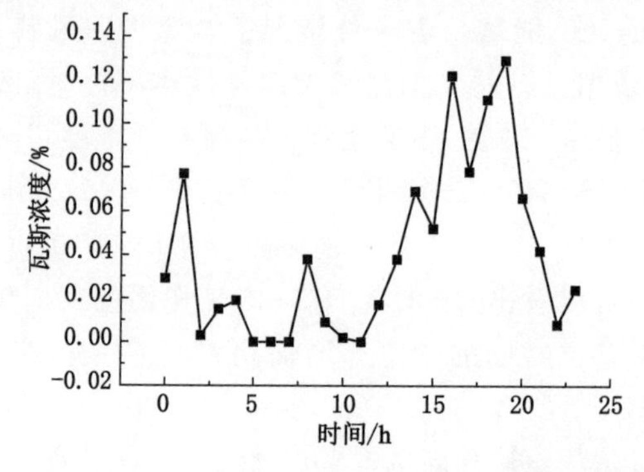

图 3-25　10 月 25 日 3426 工作面回风流瓦斯浓度变化曲线

响明显。

3.3.3　3314 掘进工作面瓦斯涌出规律

掘进期间，冲击地压的发生与否主要取决于巷道埋深、煤岩体的冲击倾向性、掘进巷道区域的应力水平、向背斜构造分布以及断层构造分布、巷道周围采动条件、掘进过程的卸压强度与支护参数、掘进方法、掘进速度等多因素的综合作用。

而具有冲击倾向性的煤岩层是否发生冲击地压，则主要取决于下列因素：

(1) 地质力学环境冲击应力场机理：应力是否达到能够发生冲击地压的应力水平、高应力差水平以及分布规律，引起应力场集聚的因素有很多，如地质构造、煤柱、区段煤柱宽度、埋深等。

(2) 冲击性构造活化场机理：构造活化是诱发冲击地压的重要因素，如相邻的煤矿发生矿震与向斜构造和断层关系密切，掘进工作面接近这些构造时，必须提前做好卸压和防范工作。

(3) 周围采动扰动应力诱发机理：周围一定范围内存在采掘活动时，对掘进巷道形成的扰动应力，可能诱发巷道围岩的动载失稳破坏，在存在高静载条件的局部区域形成冲击地压，因此，综合考虑本区域采掘活动与巷道掘进的时空关系，避免形成相互影响，是掘进巷道防冲重点考虑的技术问题。

综合上述因素的研究，可以对巷道掘进过程中的冲击地压发生的可能性做出初步的评价。

为了监测 3314 掘进工作面应力变化规律，依托 KJ550 应力在线监测系统在 3314 胶带巷道和轨道巷道都安设了应力计。通过压力变送器和电缆将应力计压力信号传递至井下应力监测分站，再通过井下环网将数据传输至地面监测主机。

图 3-26 为轨道巷道内应力计监测得到的 11 月 21 日至 11 月 30 日期间应力变化曲线图(每分钟取值 1 次)，由图中可以看出监测期间应力没有出现突然增减的变化，这说明没有监测到冲击地压事件。

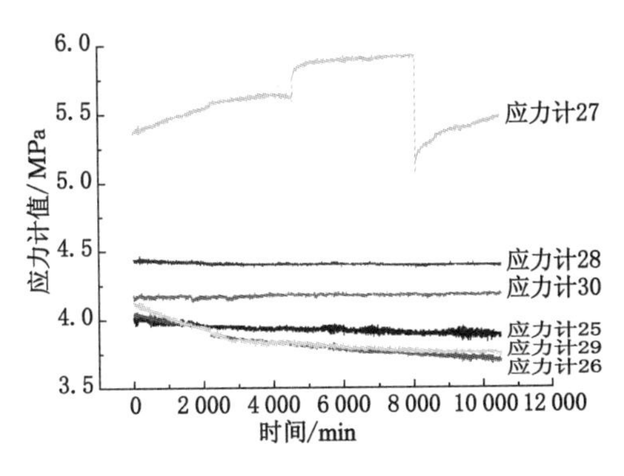

图 3-26　11 月 21 日至 11 月 30 日期间应力变化曲线图

图 3-27 是对应时间段内 3314 掘进工作面回风流每小时瓦斯浓度平均值变化曲线图，从图中可以看出瓦斯浓度在整个时间段内从多数时间处于 0～0.05%之间波动，其中 11 月 22 日出现 2～3 次回风流瓦斯浓度达到 0.3%左右。由于应力监测系统没能监测到对应的明显异常变化，因此难以判定瓦斯异常和冲击地压现象有必然关联性，也存在其他原因造成

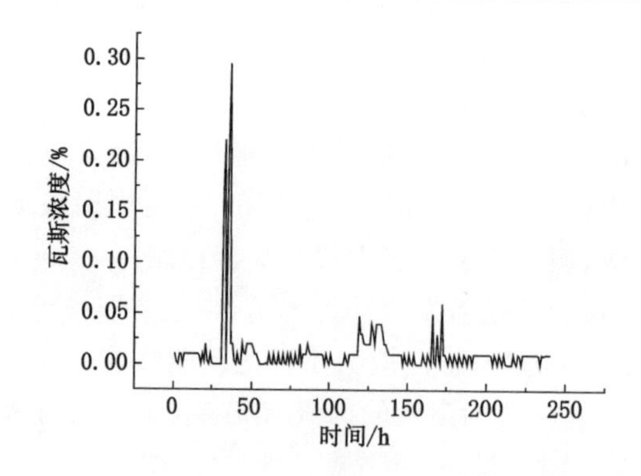

图 3-27　3314 回风流每小时瓦斯浓度平均值变化曲线图

瓦斯异常的可能。

3.4　本章小结

(1) 测定了梁宝寺煤矿深部开采条件下，煤层瓦斯赋存参数，测定表明 3 煤层瓦斯含量为 2.616 7～2.733 1 m^3/t。从测试结果分析，3 煤层瓦斯含量测试结果最大值没有超过瓦斯抽采标准(瓦斯含量 8 m^3/t)，测定了 3 煤层的瓦斯吸附常数 a 值为 8.377 4 m^3/t，b 值为 2.282 MPa^{-1}；测定了瓦斯异常区域的瓦斯压力，测定范围内最高瓦斯压力没有超过《防治煤与瓦斯突出规定》规定的预测煤层突出危险性单项指标值(瓦斯压力 0.74 MPa)。

(2) 通过对梁宝寺煤矿瓦斯地质规律研究得出：影响矿井瓦斯赋存的影响因素有沉积环境、煤层围岩特性、地质构造、火成岩侵入、煤的变质程度和埋深等。结合梁宝寺煤矿 3316 工作面和邻近工作面的瓦斯涌出量对比，可以看出地质构造和煤层埋藏深度对 3 煤层的瓦斯异常涌出有较大的影响。在断层附近和向斜轴部区域，工作面瓦斯涌出出现异常。

(3) 分析了梁宝寺煤矿 3426 综放工作面微震事件发生规律。分析表明无论是工作面后方(采空区)还是工作面的前方，微震发生的频次都具有先增大后减小的趋势，且工作面前方煤体微震发生频次总体上大于工作面后方也就是采空区微震发生的频次；工作面前方 50～100 m 范围内微震发生的频次增高，前方 100 m 左右位置微震发生频次集中达到最大，说明在工作面前方 100 m 范围内采场顶板、底板及煤体受支撑应力损伤、破坏严重，此区域的瓦斯涌出量会增大；距工作面 300 m 以后微震频次很小，说明支撑应力引起的煤岩活动减少，煤岩体破坏较低，大部分煤岩体保持原有性质。

(4) 采空区深部 50～100 m 微震发生频次较高，且距工作面 100 m 左右时微震发生频次集中，说明在距工作面 100 m 左右采空区顶板活动剧烈；而采空区距工作面 150 m 以后微震频次已经变得很小，说明采空区遗煤及矸石逐渐处于稳定的压实状态。

(5) 发生在工作面后部采空区约 95 m 位置处能量为 1.47×10^4 J 的微震事件引起了瓦斯的异常涌出，瓦斯浓度异常的发生时间滞后于微震事件约 7 h。表明大能量微震事件发生后极有可能引起瓦斯的异常涌出，可依托冲击地压预警系统对瓦斯异常涌出做早期预警。

4 “双抽排，双置换”瓦斯异常区综合治理技术

瓦斯治理的基本原理是研究瓦斯平衡，所谓瓦斯平衡就是指各种瓦斯来源在工作面瓦斯涌出总量中所占的比重。它取决于自然因素与开采技术因素，决定着日常瓦斯治理工作的重点。综合上述研究成果，得到了梁宝寺煤矿 3300 采区瓦斯的赋存和涌出规律及工作面瓦斯平衡。针对工作面瓦斯的来源和数量的变化规律等特征，提出了“双抽排，双置换”的瓦斯分源治理方法。

4.1 瓦斯异常区瓦斯综合防治技术原理

根据对 3300 采区以及其中的 3316 工作面瓦斯基本参数测定、瓦斯赋存和涌出规律的研究，得出梁宝寺煤矿 3300 采区的瓦斯压力和含量。认为该区域虽然被山东省划定为瓦斯异常涌出区，但整体的瓦斯含量仍然不高。随着将来采掘工作向深部延伸，瓦斯压力和含量有持续增大的趋势，在以后的工作中应引起足够重视。

按照 3316 工作面瓦斯涌出来源的分析结果，工作面瓦斯涌出中采空区涌出占 36%、采落煤炭涌出占 40%、煤壁瓦斯涌出仅占 24%。这也充分说明了梁宝寺煤矿煤层瓦斯含量低、透气性小的特点。且由于是综放工作面，采空区遗煤由于突然卸压，其内部的瓦斯将在内外瓦斯压力梯度差的作用下大量涌入采空区，进而进入工作面。

针对这样一种情况，我们需要在工作面煤壁、采空区等区域分别采取措施，才能对瓦斯涌出进行有效的治理。现有的防治工作面煤壁和采空区瓦斯涌出的方法较多，但是它们都是各自独立的。而各个瓦斯涌出源作为采煤工作面体系的一部分，其内部是相互联系的。即工作面总的瓦斯赋存以及通风能够带走的瓦斯量是一定的，在这种条件下如何利用现有的措施进行高效的瓦斯治理，是瓦斯综合治理方案成败的关键。

所谓高效的瓦斯治理方案，即在进行工作面瓦斯治理时，采用时间上和经济上投入尽量小的方法，并对瓦斯进行有效的治理。例如对于梁宝寺煤矿来说，3300 采区虽然属于瓦斯异常区域，但这只是相对其他采区而言。如果在治理工作面煤壁瓦斯涌出时直接采用顺层钻孔预抽煤层瓦斯的方法，不仅投入大，效果还不一定好。也正是因为如此，我们才提出了“高效的瓦斯治理方案”的治理思路。基于这样一种指导思想，结合梁宝寺煤矿瓦斯赋存和涌出的实际规律，我们提出了“双抽排，双置换”的瓦斯综合高效治理技术。

4.1.1 “双抽排”技术原理

对于采空区瓦斯，传统的治理方法就是通过开采层巷道向冒落拱顶部打钻抽采，即所谓的“高位钻孔”，或者采用采空区上隅角埋管抽采。这两种方法是治理采空区瓦斯，降低工作面瓦斯浓度的重要方法。如果在设计的过程中采用“高位钻孔”和“采空区埋管抽采”相结合的方法，且设计配合合理，则能够高效地排除采空区的瓦斯。

4.1.1.1 高位钻孔瓦斯抽采技术原理

高位钻孔是在回风巷及工作面邻近巷道向煤层顶板施工的钻孔，利用该钻孔进行瓦斯抽采又称顶板裂隙带抽采，其特点是以工作面回采采动压力形成的顶板裂隙作为通道来抽采工作面煤壁及采空区涌出的瓦斯。由岩石力学可知，随着工作面回采，在工作面周围将形成一个采动压力场，采动压力场及其影响范围在垂直方向上形成 3 个带，即垮落带、裂隙带和弯曲下沉带。在水平方向上形成 3 个区，即煤壁支撑影响区、离层区和重新压实区。在这个采动压力场中形成的裂隙空间，便成为瓦斯流动的通道，如图 4-1 所示。通过高位钻孔内的抽采负压，加速了瓦斯的流动，从而可通过钻孔抽出高浓度的瓦斯。

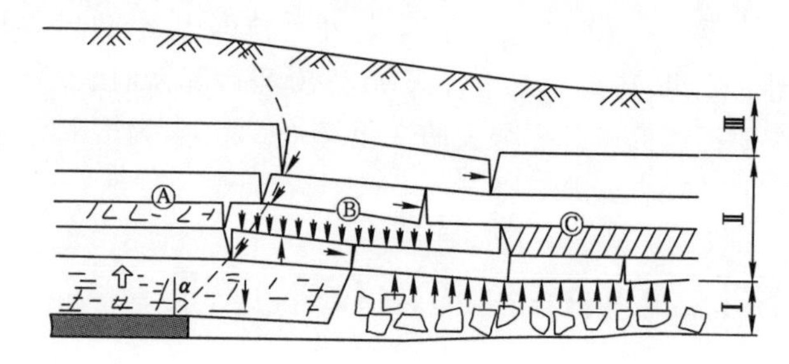

图 4-1 采动压力场中裂隙带分布

A——煤壁支撑影响区；B——离层区；C——重新压实区；

Ⅰ——垮落带；Ⅱ——裂隙带；Ⅲ——弯曲下沉带；α——支撑影响角

高位钻孔可以实现超前抽采，即工作面距离孔口还有一段距离时，能够抽出高浓度的瓦斯，这说明煤壁支撑影响区内煤层顶板已经有裂隙作为通道。这部分瓦斯显然是煤壁中原始煤体释放的。随着采动的影响，工作面煤壁受压形成瓦斯解吸，解吸的瓦斯又通过煤壁裂隙和顶板裂隙流入抽采钻孔，这是高位钻孔能够抽到高浓度瓦斯的原因，也是高位钻孔的重要作用点。

高位钻孔抽到上隅角瓦斯是在后期，随着钻孔的垂高变小，到接近垮落带或进入垮落带时才能够出现，这时抽采瓦斯的浓度变小，只要钻场的钻孔还能够保留仍可发挥作用。

4.1.1.2 采空区埋管抽采瓦斯的技术原理

梁宝寺煤矿同我国绝大多数矿井一样采用 U 形通风方式，此种通风结构，对了解煤层赋存情况，掌握矿井瓦斯，火的发生、发展规律，较为有利。由于巷道均维护在煤体中，因而巷道帮上的漏风率较小，但容易使上隅角出现瓦斯积聚现象。

采煤工作面上隅角是井下局部瓦斯积聚和局部瓦斯超限最为严重部位。但是，由于目前瓦斯治理技术上的缺陷，上隅角瓦斯超限问题始终不能得到彻底的根除，对井下安全生产状况构成极大威胁。随着采煤机械化程度的提高，采煤工作面产量不断提高，采煤工作面上隅角瓦斯超限问题显得更加突出，并且已经成为煤矿安全生产的重大隐患。在近些年里，国内发生的瓦斯爆炸恶性事故，其中上隅角瓦斯超限引起的事故已经占了相当大的比重。因此，为了实现煤矿生产高产高效，采取安全、经济、可靠和高效的技术措施来治理上隅角瓦斯超限问题已经变得迫在眉睫。

(1) 上隅角瓦斯超限原因分析

在正常主风流作用下，U 形工作面上隅角瓦斯积聚是三个方面因素综合作用引起的。

① 漏风

对工作面采取U形通风方式时,在工作面进风巷和回风巷的风流压差作用下,进风流会有部分风流漏入采空区,漏入的风流会将采空区内高浓度瓦斯带走,上隅角作为工作面的漏风汇,是采空区瓦斯涌出的必经之道,必然造成上隅角瓦斯积聚,且含瓦斯空气密度较小,采空区内含高浓度瓦斯的空气向上隅角运移,使上隅角成为采空区高浓度瓦斯集中涌出的地点,带入回风巷中,引起瓦斯浓度超限。采空区中的瓦斯浓度越高,被漏风流带出的瓦斯量就越大,引起上隅角瓦斯超限的可能性也越大。

② 涡流

由于主风流方向的改变和边界几何条件的限制,上隅角风流速度很低,并出现涡流区,涡流运动使采空区涌出的大量高浓度瓦斯难以进入主风流中,使得瓦斯不能及时向外扩散,从而造成高浓度瓦斯在上隅角附近做循环运动,形成上隅角瓦斯积聚。

③ 瓦斯扩散运移

主风流对上隅角仅通过风流速度梯度引起的横向脉动和对流运移作用,在一般的定常主风流中,其风流脉动值很小,横向脉动比纵向脉动更小,故对瓦斯的驱散作用很小。

(2) 上隅角瓦斯超限影响因素

影响上隅角瓦斯超限的主要因素有自然因素:开采因素和通风因素。具体地说,对上隅角影响最为明显的是煤层倾角、爆破、放顶煤、回料和风向。

① 煤层倾角

煤层倾角对上隅角瓦斯涌出的影响主要表现在:第一,倾角直接影响顶板的活动,倾角的增大将减少采空区内瓦斯的存储量,使得采空区涌出的瓦斯量增加,也降低了采空区对瓦斯涌出量变化的缓冲能力。第二,倾斜角度的大小影响采空区内瓦斯的存储方式,倾斜角较小,采空区内阻力分布均匀,采空区瓦斯向工作面的涌出稳定;倾斜角较大,岩石具有下滑运动,就会在采空区内产生空洞,采空区内的瓦斯就会存储于这些空洞中,当发生爆破或顶板垮落时,空洞中的瓦斯就会向工作面上涌出,造成瓦斯涌出的不稳定性。第三,煤层倾角过大,将改变采空区内的瓦斯浓度梯度,使高浓度的瓦斯更接近上隅角,增加了采空区内的瓦斯向上隅角的扩散。

② 爆破工序

爆破对上隅角瓦斯的影响主要表现在以下几个方面:爆破落煤时,煤层会释放出大量的瓦斯气体,爆破产生的炮轰冲击波会干扰采空区内的瓦斯静止区,影响采空区内的瓦斯分布,会将部分瓦斯气体带入上隅角;另外,爆破落煤后,将会加大工作面上通风风阻,致使向采空区中的漏风量的增加,扩大了采空区中紊流区域,将更多的瓦斯气体带入到工作面上隅角。

③ 放顶煤工序

放顶煤过程中采空区内瓦斯的浓度会升高,使得漏风流带出的瓦斯也会相应地增加,也就加快了上隅角瓦斯的积聚,放顶煤工序也改变了采空区内瓦斯存储的空间布局,使得静止区和层流区内高浓度瓦斯进入紊流区,从而被漏风流经上隅角带出采空区。另外,放顶煤使得采空区的空间加大,采空区内的通风阻力减小,这样流经采空区的风量也会相应地增加,呆滞采空区内更多的瓦斯气体被带至上隅角。

④ 回料工序

最主要的影响是回料使得采空区通风阻力降低的同时，工作面的通风断面减小，通风阻力增加，流经采空区的风量比放顶煤时还要大，会将采空区内更多的瓦斯气体带出至上隅角。

⑤ 工作面风流方向

流经采空区内的风流是呈弧形的，采空区上、下两端风速较大，中部风速较小，瓦斯的浓度变化规律是进风侧低，回风侧高。上行通风时，上部紊流区变大，层流区变小，将层流区内的瓦斯气体带入工作面上隅角；采用下行通风时，因瓦斯上浮运动带到采空区上部的瓦斯流经采空区的风流带到采空区的深部，随着风流流动又有一部分瓦斯上浮到顶板，再沿顶板正倾斜方向向上上浮，上浮到顶部的瓦斯又被流经采空区的风流带到采空区的更深部，这样就形成循环运动，随着不断循环把大部分瓦斯带入采空区深部，因此下行通风工作面上隅角的瓦斯浓度较小。

(3) 上隅角瓦斯分布规律

从前面的分析可知，上隅角属于瓦斯高浓度区域。瓦斯在上隅角处仍然受到浮升力的作用，相对集中在上隅角的上部，上部瓦斯的浓度大于下部瓦斯的浓度。下面就查阅的相关资料，对瓦斯在上隅角的分布规律做一简明分析。目前，我国煤矿中大多采用U形和Y形通风方式。下面结合简图，在U形和Y形通风方式下，对上隅角瓦斯的分布规律进行分析。对于采用U形通风方式的系统，采空区中瓦斯的分布情况如图4-2所示。图4-2显示了U形通风方式的系统中上隅角瓦斯分布代表性。由于采空区中的漏风流以及瓦斯分子的扩散作用，使得在上隅角处瓦斯浓度急剧上升。

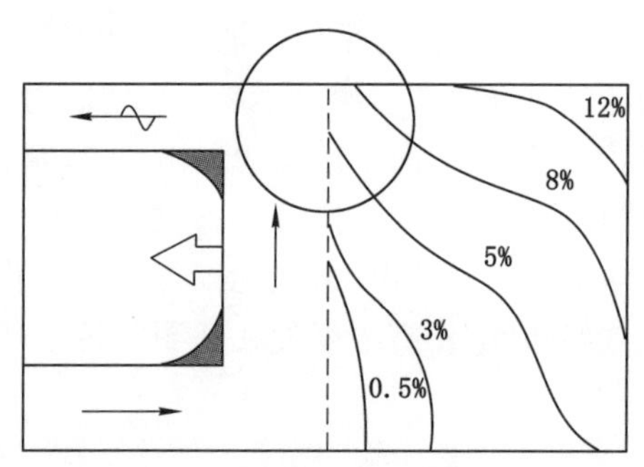

图4-2　U形通风上隅角瓦斯分布

对于采用Y形通风方式的系统，采空区中的瓦斯分布情况如图4-3所示。Y形通风系统的特征是由两个进风巷进风，一个回风巷排风，采用这种通风方式的系统，我们可以看出，上隅角的瓦斯被新鲜风流带走，瓦斯在上隅角处无法积聚，有效地消除了上隅角瓦斯积聚问题。

(4) 上隅角埋管抽采瓦斯分布规律

由于Y形通风可以有效地解除上隅角瓦斯浓度的积聚问题，但是如果预留一通道作为专用回风巷，不仅增加巷道维护的成本，也增加通风管理的复杂度，而且还需增加一额外的专用回风巷。但是换一种思维的方式，在采空区内预先埋设一抽采管置于采空区内，如图4-4所示。通过数值模拟，我们可以看到采空区内抽采管在负压抽采的作用下，采空区瓦斯分布进行了重新分布，上隅角瓦斯直接通过抽采管排走，从而有效地消除了上隅角瓦斯超限

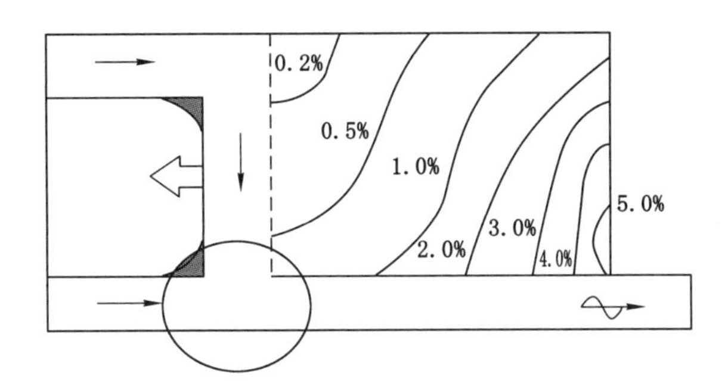

图 4-3　Y 型通风上隅角瓦斯分布

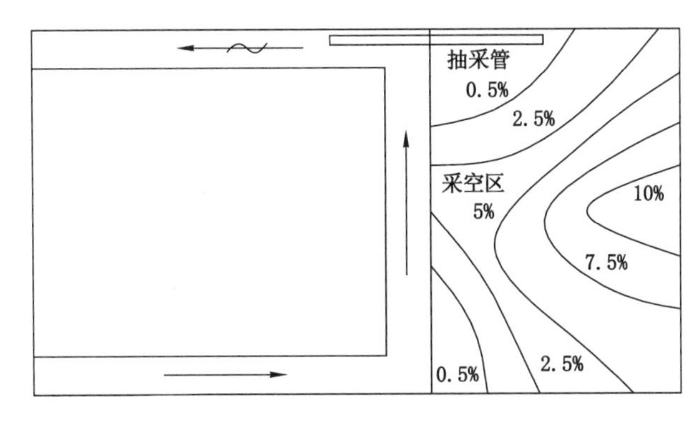

图 4-4　采空区预留抽采管上隅角瓦斯分布图

的问题。

4.1.2 “双置换”技术原理

针对梁宝寺煤矿的实际条件,3316 工作面的瓦斯涌出主要来自于采落煤炭和采空区的瓦斯涌出。为了降低工作面回采过程中的瓦斯浓度,防止瓦斯超限,就必须从这两个方面下手来采取措施。

对于采落煤炭瓦斯涌出的防治,我们首先要做的就是降低煤炭被采出时其内部的瓦斯含量;与此同时,还要减小这部分煤体向外释放瓦斯的能力。经课题组研究决定,对煤层进行注水压裂能够较好地解决这一问题。通过注水能够对煤层内的瓦斯进行驱替、置换,并提高煤层中的水分,降低煤层中的瓦斯含量。使煤层内部的瓦斯在水力的作用下向工作面煤壁运移,并在非生产阶段通过风流带走。同时,煤层水分增加后,还会降低煤体解吸瓦斯的能力,从而减少采落煤炭的瓦斯涌出,在煤炭从采落到运出工作面和矿井期间,尽量少地涌出瓦斯。此外,还能够起到软化煤体,降低煤层冲击倾向性的作用。通过这一措施的采取,煤层中的瓦斯含量将得到降低。

对于采空区的瓦斯,为了强化现有抽采措施的效果,课题组经研究决定利用现有采空区灌注系统,并对其进行参数优化设计,将采空区氮气泡沫防灭火系统与采空区瓦斯抽采有机结合起来,实现“注抽结合”的采空区综合瓦斯治理体系。

4.1.2.1　水力置换驱替瓦斯技术原理

(1) 煤层注水回风流瓦斯浓度升高现象

在煤矿开采过程中,进行煤层注水时,常常会出现回风流瓦斯浓度升高的现象。但是因各个矿井煤层和瓦斯赋存条件的不同，升高的幅度也不一样。这里以神火集团葛店煤矿为例：该矿煤层为优质无烟煤，煤层节理发育、煤体破碎，普氏硬度系数 f 约为 0.48。煤层厚度为 0.68～2.8 m，平均 1.71 m；倾角为 3°～10°，平均为 5°。煤层层位稳定，结构简单。煤层相对瓦斯含量在 13.32 m^3/t 左右，最大瓦斯压力为 1.04 MPa，煤层透气性系数为 1.36 $m^2/(MPa^2 \cdot d)$，瓦斯放散初速度为 13.54 mmHg，为煤与瓦斯突出煤层。

矿井 33022 工作面巷道沿煤层顶板掘进，断面为梯形，两帮为竖直，巷道宽度为 4.4 m、中间高度为 2.8 m。实施本煤层水力致裂，水力致裂钻孔垂直煤壁顺煤层施工，孔深为 60～70 m，孔径 89 mm，钻孔间距 6 m；采用 PD 材料封孔，封孔深度 15 m；采用专用注水泵注水；采用煤矿井下水力致裂监测仪实时监测并图像显示水力致裂孔口的水压力。利用在 23 号孔附近巷道顶板上悬挂的瓦斯检测仪（图 4-5），监测水力致裂前后巷道风流中的瓦斯浓度及其变化。在水力致裂的班内，致裂位置所在巷道的掘进头没有进行打眼爆破等导致瓦斯涌出量显著增大的工序。

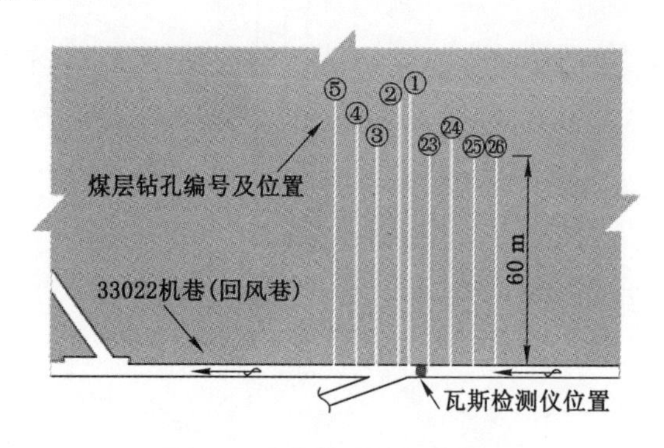

图 4-5　钻孔及瓦斯监测位置

25 号钻孔注水压力、巷道瓦斯浓度和时间关系曲线如图 4-6 所示。由于煤层的节理裂隙及孔隙较为发育，滤失大，注水泵注水 13 min 后，水力致裂水压力达到最大值 7.4 MPa，即破裂水压力为 7.4 MPa，钻孔破裂形成水压裂缝。随后水压力逐渐降低，注水至 28 min 时，由于水压裂缝的大范围扩展，导致单位时间的滤失水量进一步加大，水压力降至平均1.5 MPa 左右，巷帮煤层开始渗水，在 25 号孔附近的煤壁出现掉渣现象。28 min 至 40 min 之间的水压力整体上不变，说明水压裂缝已基本扩展至巷道煤帮表面；在 23 号孔附近，靠近掘进头方向大约 0.5 m 处锚杆孔及 1.3 m 处校检孔明显出水。在注水过程中，能多次听到煤

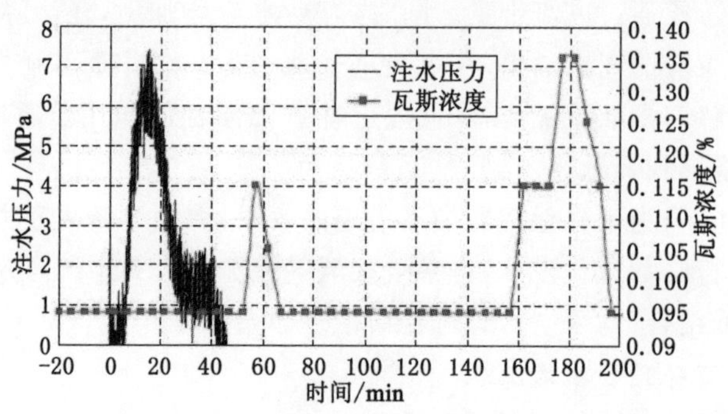

图 4-6　注水压力、巷道瓦斯浓度与时间关系曲线

壁发出“噼啪”的声响,注水致裂效果比较明显。在 40 min 左右听见巷道围岩发出较大的“噼啪”声响,通知停泵,孔口水压力迅速降低,至 42 min 时,孔口水压力接近 0 MPa。

断开注水管路并将钻孔内的水排出后,用便携式瓦斯检测仪(测量上限为 4.5%)检测孔口瓦斯浓度,检测仪立即发出报警声,瓦斯浓度超其测量上限。用手掌靠近孔口,能明显感觉到瓦斯在往外喷出;表明水力致裂后由于钻孔水压的突然降低,导致钻孔以外煤体的孔隙水压力由逐渐减小急剧转变为相对增大,形成较大的孔隙水压力梯度,从而使得钻孔涌出大量高浓度的瓦斯。煤层中瓦斯在瓦斯压力梯度的作用下,渐渐运移、扩散至巷道空间中。在注水结束 15 min 之内,23 号孔附近巷道风流中的瓦斯浓度由水力致裂前的 0.095%升至 0.115%,巷道内瓦斯浓度最大能提高 0.02%,表明煤层水力致裂(注水)对瓦斯具有驱赶效应。注水结束 115 min 后,巷道内瓦斯浓度开始逐渐升高,瓦斯浓度最大能提高0.040%,持续时间 40 min,说明瓦斯驱赶现象明显,且瓦斯运移、解吸过程具有时间效应。

上述现象说明,在煤层注水致裂过程中,高压水确实对煤层中的瓦斯存在着驱赶的现象,通过在一定的条件下向煤层中注水,能够对煤层中的瓦斯起到驱赶、置换的作用。

(2) 水力致裂的瓦斯驱赶原理

煤是以碳原子为主构成的有机固体。煤体固相内部的碳原子被四周的碳原子吸引,处于力的平衡状态;表面的碳原子外侧没有力平衡其内侧碳原子的力而表现出很强的表面自由能,从而具有吸附气体(如 H_2O 和 CH_4)的特性。

不同气体与煤之间作用力差异很大,导致煤对不同气体的吸附能力不同。这种作用力与一个大气压下吸附气体的沸点有关,沸点高则吸附能力强。史蒂文斯(Stevens,1999)研究发现:煤层对 CH_4 和 H_2O 的吸附能力如表 4-1 所列。

表 4-1　CH_4 和 H_2O 的吸附能力与其物理化学参数的关系

物理化学参数	CH_4	H_2O
沸点/℃	−161.49	100
临界温度/℃	−82.04	374.15
临界压力/MPa	4.640 7	22.12
临界密度/(kg/m^3)	426	466
电离势/eV	3.79	12.6
有效直径/nm	0.414	0.406
相对吸附能力	小	大

因此,注入的 H_2O 与 CH_4 之间存在竞争吸附的关系,由于煤层对 H_2O 的吸附能力比对 CH_4 的吸附能力强,所以注入的 H_2O 通过竞争吸附置换出 CH_4 气体,降低吸附瓦斯含量。

同时,又由于煤层是孔隙、裂隙结构的双重介质,而这些空隙中存在大量的气体,由于毛管力的存在,水可以进入煤层微小孔隙,由于水对煤比瓦斯对煤有较大的亲和力,就会把大部分的吸收状态的瓦斯置换出来,但由于近工作面前方煤体中瓦斯流动通道被水封闭,在水的毛细压力和扩散压力的作用下,这部分瓦斯被挤向注水孔轴向和径向的煤体自由空间。

① 煤层结构域瓦斯吸附解吸效应

煤层与其顶底板的物理力学特性差异较大。煤层具有割理、微裂隙和孔隙构成的空间结构网络，如图 4-7 所示。空间结构的连通性及裂隙的张开度等影响煤层的渗透率。煤的渗透性对煤和瓦斯构成的耦合系统的稳定性起着不可忽视的作用。地应力是导致煤层渗透性降低的决定性因素。煤层水力致裂时，固液耦合和渗透水压力作用使煤体结构实现改造，煤层空间结构的连通性增强，裂隙张开度增大，进而使煤层的渗透性改善。

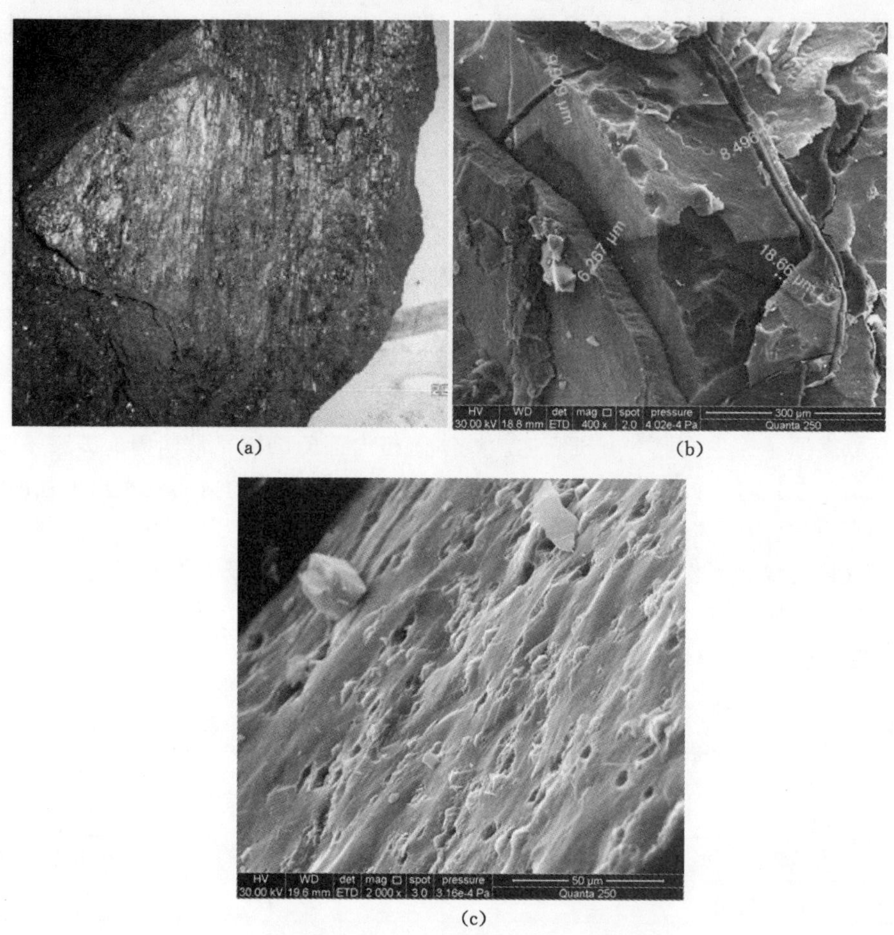

(a) (b) (c)

图 4-7 煤的裂隙及孔隙照片

(a) 煤的割理；(b) 微裂隙；(c) 煤的孔隙

含瓦斯煤层中，微孔隙裂隙表面吸附着 90%以上的瓦斯。煤矿井下煤层瓦斯的解吸一般是一个变压解吸过程，其解吸路径为：微孔隙裂隙表面吸附的瓦斯解吸为游离瓦斯，扩散至较大孔隙中继续渗流。瓦斯的吸附解吸是互为条件转化的。当原岩应力场和原始瓦斯压力场的平衡被打破时，会形成应力重新分布和瓦斯流动。当煤层应力增大至一定值时煤层瓦斯会出现超临界状态，煤层的水分、温度等对瓦斯吸附解吸及超临界状态有影响。

② 瓦斯驱赶的孔隙压力梯度作用机制

在石油行业中对注水驱油进行了较多的研究，目前对 CO_2 驱油也开始了研究。CO_2 的地质封存中也涉及水-气两相驱替的问题。传统水-气两相驱替问题的研究均是将气饱和度为零的位置上的质点所组成的面作为两相渗流和气体单相渗流界面，即水渗流的前沿，两相驱替问题的研究实质是动界面问题的研究，认为渗流和吸渗作用是水-气两相驱替的根本原因,没有考虑孔隙压力梯度对水-气两相驱替的影响。瓦斯的吸附解吸效应使得煤层水力致裂驱赶显著区别于常规的水-气两相驱替问题。

含瓦斯煤层水力致裂过程中高压水沿水压裂缝进入煤体割理-微裂隙-孔隙组成的通道系统,使割理、孔隙水压力升高,通道系统内原有的力学平衡被打破,应力重新分布。在水渗流的前沿孔隙水会克服通道壁的阻力在通道中前移,引起水渗流的前端一定范围内瓦斯气体被压缩,瓦斯压力升高。局部的瓦斯压力升高引起的通道压力差会使瓦斯运移。在水渗流前端沿孔隙水运移方向形成由高到低的孔隙压力梯度分布,瓦斯压力梯度方向垂直于水渗流前沿。随着水对瓦斯的挤压程度提高,瓦斯压力梯度会逐渐增加。引入瓦斯驱赶的启动瓦斯压力梯度的概念,当煤层瓦斯压力梯度大于等于启动瓦斯压力梯度时,瓦斯会向沿瓦斯压力梯度方向移动。瓦斯压力梯度的产生是驱动瓦斯的直接原因,启动瓦斯压力梯度由煤的渗透性和应力等决定。

③ 煤层水力致裂的孔隙瓦斯压力演变规律

以图 4-8(a)典型水力致裂过程的特征点来说明钻孔周围煤体的孔隙瓦斯压力分布及其演变规律。在施工钻孔前煤层内的瓦斯压力是均匀分布的;施工钻孔后,由于钻孔卸压和导气作用,钻孔附近煤体的孔隙瓦斯压力有所降低,其分布如图 4-8(b)中的 A 曲线。钻孔内水压力上升后,由于压力水向孔壁周围煤体渗透及渗流的时间效应,孔壁周围煤体内瓦斯压力和瓦斯压力梯度均逐渐升高[图 4-8(b)中 B 曲线]。当钻孔内水压力达到钻孔的初始破裂压力时,孔壁周围煤体内瓦斯压力和瓦斯压力梯度均进一步升高,且瓦斯压力变化的影响范围增大[图 4-8(b)中 C 曲线]。此后水压力出现波动且整体逐渐升高,当达到失稳扩展水

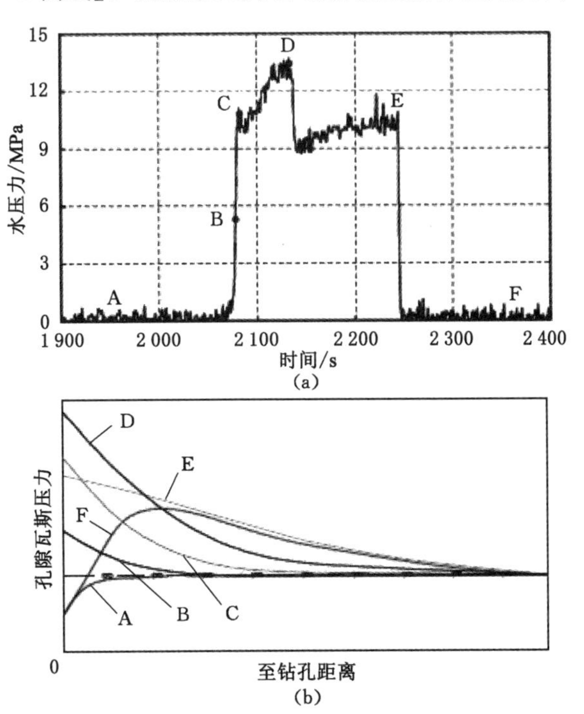

图 4-8 水力致裂过程围岩孔隙压力分布示意图

(a) 典型水力致裂过程的特征点;(b) 孔隙压力分布

压力时，孔壁周围煤体内瓦斯压力进一步升高，且影响范围继续增大[图 4-8(b)中 D 曲线]。水压力大幅度降低之后逐渐趋于稳定，导致孔壁附近煤体内的孔隙压力相对有所降低；随时间的延长，水向周围煤体渗透越充分，离钻孔较远地方的孔隙瓦斯压力继续升高，影响范围继续增大[图 4-8(b)中 E 曲线]。

水力致裂结束后，由于钻孔水压的急剧降低，导致钻孔附近煤体的孔隙瓦斯压力也急剧降低，而钻孔较远处的孔隙瓦斯压力还来不及降低，使得钻孔附近出现较大的反向孔隙压力梯度；随钻孔距离的增大，孔隙压力呈先增大后降低的分布趋势[图 4-8(b)中 F 曲线]。煤层中瓦斯在瓦斯压力梯度的作用下运移，钻孔内涌出大量高浓度的瓦斯。

4.1.2.2　间歇性注氮气泡沫的上隅角瓦斯置换与阻隔技术原理

根据采煤工作面开采的特殊性，把回风平巷靠近采空区的最后一排切顶柱定为分界线，往里为采空区，往外到与采煤工作面风流交汇处的范围内定为采煤工作面回风隅角。以 U 形通风为例，瓦斯易于在回风隅角形成涡流区。在实验室的条件下，对回风隅角的风流进行科学研究，发现回风隅角易发生瓦斯积聚或超限与其风流状况有密切关系，如图 4-9 所示。从图 4-9 可以看出，风流转弯时，在隅角处(ADE)形成涡流，风流转弯后在内边壁也形成涡流区，一般涡流区宽度 $X \leqslant 1.2d$，风速分布变异长度 L 随摩擦阻力系数的增大而减小，对于工字钢支护和锚网支护巷道，L 为$(8 \sim 10)d$。当然，对于实际采煤工作面开采时，影响回风隅角瓦斯涌出的因素还很多，但可以确定采空区瓦斯是回风隅角瓦斯的主要来源。

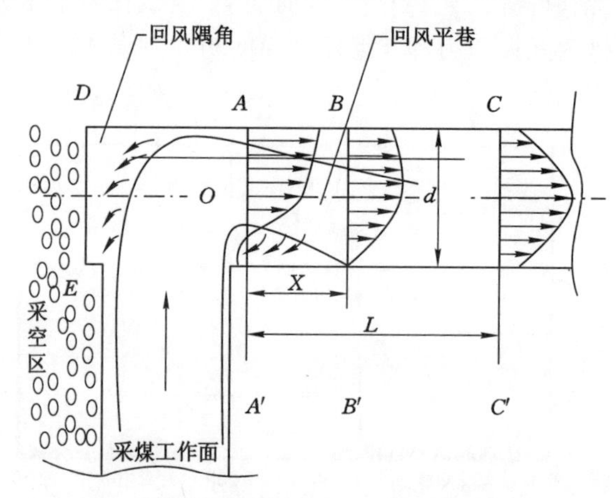

图 4-9　巷道转弯风流结构示意图

鉴于上述原因，要想处理上隅角瓦斯超限的问题可存在以下几种途径：一是增加上隅角位置处的风量，将上隅角涌出的瓦斯稀释；另一途径是，将上隅角里面附近区域的采空区瓦斯置换掉，并封堵瓦斯的释放路径，使采空区瓦斯从工作面后部大面积范围内涌进回风流，从而避免瓦斯集中于上隅角进入回风流导致的上隅角瓦斯超限问题。梁宝寺煤矿面临瓦斯问题的同时，也面临一定的防灭火问题，本课题组选用氮气泡沫阻隔、置换上隅角瓦斯的同时也可处理煤自然发火的问题。

(1) 氮气泡沫在上隅角位置的流动特征

利用软件的可视化功能模拟得到的氮气泡沫在上隅角附近采空区的非稳态渗流扩散过程如图 4-10 所示。

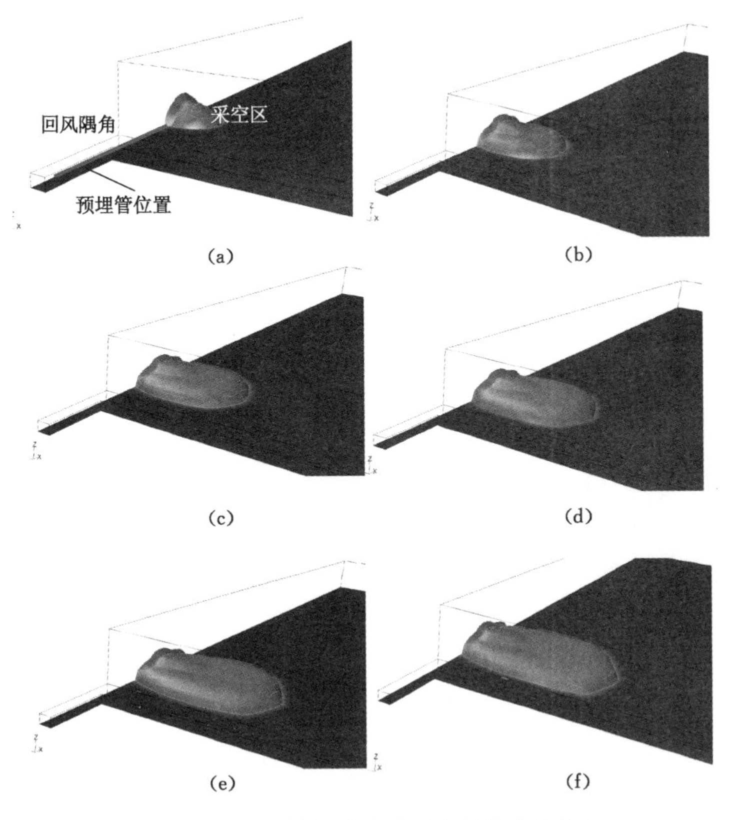

图 4-10 不同时刻的氮气泡沫的扩散堆积状态

(a) 10 min；(b) 30 min；(c) 50 min；(d) 70 min；(e) 100 min；(f) 140 min

模拟表明，氮气泡沫在采空区堆积达 3.62 m，最高堆积点约位于灌注出口的正上方。如图 4-11 所示，随着与灌注出口距离的增加，氮气泡沫的堆积高度呈线性趋势缓慢下降，直至降至采空区底板；氮气泡沫的扩散轮廓与底板间始终保持着一定的角度，对于覆盖率为 20%的等值曲面轮廓来说，该堆积角度约为 30°。因此，上隅角灌注泡沫后可以将上隅角附近范围内的瓦斯置换出来。

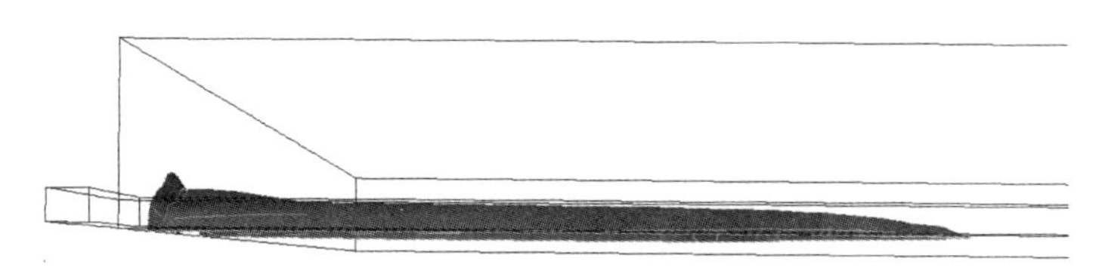

图 4-11 灌注 240 min 时氮气泡沫的扩散堆积状态

另外，泡沫是一种具有屈服应力的流体，必然具有启动压力梯度，即只有在压力梯度大于一临界值时，流动才能进行，这个临界值就被称为启动压力梯度。在多孔介质中流动时，启动压力梯度主要与流体的屈服特性（屈服应力值 τ_0）和流场的渗透特征（孔隙度 ϕ、渗透率 k）相关。采用理论计算的方法研究屈服流体渗流启动压力梯度的方式也通常被采用，下式给出了多孔介质中屈服流体渗流时启动压力梯度的计算方法。

$$G_0 = \frac{7}{3}\tau_0\sqrt{\frac{\phi}{2k}} \tag{4-1}$$

式中 τ_0——流体的屈服应力，g/cm^2；

k——渗透率，$\times 10^{-3}\ \mu m^2$；

ϕ——孔隙度；

G_0——启动压力梯度，MPa/m。

若采空区的渗透率为 $1\times 10^{-9}\ m^2$，对应的孔隙度为 0.3 时，按照上式计算得到的采空区内氮气泡沫的启动压力梯度分布范围约处于 14 Pa/m。由此可见，若将大小为 1 m 区域内的氮气泡沫驱动，至少需要 14 Pa/m 的启动压力梯度，而工作面进回风侧之间的风压差为：

$$h_{fr} = \frac{\alpha l U v^2}{A_r} \tag{4-2}$$

式中 α——摩擦阻力系数（$N\cdot s^2/m^4$），对于综采工作面采用支撑掩护式液压支架时的 α 值为 $(320\sim350)\times 10^{-4}\ N\cdot s^2/m^4$；

v——风流速度，m/s；

l——工作面长度，m；

A_r——井巷断面，m^2；

U——周界长度，m。

按照上式计算出的工作面进回风侧的压差一般处于 10 Pa 这个量级上，而屈服应力造成泡沫在采空区内的启动压力梯度最小值也能达到 14 Pa/m，若泡沫在采空区的覆盖范围达到 50 m，这就需要 700 Pa 的压力才能使得已经静止的氮气泡沫重新流动。显而易见，采空区的漏风不可能将充填于采空区内的氮气泡沫驱动。因此，破灭前的泡沫可完全阻断其填充区域内的漏风通道，具有减少采空区漏风的功能，在一定程度上也可减少采空区灾害气体的涌出。

(2) 氮气泡沫对采空区瓦斯的置换与阻隔特性

如图 4-12 所示，通过上隅角灌注氮气泡沫后，氮气泡沫将其充填区内的瓦斯置换出来；同时，由于氮气泡沫具有 8 h 左右的半衰期，这样在其稳定期内泡沫会阻隔瓦斯通过上隅角流入回风内，将主要的“风汇”引导至工作面架间，而该处不存在上隅角所特有的涡流场，故瓦斯较易被工作面的风流所冲淡。因此，间歇性灌注氮气泡沫的方法在润湿、阻化煤体防火的同时可有效地降低上隅角瓦斯超限的频次。

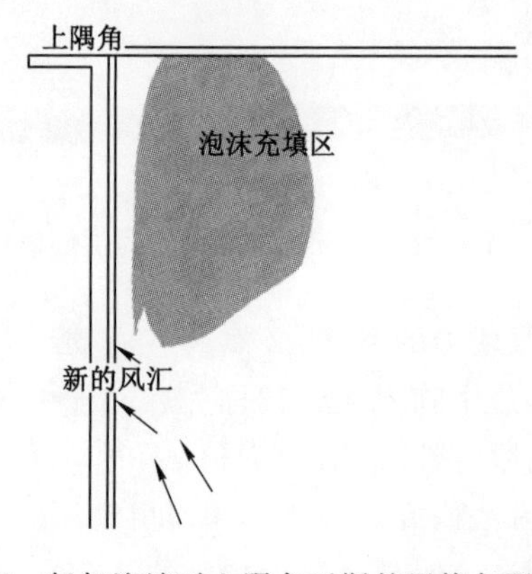

图 4-12 氮气泡沫对上隅角瓦斯的置换与阻隔特性

(3) 氮气泡沫对上隅角瓦斯的稀释与惰化

由于泡沫的气相介质为氮气,故泡沫的破灭过程就是氮气的释放过程。氮气泡沫惰化火区的机理可概括为:发泡后,氮气进入含发泡剂的清水溶液中,浆液体积膨大,形成氮气泡沫。氮气泡沫通过预埋管注入上隅角附近的采空区后,由于其密度比空气大得多,在自重的作用下,大量的氮气泡沫能下落到底部,由于其初始阶段的稳定性较好(释放出的氮气量较少),大量的氮气仍能有效地富集于液体之中,注入火区底部的泡沫在外在因素(高温、碰撞)和内在因素(自身稳定性)的共同作用下释放出氮气,能有效地保持对火区的持久惰化。惰化效果主要取决于氮气泡沫的灌注量、氮气的释放速率和制氮装置的纯度。

4.2 高位钻孔采空区瓦斯抽排技术

采空区瓦斯涌出由三部分组成,即围岩瓦斯涌出、采空区遗煤瓦斯涌出和邻近层瓦斯涌出。根据对梁宝寺煤矿的现场实测,其采空区瓦斯涌出占到36%。这部分瓦斯给工作面安全生产带来了巨大的隐患。高位钻孔可以实现超前预抽,即工作面距离孔口还有一段距离时,煤壁支撑影响区内煤层顶板已有裂隙通道,能够抽出高浓度瓦斯。随着采动的影响,工作面煤壁受压形成瓦斯解吸,又通过煤壁裂隙和顶板裂隙流入抽采钻孔,这是高位钻孔能够抽到高浓度瓦斯的原因,也是高位钻孔的关键作用。后期,高位钻孔抽出上隅角瓦斯,当钻孔接近或进入垮落带时,只要钻场的钻孔还能够保留,仍可发挥作用,抽采低浓度瓦斯。因此,有必要通过采空区瓦斯抽采来解决梁宝寺煤矿采空区瓦斯所带来的问题。

3316综放工作面采用U形通风方式,在工作面的上隅角是瓦斯容易积聚的地方,在现场实测过程中,该处的瓦斯浓度最高时达到过临界值,严重影响着工作面的安全生产,常规的上隅角瓦斯积聚处理方法很难实施,通过分析研究,我们决定采用交替掩护式高位钻孔抽采的方式,对采空区内部瓦斯进行抽采。

高位钻孔在轨道平巷和胶带平巷内向煤层顶板施工钻孔,它主要以采煤工作面采动压力形成的顶板裂隙作为通道,能抽采工作面煤壁、采空区涌出的瓦斯,截断涌入工作面的瓦斯来源。

交替掩护式高位钻孔瓦斯抽采实际是通过轨道平巷和胶带平巷内的高位钻孔抽采上部及本层采空区中部垮落带及裂隙带积累的大量高浓度瓦斯来减少采空区的瓦斯涌出量。其方法的优点在于:在钻场、钻孔的施工中,不与工作面其他生产环节发生冲突;抽采管理简单,交替掩护式布置合理利用空间,联网管路定期可进行回收、经济效益显著,有较高的成孔率。

4.2.1 高位钻孔瓦斯抽采参数

4.2.1.1 抽排钻孔参数优化设计

为提高高位瓦斯抽采的效率,课题组对3316采空区上覆岩层裂隙带的分布规律进行了数值模拟和实测。数值模型按照上覆岩层的各参数设定,模拟地层高度100 m,100 m以上地层以等效载荷的形式加载在模拟地层上方。

(1) 沿走向方向的模拟结果及分析

图4-13和图4-14为从开挖第一步到第三步声发射和顶板应力的分布特征。

① 随着工作面的推进5 m时,从图4-13(a)第一个图可以看出由于开挖的距离较近,岩层破裂的范围比较小。

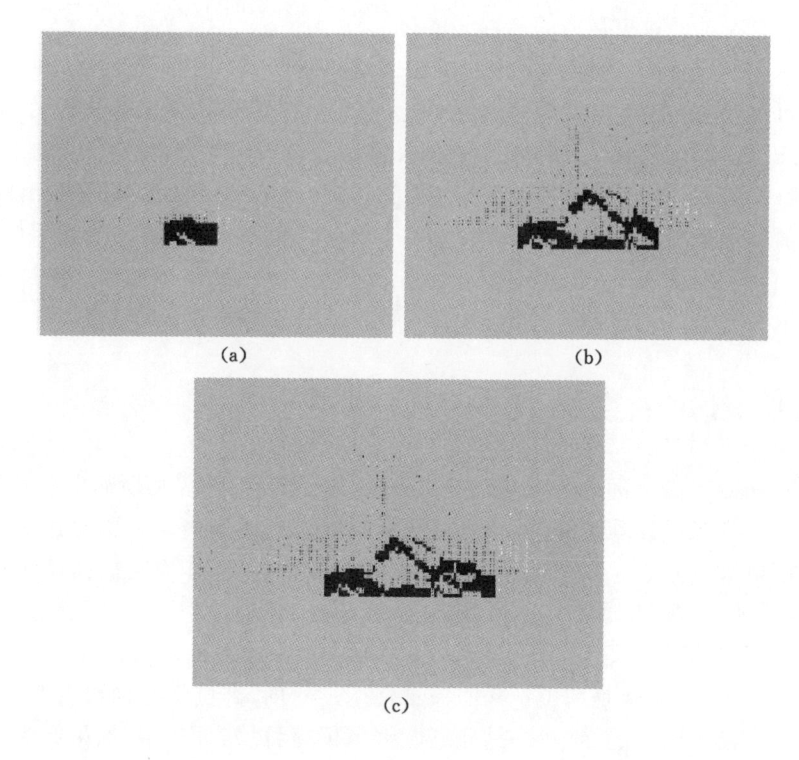

图 4-13　从开挖第一步到第三步声发射特征图

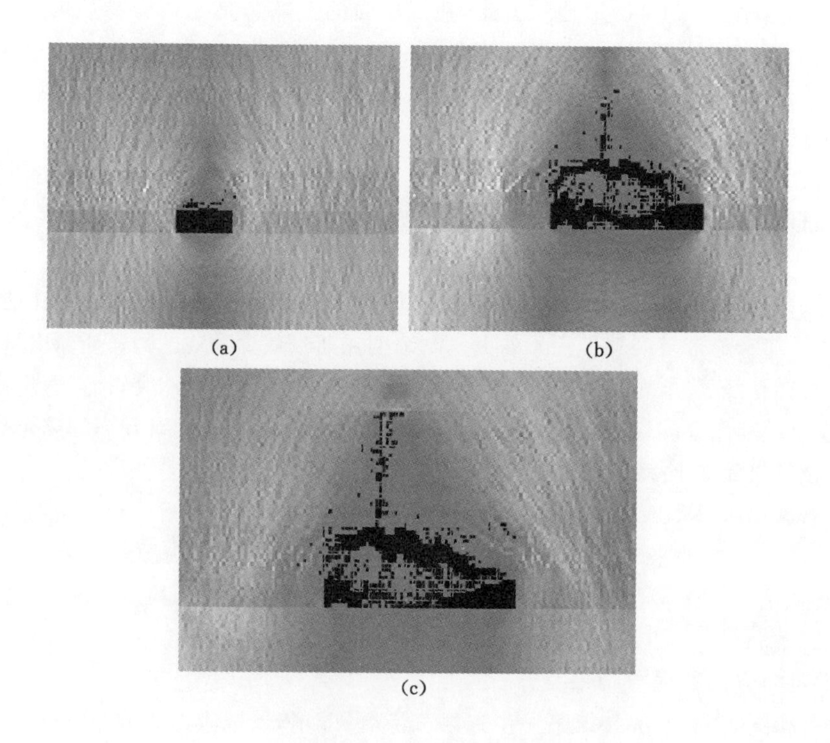

图 4-14　沿走向的岩石破坏特征图(开挖第一步到第三步)

② 当工作面推进 15 m 时，从图 4-13(c)可以看出此时声发射能量较大，采空区上方破裂范围呈现明显得增大，在拉应力和压应力的作用下，岩石发生了小部分的断裂。在开切眼处与前方支撑煤壁处应力集中程度进一步加强，从图 4-14(c)图可以看出采空区中间部分出现大面积的压剪破坏，破坏深度增大，虽然只有零星的垮落和变形，但是应力分布呈现扩大的趋势。

③ 当工作面推进 25 m 时，随着加载的进行，更大的声发射积聚带又在与此共轭或者相对应的方向上产生，采空区上覆岩层发生大面积垮落，声发射能量源发生明显得增多，且声发射源的高度发生明显的提升。在开切眼处与前方支撑煤壁处应力集中程度进一步增强，在压应力和拉应力的作用下，采空区顶板发生大面积的垮落，破坏深度达到 12 m 左右，此时裂隙带高度达到 42 m。

(2) 沿倾向方向的模拟结果与分析

从图 4-15 可以看出，随着时间的推移，顶板岩层的声发射图和顶板应力分布图都在发生巨大的变化，破坏程度逐渐向高层方向发展，面积也在不断地扩大，当到达某一临界点时，岩层发生垮落。从图中我们可以看出：① 垮落的高度大致在 9～13 m，裂隙 $h=13\sim45$ m，与经验公式计算的结果大致一致；② 裂隙在高度 12～30 m 之间发育比较完整；③ 在距回风巷 3～5 m 之间裂隙发育的较差。

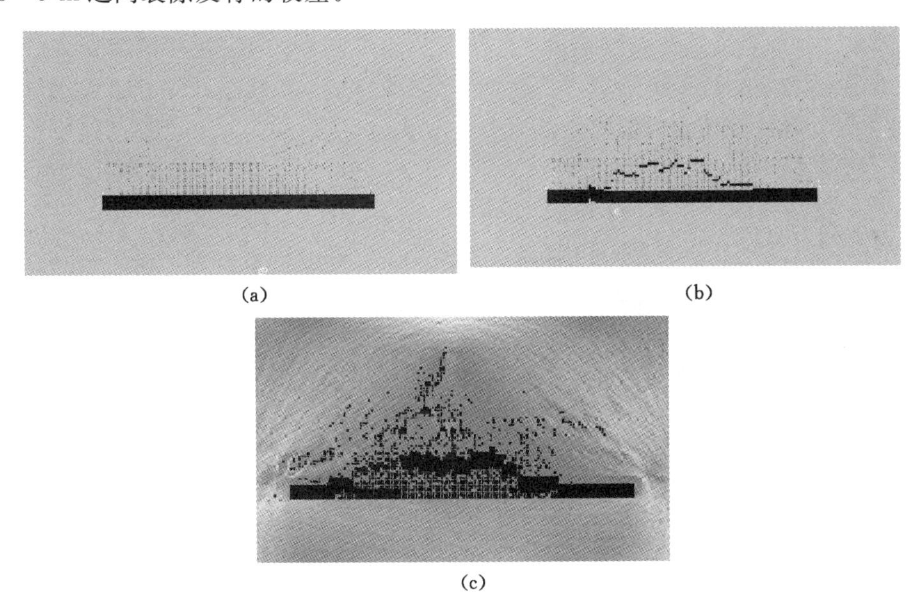

图 4-15 沿倾向声发射特征图(开挖第一步到第三步)

4.2.1.2 钻孔参数的确定

利用数值模拟及实际经验公式的计算确定高位瓦斯抽采钻孔的参数如图 4-16 所示。

(1) 钻孔轴线在回风巷方向的投影长度 x。合理的钻场间距和钻孔长度的配合，应当能保证相邻钻场的钻孔在空间上的重叠，并且前钻场的高浓度终点恰好接续本钻场高浓度的起点，即钻孔空间重叠和抽采接续。

(2) 钻孔终孔点距煤层的垂直距离(高位钻孔高度)y。抽采高度主要决定于裂隙带的高度和裂隙带的可抽高度。根据已有的高位钻孔数值模拟成果，计算出 3 号煤层的裂隙带

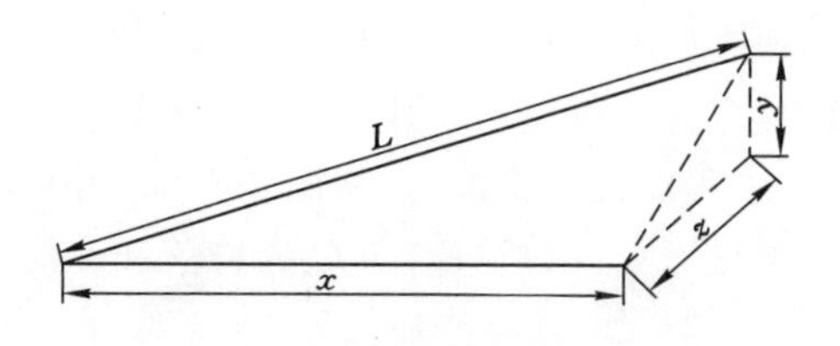

图 4-16　高位钻孔主要参数

L——钻孔长度

高度为 12～30 m。根据理论计算结果，高位钻孔抽采高度为 15～24 m，现场实际采用钻孔高度 y 取 20 m。

(3) 钻孔终孔点在煤层面垂直投影点到回风巷的距离 z。根据工作面采空区瓦斯流动、分布规律、终孔点的合理间距，确定 3316 综放工作面高位抽采钻孔终孔点在煤层面垂直投影点到回风巷的距离分别为 5 m、25 m、45 m。

4.2.1.3　钻场参数

钻场参数主要有：钻场内钻孔数、各钻孔间距、各钻孔在空间上的关系和相邻钻场间距等。

(1) 钻场内孔数。经验表明，增加钻场内的钻孔数可以增加抽采量和抽采影响范围。依据 3316 综放工作面的现场条件、钻机钻进能力、支管路管径以及瓦斯抽采泵的抽采流量，在 3316 综放工作面轨道平巷和胶带平巷内每个钻场布置 3 个钻孔，孔径为 110 mm。

(2) 同一钻场内的钻孔间距。主要是指终孔点的间距，相临钻孔终孔点在煤层面垂直投影点到上一钻孔的开始点的距离之差小于 5 m 为宜，尽量均匀布置。钻孔过密将互相干扰，不能达到增加抽采量的目的。

(3) 同一钻场内的钻孔深度。根据经验，同一钻场内的钻孔深度相同比深度不同时的抽采效果好，原因是一个钻场是同时启动、同时终止的，钻孔深度不同会造成裂隙带中的瓦斯出现涡流现象，影响抽采效果。

(4) 钻场间距的确定。合理的钻场间距应当是相邻两钻场的钻孔在空间上能重叠，并且前钻场的高浓度终点恰好接续后一钻场高浓度的起点，即钻孔空间重叠和抽采接续。根据对比分析，3316 综放工作面钻场的钻孔长度为 70～120 m，钻场间距采用 50 m 较为合理，保证钻孔有 20 m 的掩护范围。

4.2.1.4　钻孔设计

3316 综放工作面的高位抽采钻孔设计见表 4-2，具体布置如图 4-17 所示。

表 4-2　　3316 综放工作面的高位抽采钻孔设计

钻场号	钻孔号	倾角	方位角	钻孔长度/m	孔径/mm	封孔长度/m
钻场 1	1	29°14′	0°	78.3	110	6
	2	29°14′	333°26′	92.5	110	6
	3	29°14′	305°32′	106.2	110	6
	4	29°14′	26°33′	106.3	110	6
	5	29°14′	54°27′	92.5	110	6
	6	29°14′	0°	78.3	110	6

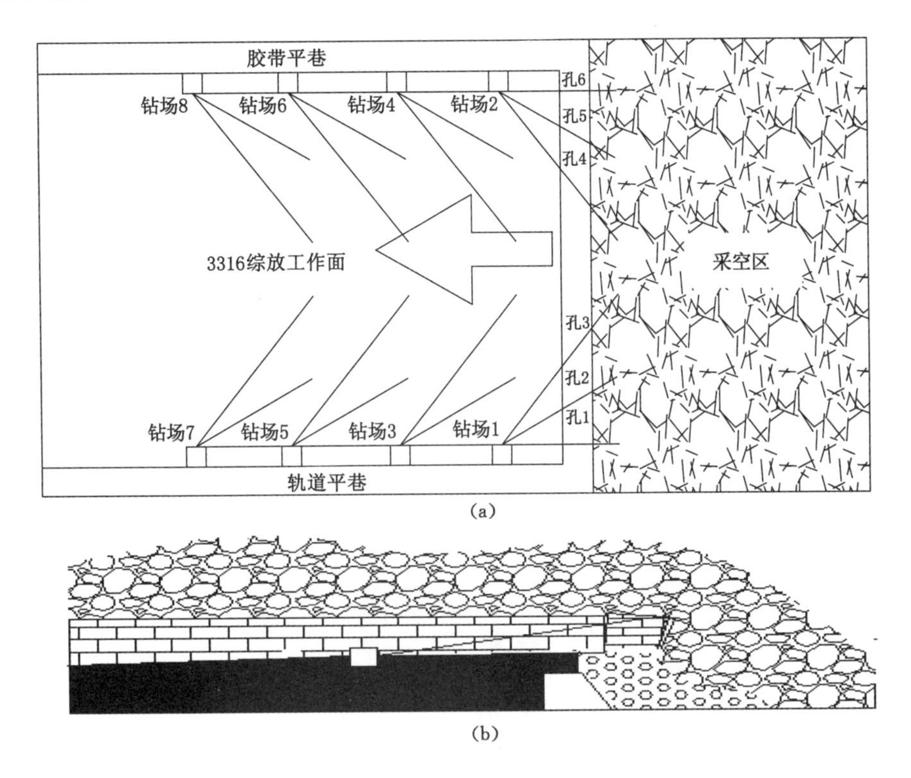

(a)

(b)

图 4-17　3316 综放工作面交替掩护式高位钻孔瓦斯抽采示意图

(a) 平面图;(b) 剖面图

4.2.2　抽采效果考察和分析

(1) 钻孔设计效果考察

虽然数值技术在某种程度上指导高位钻孔终孔位置的确定,但是为确切掌握裂隙带的分布情况,还必须采用现场实测的方式验证数模技术的研究结论。裂隙带的现场观测通过施工考察钻孔。为了对模拟结果和所设计钻孔参数进行考察,首先对设计的钻场 1 中的 1 号钻孔进行了施工,施工到预定位置后,采用窥视镜探取内部图像的方式进行了考察。如图 4-18 所示为课题组采用的窥探装备——YTJ200 型钻孔窥视镜及通过其获取的钻孔内部图像。

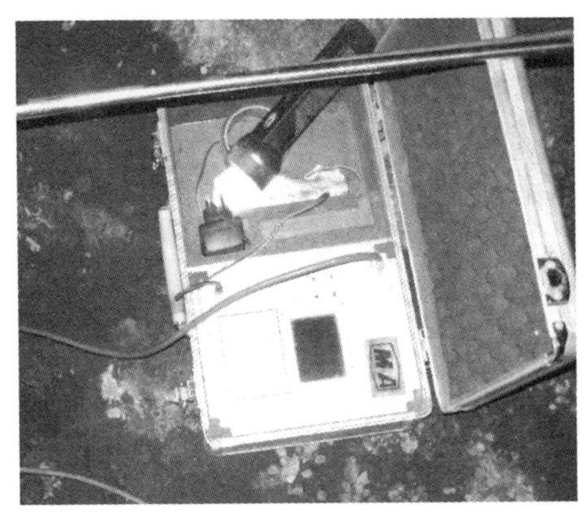

图 4-18　YTJ200 型钻孔窥视镜

根据我们的考察结果,模拟的结果与实际是相符的,在此基础上设计出的钻孔能够满足抽采采空区瓦斯的要求。现场可以按照设计钻孔进行施工。

(2) 抽采效果分析

梁宝寺煤矿根据自身情况,建立了井下移动式抽采泵站,如图 4-19 所示。在治理瓦斯异常涌出方面取得了明显成效,很好地保障了矿井的安全生产。通过所设计的钻场 1 和钻场 2 抽采量进行观测发现,钻孔投入使用后,前 15 m 钻孔流量低,瓦斯浓度为 1%~3%,这表明刚开始回采时,采空区上方的裂隙带还在形成当中,裂隙在进一步扩展。上隅角、回风流及排瓦斯巷内瓦斯较大,影响了安全生产。当工作面推过钻孔终孔位置 15~20 m 后,孔内流量增大,瓦斯浓度也逐渐升高到 10%。当工作面推到煤层顶板距钻孔 15 m 左右垂高时,抽出的瓦斯量最大,上隅角、回风流及排瓦斯巷内没发生瓦斯超限现象。在工作面距钻场 10 m 左右时,孔内瓦斯量开始衰减。这时布置在钻场 3 和钻场 4 内的瓦斯流量和瓦斯浓度逐渐升高,顺利地与钻场 1 和钻场 2 内的抽采形成交替掩护。

图 4-19 煤矿井下移动式抽采系统

(3) 存在问题及优化措施

① 存在问题:

a. 钻孔终孔位置过高,投用初期,裂隙不发育,阻力大,抽排流量低。

b. 部分钻孔掩护长度不够,前一个钻场孔内瓦斯开始衰减,并失效时,下一个钻场的钻孔还没充分发挥作用。

c. 煤层钻场内的仰角钻孔利用率低,可利用长度仅能达到 60%。

d. 在煤层中开孔封孔,由于超前集中压力到达钻场时易将煤体压裂,导致钻孔漏气,负压上不去,影响抽采效果。

② 基于上述原因决定进行如下参数优化:

a. 将钻孔终孔位置布置在距工作面顶板 15~20 m。

b. 钻孔掩护长度不小于 20 m,并且保证前一个钻场孔内瓦斯开始衰减时,下一个钻场必须发挥作用,完成交替掩护。

c. 加大封孔长度,顶板岩石钻场内的钻孔封孔长度不小于 6 m,煤层钻场内的钻孔封孔长度不小于 10 m,尽可能保证在岩层内封孔,保证抽采不漏气。

4.3 采煤工作面隅角埋管抽采瓦斯技术

采煤工作面回风流的瓦斯大部分来自采空区,由于瓦斯密度相对较小,向采煤工作面上部漂移后,在采煤工作面回风隅角及其以下 5 m 范围内形成高浓度瓦斯区,随着风流稀释进入回风流,造成回风流瓦斯超限。根据第 4 章上隅角瓦斯埋管负压抽采技术原理,采煤工作面隅角埋管布置在回风隅角沿空留巷内,在其外口进行密闭后形成一高瓦斯存储空间。在抽采泵负压的作用下,改变了高浓度瓦斯的流动方向,大部分瓦斯进入抽采管路,并由抽采管路排至采区专用回风巷,从而降低了回风流和回风隅角的瓦斯浓度。

4.3.1 采煤工作面隅角埋管抽采要求

采煤工作面隅角埋管抽采采用随采煤工作面推进前移的布置方式,在隅角瓦斯涌出口垛煤袋墙,把有密集孔的抽采管插进去,实行半封闭式抽采,埋管深度以 5～30 m 为宜,如图 4-20 所示。工作面每推进一排巷,回风隅角巷外口的编织袋墙也随之前移一排巷的步距。埋入隅角的抽采管为钢管,直径≥80 mm,长度≥6 m,钢管上打有密集孔,并且用带密集孔的圆形钢板焊上。钢管外端与埋线胶管对接,埋线胶管中间部分要根据采煤工作面每班推进长度制成 3 个短节,以便及时安拆管路,保证管路平直。埋线胶管再与外部 250 mm 抽采管对接。

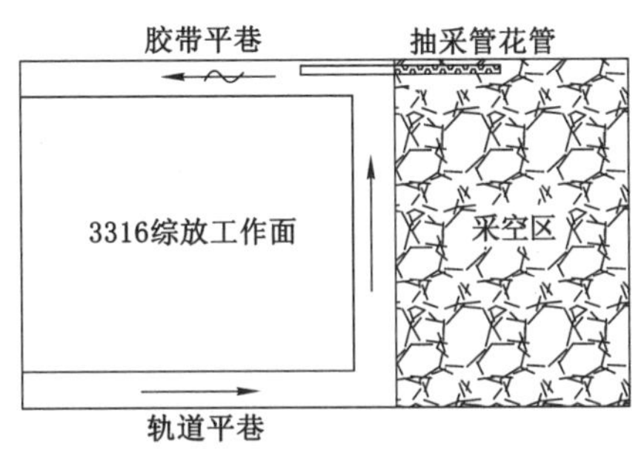

图 4-20 上隅角瓦斯抽采管路布置示意图

4.3.2 采煤工作面隅角埋管抽采的效果

现场利用瓦斯抽采泵站的真空泵进行抽采(一用一备),进气侧管路长度为 1 200 m,抽出的瓦斯直接排到专用回风巷中。在抽采期间,抽采瓦斯浓度从 1.05%上升到 3.2%,最高 5.1%,平均抽采浓度为 3.5%,抽采流量为 4 m^3/min,抽采负压为 5～6 kPa,温度为 18～22 ℃。上隅角瓦斯抽采浓度及抽采纯量随煤层厚度、煤层瓦斯含量、瓦斯压力、产量的增加而增大,同时还与生产工艺、推进速度、封闭效果等因素密切相关。

4.3.3 采煤工作面隅角埋管抽采注意事项

采煤工作面上隅角埋管抽采瓦斯技术的应用,不仅有效地解决了工作面的瓦斯超限问题,而且使井下采煤工作面环境得到了极大改善。但是在施工过程中要注意以下的问题:

(1) 安装抽采系统时,优先选取进气侧管路短、抽采泵功率大的设备进行低负压高流量抽采。

(2) 隅角埋管抽采适用于隅角瓦斯浓度较低的情况,当瓦斯浓度低于 5%、特别是在 3%左右时效果更好。当隅角浓度高于 5%时,工作面应采取煤层顶板高位钻孔或高抽巷与隅角抽采相结合的方法抽采。

(3) 隅角埋管抽采瓦斯必须将隅角的煤放净,让采空区与隅角相通;同时确保隅角所垛编织袋接触严密,减少漏风;隅角预留要保证高度、长度,保证抽采空间;加强工作面煤壁管理,防止片帮、冒顶。

(4) 采空区埋管抽采投入小、见效快，且边采边抽，不受回采速度、打钻塌孔、移钻等因素的影响。

4.4 煤层水力置换驱替瓦斯技术

传统煤层注水是指通过向煤层中施工钻孔，然后通过钻孔向煤层内渗水，使煤岩湿润。其作用主要是湿润煤体，增加煤体的水分，同时改变煤体的力学性质，消除采掘工作面前方的应力分布不均匀。在现场起到消除突出危险和降低粉尘等效果。随着注水工艺、技术和设备的发展，煤矿现场开始在注水的过程中注入高压水使煤岩体产生水压裂缝，利用水压裂缝的扩展达到使煤岩体强度弱化和增透的目的，即我们所说的“水力压裂”。

水力压裂是指在密封孔中注入压力水，使岩石发生张性破裂。岩石的水压致裂过程实际上就是岩石在水压作用下微裂纹萌生、扩展、贯通，直到最后宏观裂纹产生导致失稳破裂的过程。大量的实验和现场试验表明，水力压裂产生裂缝的力源是水压力，为压应力，但破裂机理为张拉破裂，因而又叫“水力致裂”。它作为一种主导的石油增产技术在石油行业应用了几十年，同时，水力致裂地应力测量也进行了较长时间深入的研究。所以目前水力致裂在石油增产和地应力测量方面较为成熟。目前水力致裂理论与技术已经应用到很多行业，如地热能的利用、废物的地下处置、岩盐开采、煤矿的安全高效开采等。在煤矿中应用水力致裂相对较晚，首先应用于煤矿的地应力测量、坚硬顶板的控制，目前已应用于坚硬顶煤的弱化、含瓦斯煤层增透、煤与瓦斯突出危险性防治、冲击地压的防治等。

煤岩体水力致裂的理论与工艺技术框架如图 4-21 所示。在基础理论方面，应力场、岩体的力学特性、岩体的结构特征确定了煤岩体水力致裂的水压力参数和水压裂缝的扩展形态，通过水压主裂缝和翼型分支裂纹的扩展实现对煤岩体结构改造，提高其渗透性；水通过裂隙向煤岩体内部渗透，导致煤岩体的含水量增大，软化煤岩体的强度，通过结构改造和吸水湿润弱化煤岩体的强度，实现改变煤岩体的物理力学性质，以达到工程的需求。

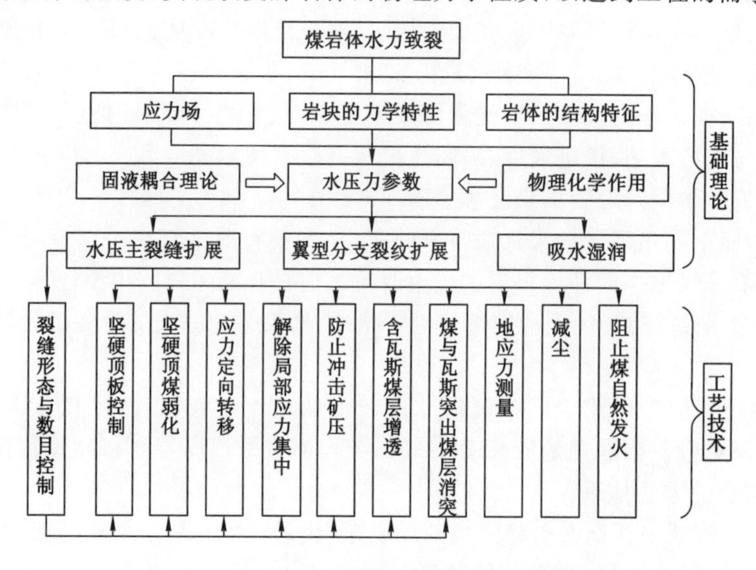

图 4-21　煤岩体水力致裂的理论与工艺技术框架

结合梁宝寺煤矿3300采区的实际情况，我们进行煤层注水压裂的目的主要是：首先增加煤层的透气性，并利用水力的作用，将深部的瓦斯煤壁和巷道空间驱赶、置换，从而降低煤层的瓦斯含量；其次就是使煤体湿润，增加煤体水分，减少采落煤炭的瓦斯涌出和减少粉尘。该技术的研究重点就是如何优化、合理布置相关参数，达到预期的效果。

4.4.1 煤层水力置换驱替瓦斯工艺

煤层水力置换驱替瓦斯的工艺及效果如图4-22所示。

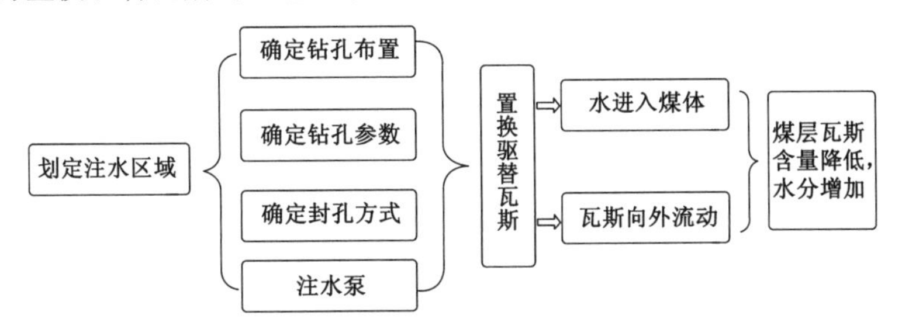

图4-22 煤层水力置换驱替瓦斯工艺效果图

4.4.1.1 注水区域的确定

(1) 工作面超前矿压分析

为了提高注水效果，增加注水量，节约注水成本，需根据工作面压力区的分布情况确定合理的注水区域。其中，在工作面静压区(原始应力区)的注水是研究水力置换驱替瓦斯的重点。

经矿压分布研究，梁宝寺煤矿综放工作面的巷道应力变化区为50 m左右，应力增高区为23～28 m。工作面超前矿压分布如图4-23所示。煤层波动式高压注水方式以“逾裂效应”为主，通过高压水在煤层内部形成“逾裂效应”，迫使煤层内部原有的封闭裂隙相互沟通或直接在煤层内形成新的裂隙网，即在煤层内部形成可使水渗透到煤体内部相互关联的孔隙—裂隙网，以提高注水效果。

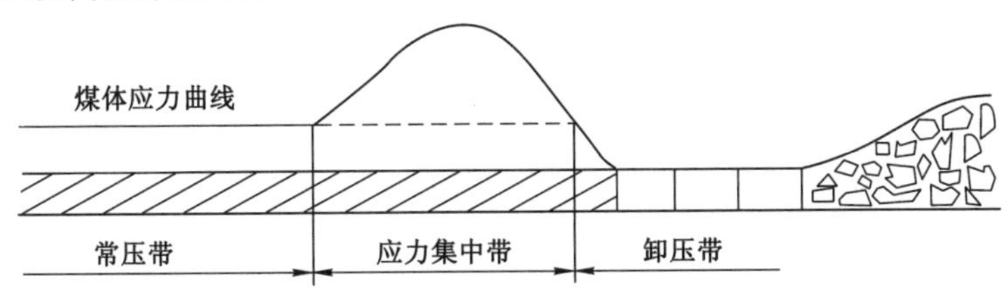

图4-23 工作面超前压力分布图

(2) 注水区域

梁宝寺煤矿主采3煤，而3煤导水性差，要提高注水效果，必须根据矿山压力观测的动压带分布情况进行注水。梁宝寺煤矿综放工作面矿压及深基孔观测资料表明，超前矿压对沿空侧巷道的影响范围约为50～60 m，对实体侧巷道的影响范围约为40～50 m，而在距工作面5～8 m内，次生裂隙过于发育，容易出现跑水现象。所以确定在距工作面切眼30 m开始到停采线位置为注水区域，如图4-24所示。

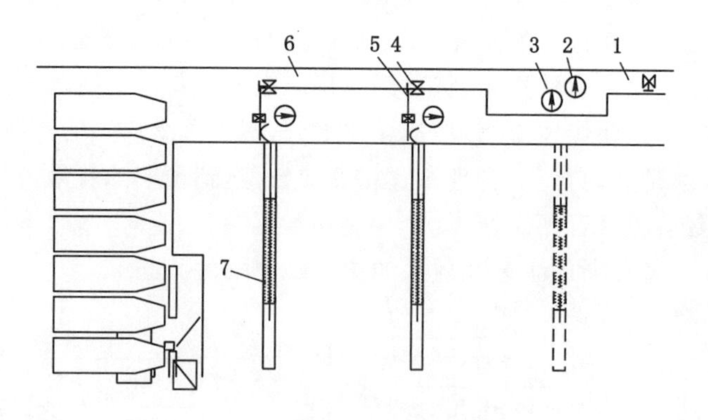

图 4-24　注水系统图

1——水管；2——压力表；3——水表；4——阀门；5——分流器；6——高压胶管；7——封孔器

4.4.1.2　钻孔布置及参数

钻孔布置是根据煤层层理、节理、裂隙、孔隙分布等情况，充分考虑综放厚煤层的特殊条件，采用能较好湿润顶煤的穿裂隙钻孔布置，钻孔的长度及方向根据工作面长度、钻孔布置方式、煤层厚度及裂隙和孔隙分布等条件进行确定。

3316 工作面煤层较厚，布置的采煤工作面均为综放工作面，并且工作面的长度在100 m左右，因此确定钻孔的布置形式为双巷错对形钻孔，一方面双巷钻孔布置式钻孔的长度较短，钻孔容易施工，钻孔施工质量易于保障；另一方面也有利于煤层及顶煤的充分湿润，如图 4-25 所示。

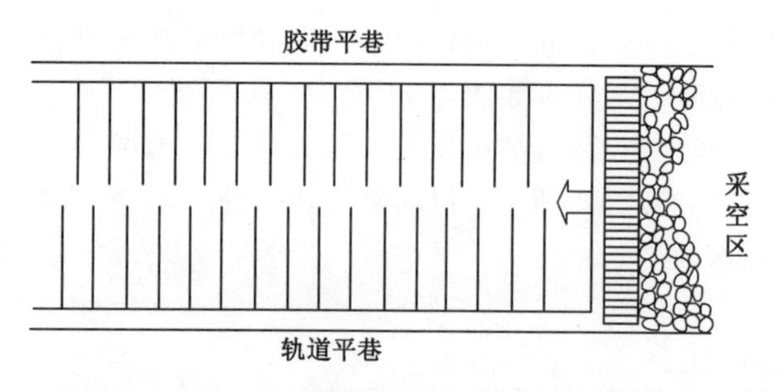

图 4-25　钻孔布置平面示意图

(1) 钻孔直径

钻孔直径的选择，应与封孔方式相适应。当采用封孔器封孔时，应按封孔器的要求确定钻孔直径，一般为 60 mm；当采用水泥砂浆封孔时，钻孔直径一般为 75～110 mm，通常取 90 mm。课题组决定采用注水专用的“注抽一体化封孔器”，因此，钻孔直径确定为 75 mm。

(2) 钻孔间距

钻孔间距的大小取决于煤层的透水性、煤层厚度及煤层倾角等综合因素。合理的钻孔间距等于钻孔的湿润直径。为能有效考察注水后沿钻孔两侧的水分分布范围，防止水分分布范围发生交叉，根据煤层厚度及封孔长度，确定注水试验钻孔的间距：封孔长度 8 m 的间距为 20 m，封孔长度 10～12 m 的间距为 30 m，封孔长度 15 m 以上的间距为 40 m。考虑到梁宝寺煤矿孔隙度低、注水性能差的具体实际情况，设计注水方案的钻孔间距分别取 10 m、15 m、20 m，并通过现场试验确定适用于工作面的最优钻距。梁宝寺煤矿的注水钻孔间距就选择为 15 m。

(3) 钻孔长度

确定钻孔长度要考虑的因素有：煤层的透水性、工作面长度、注水时间和注水压力、钻机能力以及煤层倾角、厚度、构造等情况。使确定的孔长满足煤体普遍润湿，避免无水区和注水时间持续过长等。单向钻孔注水时孔长计算公式如下：

$$L = L_1 - a \tag{4-3}$$

式中 L ——钻孔长度，m；

L_1 ——工作面长度，m；

a ——与煤层透水性和钻孔方向有关的系数，一般为 20～40 m。

双向钻孔注水时的孔长按下式计算：

$$L = \frac{L_1}{2} - (15 \sim 20) \tag{4-4}$$

式中 L——钻孔长度，m；

L_1——工作面长度，m。

根据梁宝寺煤矿的实际情况，最终确定钻孔长度为 40 m。

(4) 注水压力

注水压力高低取决于煤层的透水性强弱（透水性强的煤层，注水压力低；透水性弱的煤层，注水压力高），还与钻孔的注水流量有关。常采用调节钻孔注水流量的方法控制注水压力，使其不超过地层压力而高于煤层的瓦斯压力，即

$$H'\gamma_p > p_Z > p_w \tag{4-5}$$

式中 H' ——注水煤层上方覆盖的岩层厚度，m；

γ_p ——上覆岩层的平均密度，kg/m³；

p_Z ——注水压力，MPa；

p_w ——煤层的瓦斯压力，MPa。

根据梁宝寺煤矿的实际，煤层静压注水压力一般为 8～10 MPa。动压注水压力随着注水流量会产生波动变化，但原则上注水压力不应超过 20 MPa。

(5) 钻孔角度

为防止钻孔仰角过大，钻孔终孔位置超过工作面采高，不能对煤层注水效果进行考察（水分分析煤样不可采），在进行煤层注水试验考察钻孔的设计时，一般采用钻孔施工倾角略大于煤层自然赋存倾角，钻孔终孔位置位于工作面采高的约 2/3 处。

注水钻孔顺着煤层倾斜方向打，钻孔倾角按下式确定：

$$\alpha = \arcsin \frac{h}{l_g} \tag{4-6}$$

式中 α ——钻孔倾角，(°)；

h ——钻孔位置进回风巷对应点的高差，m；

l_g ——钻孔位置对应工作面长度，m。

根据梁宝寺煤矿煤层的实际情况，经计算最终确定 3316 工作面轨道巷煤层注水钻孔倾角为 5°，工作面胶带巷煤层注水钻孔倾角为 1°。

4.4.1.3 封孔方式

(1) 封孔装置

煤层注水效果的好坏在很大程度上取决于煤层注水孔的封孔质量，封孔有封孔器、水泥砂浆和水泥石膏封孔等多种方式。根据梁宝寺煤矿煤层注水经验、理论研究以及借鉴大量先进煤矿的实践经验，最终确定使用专用的“注抽一体化”封孔器(图 4-26)。该封孔器型号为 FKSL60/6 型水压式抽采瓦斯及注水封孔器。封孔器整体结构设计合理，操作简单方便，安全高效，可以先注后抽，多次使用，保证钻孔完整。

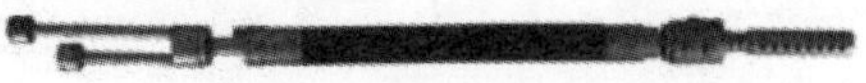

图 4-26　注抽一体化装置图

在只需要进行煤层注水时，关闭组合顺序调节阀的抽采瓦斯功能，封孔注水由高压直通、膨胀体、导向体、组合顺序阀组成。其膨胀体为 4 层高强度钢丝缠绕的橡胶软管。使用时直接将高压直通与井下压力水管路连通，送入预定的封孔位置后开启控制阀，压力水进入封孔器，膨胀体迅速膨胀坚固封孔。注水完成后，关闭水管通路，膨胀体就会自动卸压，由于橡胶的高弹性和增强层的复原能力而恢复原状。

如果在注水后需要对钻孔中的瓦斯进行抽采的话，关闭组合顺序阀的注水口，打开瓦斯抽采功能，接通水源开启通路膨胀体迅速坚固封孔。瓦斯抽采端与瓦斯抽采管接通进行瓦斯抽采。抽采工作完毕，关闭瓦斯抽采通道，关闭拆开水路通道，膨胀体自动卸压而恢复原状。

(2) 封孔参数的确定

注水钻孔密封的可靠程度除了取决于封孔方法，还与封孔位置和长度有关。根据我们所确定的封孔方法，在使用注抽一体化封孔器时，封孔位置显得尤为重要。根据在其他矿井应用的实际情况并结合报告中对工作面煤壁实体侧煤层中的应力分布情况，最终确定封孔位置至少在距离煤壁 25 m。

4.4.1.4　高压注水设备

(1) 高压注水泵

所采用的注水泵为 2BZ-40/12 脉冲式煤层注水泵，它的脉冲强度为 0～12 MPa，输出流量为 40 L/min，电机功率为 15 kW，适用于各种类型煤层的注水，特别是难注水煤层的注水，是目前解决低渗透性、高硬度难注水煤层注水的最有效技术手段。

其工作过程为：电动机通过联轴器直接带动脉冲式泵体运转，脉冲泵输出的脉冲高压水进入可调阻泄式安全阀，在调定的最大脉冲压力下，可调阻泄式安全阀根据煤层的渗透能力，在确保不降低脉冲水压强度的前提下，自动调节注入煤体脉冲水量的大小以适应煤层对水的渗透能力，脉冲泵输出脉冲高压水的脉冲强度由压力显示装置通过人工控制间断显示。

(2) 钻具

煤层注水钻孔施工采用 ZY-150 型钻机，所用钻头为三翼合金塔形结构，钻头直径 75 mm，钻杆直径 42 mm，最大钻孔长度为 150 m。

(3) 其他器材

煤层注水流量表(额定压力应满足注水压力需要，不小于 30 MPa)、耐振压力表(不应小于 50 MPa)、管材及阀门和连接件等。

4.4.1.5 煤层水力置换驱替系统

水在煤层中的渗透过程为:水在压力作用下沿煤层中的裂隙和较大孔隙做紊流或层流运动,在这一过程中水在压力的作用下,充满煤层内部的所有内在裂隙、外在裂隙、再生裂隙和相互贯通的较大孔隙;随后存留于煤层上述内部结构中的水在毛细管力和分子扩散运动力的作用下渗透进入煤层微细孔、裂隙中;煤层注水效果的好坏,煤层孔、裂隙的大小和相互贯通的程度是关键。为了能有效地使水注进煤体内部,就首先需要在煤层内部形成水渗透到煤体内部的相互关联的孔隙—裂隙网。

煤层脉冲式注水过程就是利用脉冲水压力在煤体注水钻孔内部的周期性变化产生的“水击”和“水劈”效应(实际上可以把煤层脉冲式注水简述成水逐渐沿着一复杂管网系统的放射状流动,管网中水压的每一次突变都将在网路系统中形成水击和水劈效应),迫使煤体中的微小孔裂隙形成和逐渐张开,形成新的再生裂隙网,提供水在煤层中的渗透通道,高压水逐渐渗透到其中,脉冲式高压水在达到逐渐将煤体中的微小裂隙相互贯通的同时,水也渗透到其中,进入到这些裂隙中的水在分子作用力和毛细作用力的作用下进一步渗透到更小的煤层孔裂隙中而实现对煤体的湿润。煤层脉冲式高压注水过程可以描述成:脉冲式高压水沟通煤层原有孔裂隙和在煤层中形成新的孔裂隙,构成水在煤层中的渗透通道网,随后存留于渗透通道中的水在分子作用力和毛细作用力的作用下进一步渗透到更小的煤层孔裂隙中。脉冲式煤层注水的这一过程是一循序渐进的过程,并且其最大脉冲水压限制在不至于导致煤层顶底板破坏的范围内。由于煤层的非均质性,各钻孔对水的渗透能力是不一致的,因此水总是沿着渗透能力强的钻孔进入煤层,而对于渗透能力较弱的钻孔可能根本注不进水。为此,脉冲式煤层注水需要采用单一钻孔的注水方式,从工作面靠近切眼最近的钻孔开始,依次向外进行注水。其注水系统的组成,如图 4-27 所示。

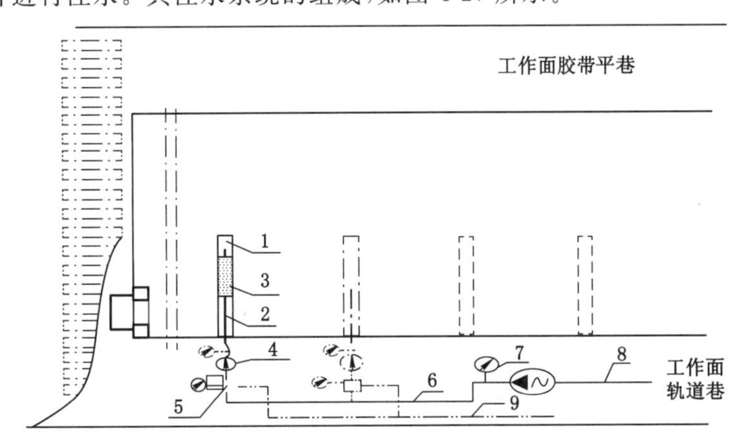

图 4-27 煤层脉冲式高压注水压裂系统示意图

1——注水钻孔;2——注水管;3——封孔器;4——高压水表;5——注水集成块;6——分流器;7——流量表;8——动压水管;9——静压水管

4.4.2 煤层水力置换驱替瓦斯技术应用及效果分析

该技术的现场应用在梁宝寺煤矿 3300 采区 3316 工作面进行,该工作面井下位于 3300 采区西翼集中轨道巷以北。以南为 3300 西翼集中轨道巷、3300 西翼集中胶带巷、3300 西翼集中回风巷;北至 F_7 断层;以西 256 m 为 3406 工作面、3408 工作面、3412 工作面、3416 工作面，其中3406工作面、3408工作面已回采结束；以东120 m为正在掘进中的3312胶带平巷。工作面标高为－840.0～－880.5 m，地表标高为＋36.9～39.2 m。煤样视相对密度为1.39 t/m^3，孔隙率3.47％。煤层厚度2～7 m，平均厚约5.61 m，工作面南部3煤层被岩浆岩侵蚀。工作面里切眼以南503～873 m处3煤层出现分岔，实际揭露$3_上$、$3_下$煤层最大间距14.3 m，煤层最薄2.0 m。

工作面注水钻孔布置如图4-25所示，在工作面轨道巷从距离切眼30 m开始布置水力驱替钻孔，其余钻孔依次向远离切眼方向布置，间距15 m，钻孔长度40 m，直径75 mm。在工作面胶带平巷，从距离切眼37.5 m开始布置水力驱替钻孔，其余钻孔参数同轨道巷钻孔参数相同，向远离切眼方向布置。依照上述工艺过程，对3316工作面煤层进行了注水驱替瓦斯的现场试验。

为了对水力置换驱替瓦斯的作用进行检验，在注水结束并取出封孔器后对钻孔的瓦斯浓度进行了测量，测定位置位于距孔口1 m处，经测量，该位置在注水后30 min、60 min和120 min后的瓦斯浓度分别为25％、48％和62％。充分说明了脉冲式煤层注水对煤层中的瓦斯存在较为明显的驱赶作用，并且该作用具有时间效应。

同时，为了研究注水对煤层中水分的影响，在轨道平巷最靠近工作面切眼的两个钻孔之间施工了一个水分考察孔，分别取该钻孔5 m、10 m、15 m、20 m、25 m和30 m处的煤样进行水分测定，考察注水后工作面煤体的湿润效果。测定结果见表4-3。

表4-3　注水后煤层水分考察表

煤样编号	采样位置	煤样水分 W/%	注水前水分 W_0/%
1	考察孔距煤壁5 m处	5.32	2.77
2	考察孔距煤壁10 m处	5.03	
3	考察孔距煤壁15 m处	4.24	
4	考察孔距煤壁20 m处	3.92	
5	考察孔距煤壁25 m处	3.51	
6	考察孔距煤壁30 m处	3.22	

有上表可见，通过煤层水力置换驱替瓦斯技术的应用，工作面煤层的水分明显增加，平均增量达1.44个百分点。同时，在工作面回采之前，也需要从工作面方向施工专门的煤层注水孔进行注水，煤层中水分含量的增量将大于目前的效果。根据我们的研究，煤层水分增加的同时，其释放瓦斯的能力将大幅下降，也就是说在回采过程中，采落煤炭的瓦斯涌出量将大大降低。

4.5　采空区间歇性灌注氮气泡沫的瓦斯置换与阻隔技术

4.5.1　氮气泡沫的制备与应用工艺

（1）系统流程

阻隔、置换采空区瓦斯气体的氮气泡沫系统主要依托矿井的防尘与氮气灌注管路建设，氮气泡沫系统主要由防尘水池、主水管、发泡装置、注氮系统组成。制备和灌注流程如图

4-28所示;氮气泡沫的发泡器如图 4-29 所示。

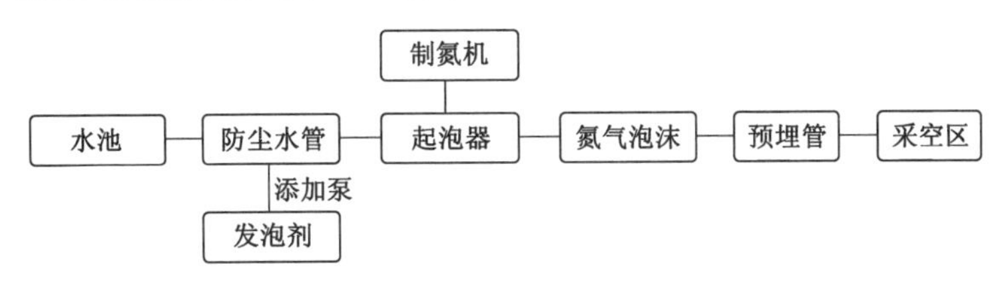

图 4-28 泡沫制备和灌注的工艺流程

图 4-29 氮气泡沫发生器

将制备氮气泡沫的发泡器安装在回风平巷内,距离工作面 200 m 的位置处,同时在该位置的水流上侧将发泡剂引入至防尘水管路,并将氮气管路和发泡器连接,含发泡剂的水溶液在通过发泡器后即可形成致密的氮气泡沫。

(2) 氮气泡沫的制备参数

为了便于控制发泡效果将耗水量控制在 5～8 m^3/h,氮气流量为 200 m^3/h,氮气泡沫的发生量约为 200 m^3/h,起泡剂的使用量约为清水量的 0.5%,即每小时使用发泡剂的量约为 0.025～0.04 m^3/h。

(3) 氮气泡沫的灌注方式

如图 4-30 所示,沿上巷向采空区埋设一条 4 寸管路,随工作面推进 15～20 m 后开始注泡沫,同时埋入第二条支管,当推过第二条管路 15～20 m 后,停止第一条管路的注泡沫,再重新埋设管路,以此类推。每次灌注氮气泡沫的持续时间为 3～4 h。

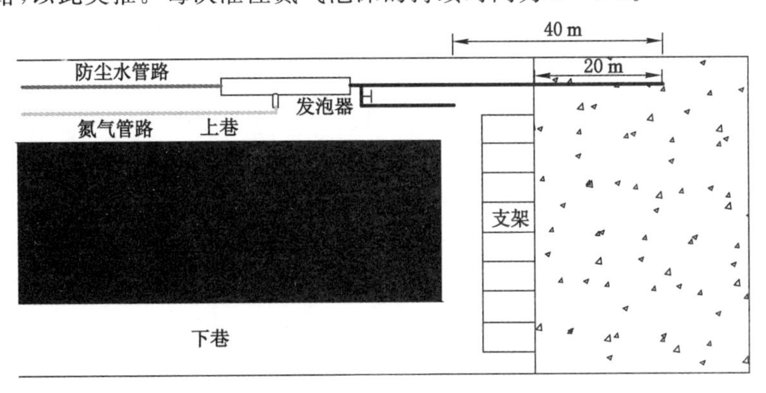

图 4-30 采空区交替预埋管灌注氮气泡沫

4.5.2　氮气泡沫置换与阻隔过程中上隅角瓦斯浓度的变化规律

图 4-31 的瓦斯浓度数据曲线是实施氮气泡沫置换、阻隔上隅角瓦斯技术前后，上隅角瓦斯气体浓度的变化规律。通过该曲线可以看出：灌注氮气泡沫前，上隅角的瓦斯浓度在 1.2%（不通过埋管抽采的条件下），在氮气泡沫的整个灌注过程中，上隅角附近采空区的气体浓度先是具有一定程度的上升，这种现象的产生体现了瓦斯的驱替作用，灌注氮气泡沫的过程中，氮气将附近的瓦斯挤出了采空区导致上隅角位置的瓦斯浓度有所上升，随着持续的灌注氮气泡沫上隅角瓦斯浓度上升到最大值（约 2.0%）后开始下降，此后当连续灌注 3～4 h 后瓦斯浓度下降至 0.3%左右，并始终维持在该浓度条件下约 1 d 的时间。随后瓦斯浓度逐步上升至 0.8%～1%，产生该现象的原因是泡沫逐步破灭后，采空区内部漏风的风汇再次转移至上隅角位置，故瓦斯汇集于此处造成瓦斯浓度接近或超过《煤矿安全规程》规定。

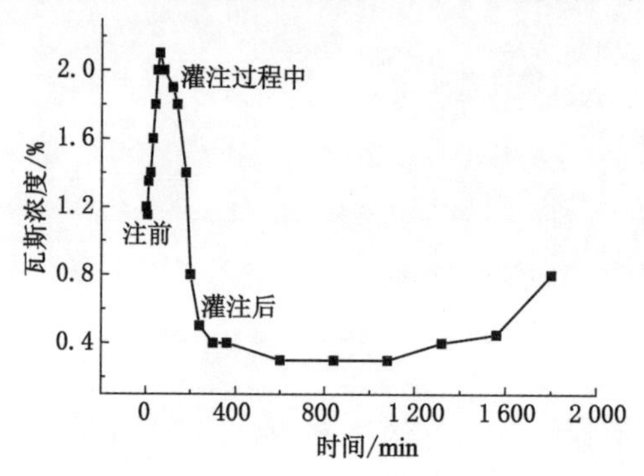

图 4-31　灌注氮气泡沫前后上隅角瓦斯浓度变化

4.5.3　氮气泡沫置换与预埋管抽排技术的联合运转

上述对上隅角瓦斯浓度变化规律的分析表明，当停止灌注氮气泡沫 21～23 h 后，上隅角瓦斯浓度开始出现明显的上升，若不采取其他有效措施，上隅角瓦斯浓度会在 8 h 左右后升至 1%以上，也就是说：单次灌注氮气泡沫对上隅角附近瓦斯治理的效果消失。至此，若想持续保持对上隅角瓦斯聚集的治理效果，可再次灌注氮气阻隔泡沫，但这样就增加了治理成本与安全管理的工作量；另外一个途径是，启用上隅角附近采空区内的瓦斯气体进行一段时间的抽排。因此，按照对灌注氮气泡沫期间上隅角瓦斯浓度的分析，形成以下氮气泡沫阻隔与上隅角瓦斯抽排相联合的治理方法：当实施完毕氮气泡沫置换采空区瓦斯技术后，监测上隅角瓦斯气体的浓度，若瓦斯浓度上升至 1%左右则打开采空区预埋抽排管路，启动上隅角瓦斯抽排系统；抽排系统工作后，若能明显控制上隅角的瓦斯不超限，则持续使用瓦斯抽排系统；若不能将上隅角瓦斯浓度控制在 1%以内，则再次实施“间歇性灌注氮气泡沫的上隅角附近采空区瓦斯置换与阻隔技术”。

4.5.4　上隅角瓦斯驱替阻隔技术实施的安全注意事项

从上述对灌注氮气泡沫期间上隅角附近的瓦斯浓度变化情况可以得知，使用氮气泡沫技术置换、阻隔上隅角附近采空区瓦斯气体时，最大的安全隐患来自于氮气泡沫灌注期间不断上升的上隅角瓦斯气体浓度，因此必须制定针对性较强的安全技术措施。

（1）加强上隅角附近气流的引导。实施灌注泡沫的过程中，采用导流风障等形式加强对上隅角附近的风流的引导，将更多的风流引导至上隅角附近去稀释氮气泡沫置换出来的瓦斯气体。

(2) 加强对上隅角瓦斯气体的监测。在风流引导的条件下，当采空区上隅角附近的瓦斯浓度仍超过2.5%时，应主动停止实施氮气泡沫置换技术。

(3) 氮气泡沫的灌注过程中应注意观测泡沫制备的效果，确保发泡充分(即避免大量水分、氮气以自由的形态存在)。

(4) 制备泡沫的管路系统应连接紧密，杜绝出现管路漏水、爆管等现象。

4.6 本章小结

(1) 分析了梁宝寺煤矿局部瓦斯超限的主要原因，提出了“双抽排，双置换”的瓦斯异常区域内瓦斯综合防治思路。即在采用工作面水力置换驱替瓦斯技术、间歇性注氮气泡沫的上隅角瓦斯置换与阻隔技术置换驱替瓦斯的同时，采用交替掩护式高位钻孔以及“注抽一体化”隅角瓦斯治理相结合的瓦斯抽排技术，引排瓦斯，形成了瓦斯驱替、堵截相结合的采空区瓦斯治理三维空间网络，形成了一套完整的工作面瓦斯治理综合技术体系。

(2) 优化了梁宝寺煤矿煤层水力置换驱替瓦斯的技术参数。通过现场考察不同注水压力、流量，不同钻孔布置间距条件下，煤层注水后泄压钻孔内瓦斯释放和水分变化的规律，分析了煤层水力置换驱替煤层瓦斯的效果，得出了最优的煤层注水技术参数，提升了煤层注水防治瓦斯的效率。

(3) 针对先前梁宝寺煤矿采空区高位钻孔瓦斯抽采效果不佳的技术现状，研究了梁宝寺煤矿综放工作面开采造成的上覆研究运移规律，找出了裂隙带的大体分布高度范围，优化了高位钻孔的设计参数，提升了高位钻孔在瓦斯抽采中的效率。

(4) 研究了采空区注氮气泡沫时泡沫在采空区中的扩散流动状态，提出了使用间歇性注氮气泡沫的上隅角瓦斯置换与阻隔技术。通过上隅角预埋管间歇性向采空区灌注氮气泡沫，在保持煤体润湿与阻化的同时置换上隅角附近采空区内的瓦斯，阻隔采空区瓦斯向上隅角的流动通道，从而在一定程度上避免了上隅角瓦斯的大量聚集。

5 瓦斯异常区煤层自然发火规律研究

5.1 基于未确知测度的采煤工作面自然发火危险性评价

采煤工作面自然发火危险性评价是煤矿井下火灾防治的工作之一，其任务是识别采煤工作面生产中的自然发火危险因素，确定其危险程度[38-39]。其目的是为了贯彻“安全第一，预防为主，综合治理”的方针，提高煤矿的本质安全程度和安全管理水平，降低煤矿生产中的自燃危险性，预防事故发生。

国内外学者先后运用模糊综合评判法、灰色聚类分析法、灰色关联分析法及神经网络分析法在此方面做了卓有成效的评价实践和研究[40-42]。然而采煤工作面自然发火危险性评价的难点在于许多因素的不确定性和隐蔽性，如何将这些不确定的信息考虑在内并进行分析，是值得深入考究的一个重要问题，在这方面，未确知数学理论提供了一个比较好的途径，未确知测度模型严谨，评价结果合理、精细，更适合于采煤工作面自然发火危险性评价。

5.1.1 未确知测度理论模型

设某评价对象 R 有 n 个，则评价对象空间 $R=\{R_1,R_2,\cdots,R_n\}$。对于每个评价的对象 $R_i(i=1,2,\cdots,n)$ 有 m 个单项评价指标空间，即 $X=\{X_1,X_2,\cdots,X_m\}$。则 R_i 可表示为 m 维向量 $R_i=\{x_{i1},x_{i2},\cdots,x_{im}\}$，其中，$x_{ij}$ 表示研究对象 R_i 关于评价指标 X_j 的测量值。

对 R_i 的每个子项 $x_{ij}(i=1,2,\cdots,n;j=1,2,\cdots,m)$，假设有 p 个评价等级，且把评价空间记为 U，则有 $U=\{C_1,C_2,\cdots,C_p\}$。设 $C_k(k=1,2,\cdots,p)$ 为第 k 级评价等级，且 k 级比 $k+1$ 级危险等级“高”，记作 $C_k>C_{k+1}$。若满足 $C_1>C_2>C_3>\cdots>C_k$，称 $\{C_1,C_2,\cdots,C_p\}$ 是评价空间 U 的一个有序分割类。

(1) 单指标测度

若 $\mu_{ijk}=\mu(x_{ij}\in C_k)$ 表示测量值 x_{ij} 属于第 k 个评价等级 C_k 的程度，且要求满足：

$$0\leqslant\mu(x_{ij}\in C_k)\leqslant 1 \tag{5-1}$$

$$\mu(x_{ij}\in U)=1 \tag{5-2}$$

$$\mu\left[x_{ij}\in\bigcup_{l=1}^{k}C_l\right]=\sum_{l=1}^{k}\mu(x_{ij}\in C_l)\quad(k=1,2,\cdots,p) \tag{5-3}$$

式(5-2)称为“归一性”，式(5-3)称为“可加性”。满足式(5-1)～式(5-3)的 μ 称为未确知测度，简称测度。对于每个评价的对象 $R_i(i=1,2,\cdots,n)$，称矩阵 $(\mu_{ijk})_{m\times p}$ 为对象 R_i 的单指标测度评价矩阵，且有：

$$(\mu_{ijk})_{m\times p}=\begin{bmatrix}\mu_{i11} & \mu_{i12} & \cdots & \mu_{i1p}\\ \mu_{i21} & \mu_{i22} & \cdots & \mu_{i2p}\\ \vdots & \vdots & \ddots & \vdots\\ \mu_{im1} & \mu_{im2} & \cdots & \mu_{imp}\end{bmatrix} \tag{5-4}$$

(2) 指标权重的确定

设 w_j 表示测量指标与其他指标相比具有的相对重要程度，如果 w_j 满足：$0 \leqslant w_j \leqslant 1$，且 $\sum_{j=1}^{m} w_j = 1$，则称 w_j 为 X_j 的权重，$w = \{w_1, w_2, \cdots, w_m\}$ 称为指标权重向量。可利用熵确定权重，即：

$$v_j = 1 + \frac{1}{\lg p} \sum_{i=1}^{p} \mu_{ji} \lg \mu_{ji} \tag{5-5}$$

$$w_j = v_j / \sum_{i=1}^{n} v_i \tag{5-6}$$

因为单指标测度评价矩阵式(5-4)是已知的，所以通过式(5-5)和式(5-6)可求得 w_j。

(3) 多指标综合测度评价向量

令 $\mu_{ik} = \mu(R_i \in C_k)$ 为评价样本 R_i 属于第 k 个评价类 C_k 的程度，则有：

$$\mu_{ik} = \sum_{j=1}^{m} w_j \mu_{ijk} \quad (i = 1, 2, \cdots, n; k = 1, 2, \cdots, p) \tag{5-7}$$

显然有 $0 \leqslant \mu_{ik} \leqslant 1$ 以及 $\sum_{k=1}^{p} \mu_{ik} = 1$，所以式(5-7)是未确知测度，故称 $\{\mu_{i1}, \mu_{i2}, \cdots, \mu_{ip}\}$ 为 R_i 的多指标综合测度评价向量。

(4) 置信度识别准则

为了对评价对象作出最后的评价结果，引入置信度识别准则：设 λ 为置信度($\lambda \geqslant 0.5$)，若 $C_1 > C_2 > \cdots > C_p$，且令

$$k_0 = \min\left\{k : \sum_{l=1}^{k} \mu_{il} \geqslant \lambda, \quad (k = 1, 2, \cdots, p)\right\} \tag{5-8}$$

则认为评价样本 R_i 属于第 k_0 个评价类 C_{k0}。

5.1.2　采煤工作面自然发火危险性评价指标及指标函数确定

研究采煤工作面自然发火危险性对于开采具有自燃危险性煤层的矿井具有重要的现实意义。基于未确知测度理论建立采煤工作面自然发火危险性评价模型，对试验工作面进行自然发火危险性评价，以此指导试验矿区的自然发火预测预报和防灭火管理工作。

5.1.2.1　自然发火危险性评价等级划分

通过数据统计分析和资料调研，从分析影响采煤工作面自然发火危险性的“人”、“机”、“环境”三个方面的影响因素入手，对影响采煤工作面自然发火危险程度的因素进行筛选，影响因素的量化采用模糊数学方法或专家意见法，将影响因素分级并取值，评判程度划分Ⅰ级(C_1)、Ⅱ级(C_2)、Ⅲ级(C_3)、Ⅳ级(C_4)，分别表示危险程度极高、危险程度较高、危险程度一般、危险程度较低。

5.1.2.2　采煤工作面自然发火危险性评价因素的选取

根据 3418 采煤工作面有关资料，选取 20 个因素作为评价该采煤工作面自然发火危险性的影响因子，分别是煤层赋存地质构造、煤层顶底板围岩性质、工作面周围开采情况、采空区垮落及充填情况、工作面瓦斯抽采强度、工作面自然发火预报系统、工作面防灭火技术及措施、煤易发火性指标分级、煤层厚度、煤层倾角、煤层埋深、围岩温度、工作面回采率、工作面日产量、工作面供风量、工作面推进度、工作面倾向长度、工作面涌水量、工作面瓦斯涌出

量、工作面进风流温度(分别用 X_1、X_2、X_3、X_4、X_5、X_6、X_7、X_8、X_9、X_{10}、X_{11}、X_{12}、X_{13}、X_{14}、X_{15}、X_{16}、X_{17}、X_{18}、X_{19}、X_{20} 表示),其中对 $X_1 \sim X_8$ 等 8 个影响因素由专家采取半定量化的方法进行赋值,赋值依据见表 5-1。$X_9 \sim X_{20}$ 等 12 个影响因素用实测值进行评价。

表 5-1　　采煤工作面自然发火危险性评价的定性指标分级标准与赋值

影响程度分级	赋值	影响因素			
		煤层赋存地质构造 X_1	煤层顶底板围岩性质 X_2	工作面周围开采情况 X_3	采空区垮落及充填情况 X_4
Ⅰ级(C_1)	1	煤层赋存地质构造极复杂,断层贯穿煤层,褶皱、陷落柱多	煤层上部有已回采近距离煤层,垮落时位于垮落带下部	工作面两侧均是已采工作面,且地压较严重	采空区顶板大面积悬空,初次来压或周期来压时突然垮落
Ⅱ级(C_2)	2	煤层赋存地质构造复杂,断层部分切割煤层,褶皱、陷落柱较多	煤层上部有未回采近距离煤层,垮落时位于垮落带下部	工作面两侧均是实体煤,但地压影响较严重	采空区顶板部分悬空,垮落岩石块度大,未压实
Ⅲ级(C_3)	3	煤层赋存地质构造中等,断层、褶皱、陷落柱对回采有一定影响	煤层上部有已回采近距离煤层,垮落时位于垮落带上部	工作面两侧均是已采工作面,但地压不严重	采空区顶板完全垮落,但垮落岩石块度大,未压实
Ⅳ级(C_4)	4	煤层赋存地质构造简单,断层、褶皱、陷落柱影响较少	煤层上部有未回采近距离煤层,垮落时位于垮落带上部	工作面两侧均是实体煤,且地压不严重	采空区顶板完全垮落,且垮落岩石已压实
影响程度分级	赋值	影响因素			
		工作面瓦斯抽采强度 X_5	工作面自然发火预报系统 X_6	工作面防灭火技术及措施 X_7	煤易发火性指标分级 X_8
Ⅰ级(C_1)	1	工作面设计有高抽巷抽采、高位钻孔抽采、埋管抽采,且持续抽采	工作面无预防自然发火发生的监测监控系统	工作面没有诸如均压通风,阻化剂、凝胶、泡沫、氮气等防灭火体系	煤自燃倾向性鉴定为Ⅰ级,或煤层自然发火期在半年以内
Ⅱ级(C_2)	2	工作面设计有高位钻孔抽采、埋管抽采,且持续抽采	工作面建有预防自然发火发生的监测监控系统,但传感器布置不合理或设置较少	工作面建有诸如均压通风,阻化剂、凝胶、泡沫、氮气等防灭火体系,但防灭火体系不完整	煤自燃倾向性鉴定为Ⅱ级,或煤层自然发火期在半年以上,1 年以内
Ⅲ级(C_3)	3	工作面设计有高位钻孔抽采、埋管抽采,不持续抽采	工作面建有预防自然发火发生的监测监控系统,但部分传感器布置不太合理	工作面建有诸如均压通风,阻化剂、凝胶、泡沫、氮气等防灭火体系,但防灭火体系设计不合理	煤自燃倾向性鉴定为Ⅲ级,且煤层自然发火期在 1 年以内
Ⅳ级(C_4)	4	工作面无高位钻孔抽采、有埋管抽采,且不持续抽采	工作面建有预防自然发火发生的监测监控系统,且系统中的各部件工作正常	工作面建有完善的诸如均压通风,阻化剂、凝胶、泡沫、氮气等防灭火体系	煤自燃倾向性鉴定为Ⅲ级,且煤层自然发火期在 1 年以上

5.1.2.3 评价指标隶属函数和隶属函数图的建立

借助数学软件 Matlab，分别对 $X_1 \sim X_{20}$ 等 20 个影响因素建立隶属函数和隶属函数图，其过程如下：

(1) 定性指标

根据定性指标的特点，由专家建立定性指标 X_1、X_2、X_3、X_4、X_5、X_6、X_7 和 X_8 的单指标测度函数图，如图 5-1 所示。

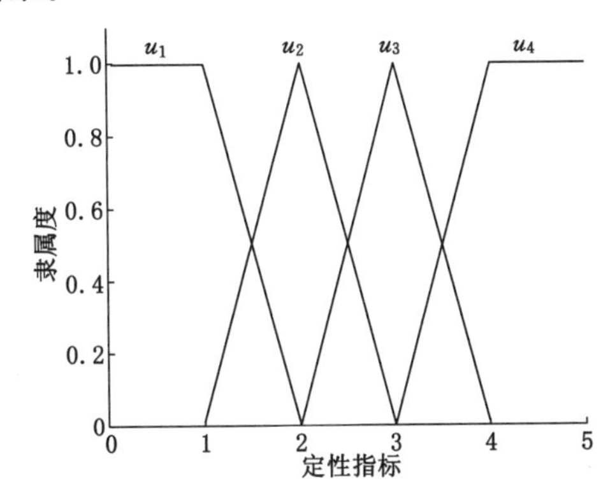

图 5-1 定性指标 X_1、X_2、X_3、X_4、X_5、X_6、X_7 和 X_8 单指标测度函数

(2) 煤层厚度

根据煤层厚度分类方法，煤层按照厚度分为薄煤层(<1.5 m)、中厚煤层(1.5～3.5 m)、厚及特厚煤层(>3.5 m)。采煤工作面开采的煤层厚度一般都是在一定的范围内变化的，由于采煤工作面支架支撑高度变化范围是一定的，因此煤厚变化的幅度越大，对回采过程的影响越大，可能的丢煤量就越大，采空区自然发火的危险性也越大。根据煤层厚度对自燃危险性影响的特点，采用"三角形分布"和"梯形分布"进行隶属度函数刻画，隶属度函数图形如图 5-2 所示，其中自变量 x 为煤层厚度，单位为 m，变化区间为[0,∞)，u_4 = trimf[Nan,0,1.5]，u_3 = trimf[0,1.5,3.5]，u_2 = trimf[1.5,3.5,10]，u_1 = trampf[3.5,10,30,∞]，节点 s_j 为：s_1=0 m；s_2=1.5 m；s_3=3.5 m；s_4=10 m。

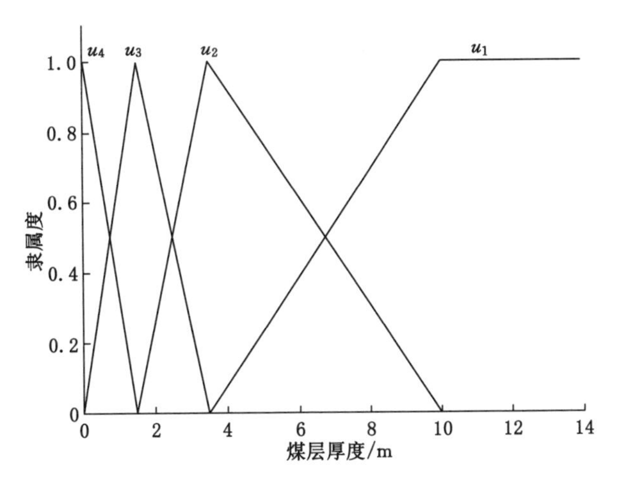

图 5-2 煤层厚度 X_9 的单指标测度函数

(3) 煤层倾角

煤层倾角较大时,特别是急倾斜煤层,由于采煤方法等原因往往造成采空区丢煤量较多,采空区封闭困难,采空区自燃危险程度较大。煤层倾角评价指标隶属度函数用"三角形分布"和"梯形分布"来刻画,隶属度函数图形如图 5-3 所示。其中自变量 x 为煤层倾角,单位为度,变化区间为[0,90],u_4=trimf[Nan,0,8],u_3=trimf[0,8,25],u_2=trimf[8,25,45],u_1=trampf[25,45,90,∞],节点 s_j 为:$s_1=0°$,$s_2=8°$,$s_3=25°$,$s_4=45°$。

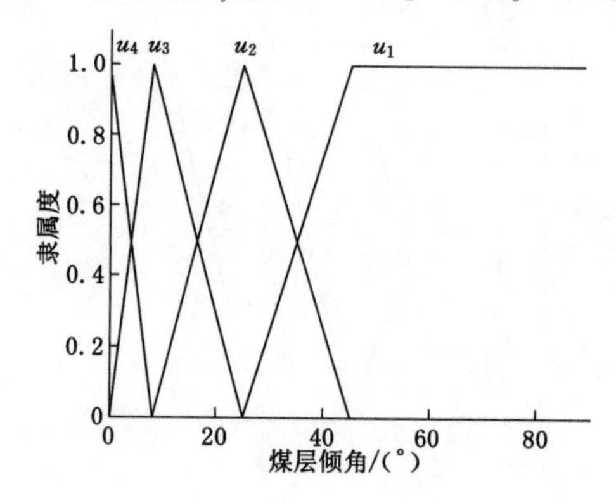

图 5-3 煤层倾角 X_{10} 的单指标测度函数

(4) 煤层埋深

煤层埋藏深度越大,煤体的原始温度越高,煤中所含水分越少,煤层开采自然发火危险性较大,但开采深度过小时又容易形成与地表的裂隙沟通,也会在采空区形成浮煤自燃。埋藏深度评价指标隶属度为"三角形分布"和"梯形分布",煤层埋藏深度评价指标隶属度函数图形如图 5-4 所示,其中 x 表示埋藏深度,单位为 m,其变化区间为[0,∞),u_4=trimf[100,200,300],u_3=trimf[200,300,500],u_2=trimf[300,500,700],u_1 为两段:trampf[Nan,0,100,200]和 trampf[500,700,1000,∞),节点 s_j 为:s_1=100 m;s_2=200 m;s_3=300 m;s_4=500 m;s_5=700 m。

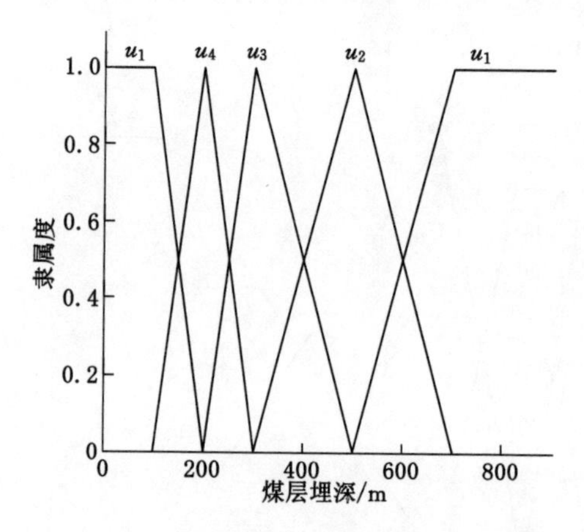

图 5-4 煤层埋深 X_{11} 的单指标测度函数

(5) 围岩温度

煤岩原始温度越高,采空区自燃危险性越大。围岩温度评价指标隶属度函数采用专家意见法确定，隶属度函数图形如图 5-5 所示，其中自变量 x 表示围岩温度，单位为℃。其变化区间为[0,∞)，u_4＝trampf[Nan,0,10,15]，u_3＝trimf[10,15,25]，u_2＝trimf[15,25,35]，u_1＝trampf[25,35,60,∞)，节点 s_i 为：s_1＝10 ℃；s_2＝15 ℃；s_3＝25 ℃；s_4＝35 ℃。

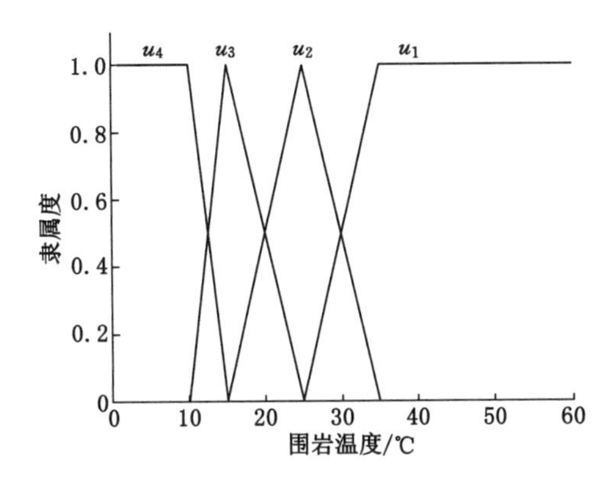

图 5-5　围岩温度 X_{12} 的单指标测度函数

(6) 工作面回采率

评价回采率对自燃危险性的影响，采用专家意见法确定其隶属度。隶属度函数图形如图 5-6 所示，其中自变量 x 表示采煤工作面回采率，变化区间为[0,1]，u_4＝trimf[0.95,1,Nan]，u_3＝trampf[0.9,0.95,0.98,1]，u_2＝trampf[0.65,0.8,0.9,0.95]，u_1＝trampf[Nan,0,0.65,0.8]，节点 s_i 为：s_1＝0.65；s_2＝0.8；s_3＝0.9；s_4＝0.95。

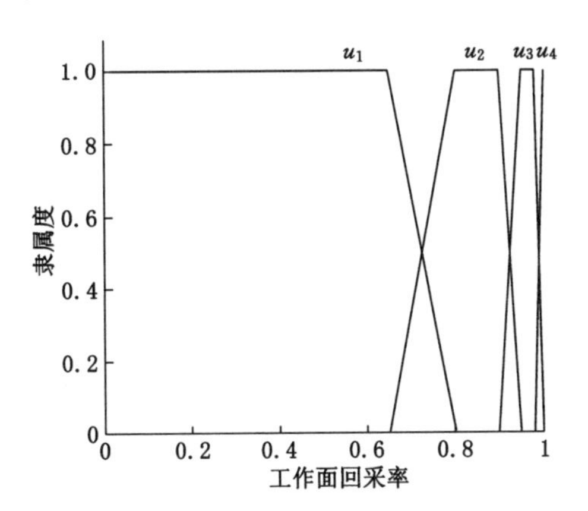

图 5-6　工作面回采率 X_{13} 的单指标测度函数

(7) 工作面日产量

工作面日产量评价指标隶属度函数采用专家意见法确定，隶属度函数图形如图 5-7 所示，其中自变量 x 表示采煤工作面日产量，单位为 t，其变化区间为[0,∞)，u_4＝trampf[Nan,0,600,1 400]，u_3＝trimf[600,1 400,2 200]，u_2＝trimf[1 400,2 200,3 000]，u_1＝trampf[2 200,3 000,5 000,∞)，节点 s_i 为：s_1＝600 t；s_2＝1 400 t；s_3＝2 200 t；s_4＝3 000 t。

(8) 工作面供风量

工作面供风量越大，漏风通路两端的风压差越大，漏风量越大。采煤工作面供风量在回采

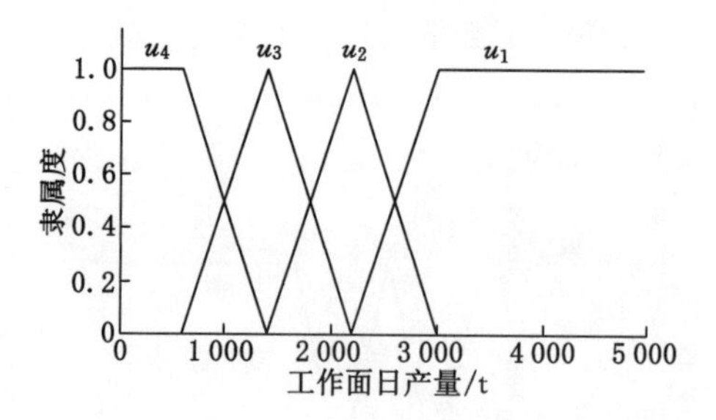

图 5-7 工作面日产量 X_{14} 的单指标测度函数

期间是一个变化的数值,评价过程中取回采过程中平均风量进行评价。工作面供风量评价指标隶属度函数采用专家意见法确定,隶属度函数图形如图 5-8 所示,其中自变量 x 表示采煤工作面供风量,单位为 m^3/min,其变化区间为[0,∞),u_4=trampf[Nan,0,900,1 500],u_3=trimf[900,1 500,2 000],u_2=trimf[1 500,2 000,2 550],u_1=trampf[2 000,2 550,3 500,∞),节点 s_i 为:s_1=900 m^3/min,s_2=1 500 m^3/min,s_3=2 000 m^3/min,s_4=2 550 m^3/min。

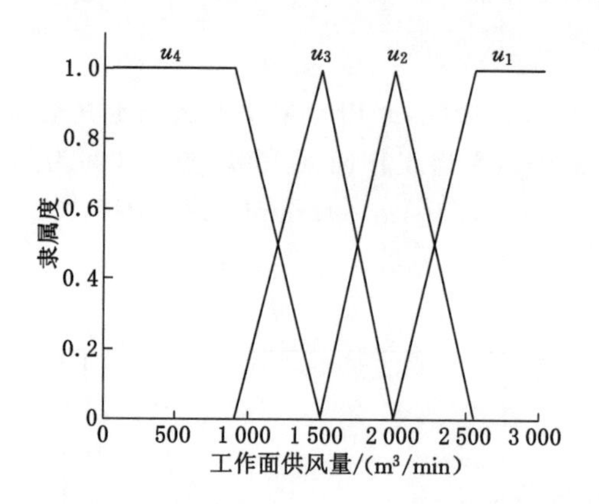

图 5-8 工作面供风量 X_{15} 的单指标测度函数

(9) 工作面推进速度

在回采过程中,采空区残留煤的氧化和瓦斯涌出稀释使氧浓度降低,同时因漏风流移动,氧气又得到补给,在采空区内形成了散热带、氧化带和窒息带。在采煤工作面生产过程中受工作面推进影响,采空区自燃"三带"呈动态变化。工作面推进速度在回采期间一般都是一个变化的数值,进行安全生产现状评价时取平均推进速度进行评价,评价指标隶属度函数采用专家意见法确定,隶属度函数图形如图 5-9 所示,其中自变量 x 表示采煤工作面平均推进速度,单位为 m/d,其变化区间为[0,∞),u_1=trampf[Nan,0,1,1.5],u_2=trimf[1,1.5,2.5],u_3=trimf[1.5,2.5,4.5],u_4=trampf[2.5,4.5,10,∞]。节点 s_i 为:s_1=1 m/d;s_2=1.5 m/d;s_3=2.5 m/d;s_4=4.5 m/d。

(10) 工作面倾向长度

当工作面倾向长度较长时,由于工作面上下隅角压差增大、工作面推进速度相对变慢,因此,工作面自然发火危险性增大;当工作面倾向长度较小时,由于煤壁对上覆岩层的支持作用,使得采空区矸石难以在较短时间内被压实,从而造成采空区漏风增大,自然带范围增大,自然发火危险性增加。根据专家意见建立工作面倾向长度的单指标测度函数如图 5-10

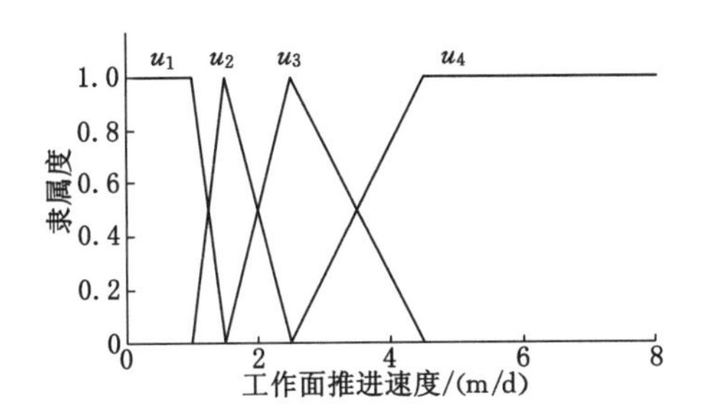

图 5-9　工作面推进速度 X_{16} 的单指标测度函数

所示，其中自变量 x 表示采煤工作面倾向长度，单位为 m，其变化区间为[0，∞)，u_4 = trimf[60，120，160]，u_3 = trimf[120，160，200]，u_2 = trimf[160，200，240]，u_1 为两段：trampf[Nan，0，60，120]和 trampf[200，240，400，∞)，节点 s_j 为：s_1 = 60 m；s_2 = 120 m；s_3 = 160 m；s_4 = 200 m；s_5 = 240 m。

（11）工作面涌水量

少量的水分会促进煤的自然发火，但当水分较多时又会抑制煤的自然发火，因此，根据调查，建立如图 5-11 所示的工作面涌水量的单指标测度函数，自变量 x 表示采煤工作面涌水量，单位为 m^3/h，其变化区间为[0，∞)，u_1 = trimf[Nan，0，5]，u_2 = trimf[0，5，25]，u_3 = trimf[5，25，50]，u_4 = trampf[25，50，100，∞]，节点 s_j 为：s_1 = 0 m^3/h，s_2 = 5 m^3/h，s_3 = 25 m^3/h，s_4 = 50 m^3/h。

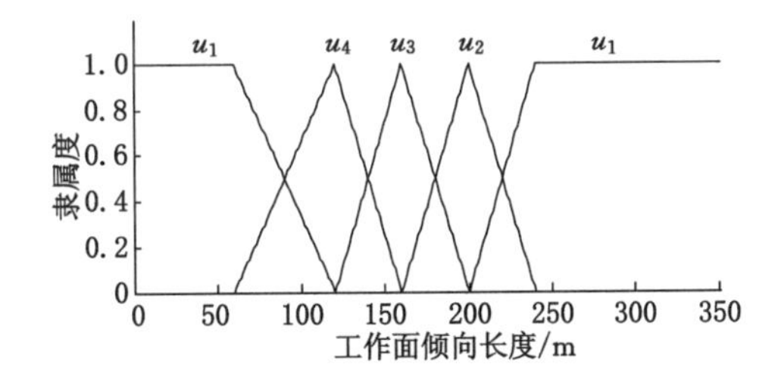

图 5-10　工作面倾向长度 X_{17} 的单指标测度函数

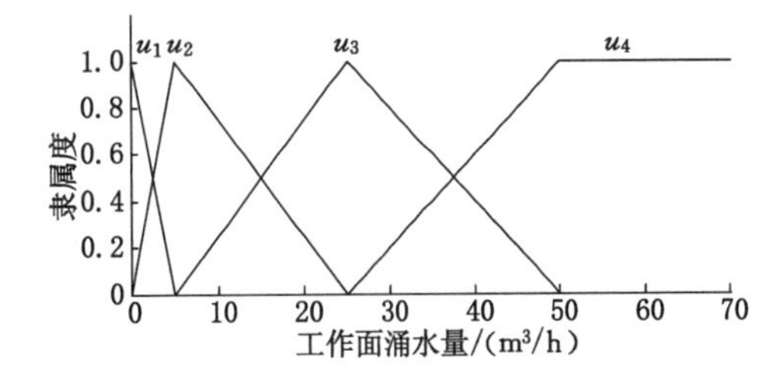

图 5-11　工作面涌水量 X_{18} 的单指标测度函数

（12）工作面瓦斯涌出量

瓦斯涌出量的大小对采空区氧浓度的变化有较大的影响，当工作面瓦斯涌出较大时，采空区浮煤会较快进入窒息带，从而阻止自然发火，因此，根据相关资料建立如图 5-12 所示的工作面瓦斯涌出量的单指标测度函数，其中自变量 x 表示采煤工作面瓦斯涌出量，单位为 m^3/min，其变化区间为[0，∞)，u_1 = trimf[Nan，0，5]，u_2 = trimf[0，5，20]，u_3 = trimf[5，20，40]，u_4 = trampf[20，40，80，∞]，节点 s_j 为：s_1 = 0 m^3/min，s_2 = 5 m^3/min，s_3 = 20 m^3/min，s_4 = 40 m^3/min。

（13）工作面进风流温度

工作面进风流温度也会影响工作面的自然发火，当进风流温度较高时，采空区浮煤开始氧化的起始温度较高，从而使得工作面易于自然发火。且工作面进风流受四季变化和岩层温度影响，根据相关资料建立如图 5-13 所示的工作面进风流温度的单指标测度函数，其中

自变量 x 表示采煤工作面进风流温度，单位为℃，其变化区间为[0,∞)，u_4=trampf[Nan,0,10,15]，u_3=trimf[10,15,20]，u_2=trimf[15,20,30]，u_1=trampf[20,30,45,∞]。节点 s_i 为：s_1=10 ℃；s_2=15 ℃；s_3=20 ℃；s_4=30 ℃。

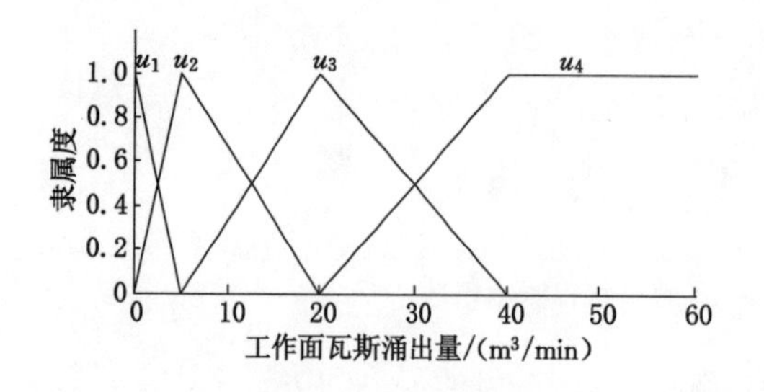

图 5-12　工作面瓦斯涌出量 X_{19} 的单指标测度函数

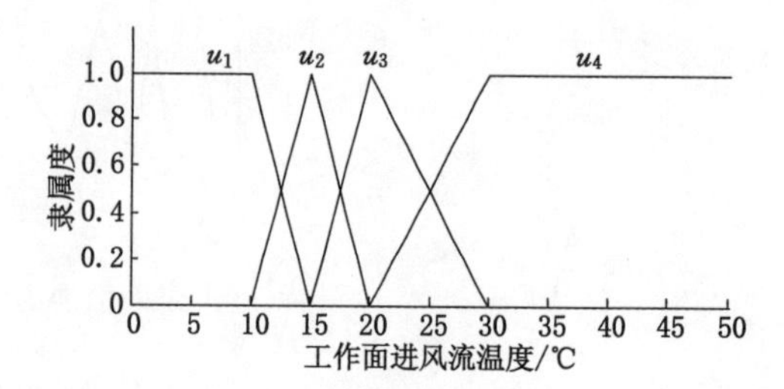

图 5-13　工作面进风流温度 X_{20} 的单指标测度函数

5.1.3　计算结果及分析

基于未确知测度理论模型，对梁宝寺矿 3418 采煤工作面的自然发火危险性进行研究。根据采煤工作面相关资料，得出 X_1、X_2、X_3、X_4、X_5、X_6、X_7、X_8、X_9、X_{10}、X_{11}、X_{12}、X_{13}、X_{14}、X_{15}、X_{16}、X_{17}、X_{18}、X_{19}、X_{20} 的赋值见表 5-2。根据 20 个影响因素的取值，分别代入图 5-1～图 5-13 的单指标测度函数中，由 Matlab 计算得出梁宝寺矿 3418 采煤工作面单指标评价矩阵见图 5-14。

表 5-2　　3418 采煤工作面自然发火危险性评价指标取值

定性指标			
评价指标	指标赋值	评价指标	指标赋值
煤层赋存地质构造 X_1	3	工作面瓦斯抽采强度 X_5	2.3
煤层顶底板围岩性质 X_2	4	工作面自然发火预报系统 X_6	3.5
工作面周围开采情况 X_3	1.7	工作面防灭火技术及措施 X_7	3.7
采空区垮落及充填情况 X_4	3.7	煤易发火性指标分级 X_8	1.5
定量指标			
评价指标	指标赋值	评价指标	指标赋值
煤层厚度 X_9	6.35 m	工作面供风量 X_{15}	920 m³/min
煤层倾角 X_{10}	8°	工作面推进度 X_{16}	5.4 m/d
煤层埋深 X_{11}	850 m	工作面倾向长度 X_{17}	100 m
围岩温度 X_{12}	22 ℃	工作面涌水量 X_{18}	30 m³/h
工作面回采率 X_{13}	93%	工作面瓦斯涌出量 X_{19}	3.45 m³/min
工作面日产量 X_{14}	4 026 t	工作面进风流温度 X_{20}	26 ℃

根据式(5-4)～式(5-7)确定综合测度评价向量，计算过程由 Matlab 来完成。求得梁宝寺矿 3418 采煤工作面多指标综合测度评价向量为：{0.211 3，0.178 4，0.288 4，0.321 9}。取 $\lambda=0.6$，按照式(5-8)的识别准则，由于 0.211 3+0.178 4+0.288 4=0.678 1>0.6，则可判断梁宝寺矿 3418 采煤工作面自然发火危险性等级为Ⅲ级，具体计算结果见表 5-3。

$$
(\mu_{1jk})_{20\times4}=\begin{bmatrix}
0 & 0 & 1 & 0\\
0 & 0 & 0 & 1\\
0.3 & 0.7 & 0 & 0\\
0 & 0 & 0.3 & 0.7\\
0 & 0.7 & 0.3 & 0\\
0 & 0 & 0.5 & 0.5\\
0 & 0 & 0.3 & 0.7\\
0 & 0 & 0.5 & 0.5\\
0.4231 & 0.5769 & 0 & 0\\
0 & 0 & 1 & 0\\
1 & 0 & 0 & 0\\
0 & 0.7 & 0.3 & 0\\
0 & 0.4 & 0.6 & 0\\
1 & 0 & 0 & 0\\
0 & 0 & 0.0333 & 0.9667\\
0 & 0 & 0 & 1\\
0.3333 & 0 & 0 & 0.6667\\
0 & 0 & 0.8 & 0.2\\
0.31 & 0.69 & 0 & 0\\
0.6 & 0.4 & 0 & 0
\end{bmatrix}
$$

图 5-14 试验工作面的单指标测度评价矩阵

表 5-3 **试验工作面自然发火危险性评价结果**

试验工作面	综合未确知测度				未确知测度法判别结果
	C_1	C_2	C_3	C_4	
梁宝寺煤矿 3418 采煤工作面	0.211 3	0.178 4	0.288 4	0.321 9	Ⅲ级

按照以上准则判断得出 3418 采煤工作面的自然发火危险性为Ⅲ级，即说明该工作面自然发火危险性处于一般危险水平以上的隶属度为 0.678 1。虽然工作面自然发火危险程度一般，但由于该工作面煤层厚度不均，局部采空区遗煤较多，如果工作面由于特殊情况降低推进速度或停止开采，加上部分断层对工作面开采影响较大，那么工作面将会面临较高的自然发火危险，因此，需要提高工作面自然发火预测预报及防灭火技术水平。

5.2 综放工作面采空区瓦斯抽采条件下易自燃区判定

为了对采空区瓦斯抽采条件下易发火区域进行正确的划分，选取梁宝寺煤矿瓦斯异常区域内的 3418 综放工作面作为研究对象，利用在工作面后部沿倾向全线布点观测采空区气体和温度变化规律的方式，再利用 Matlab 对数据分析，得到该工作面采空区气体浓度和温度的立体分布和等值线图，真实直观地反映采空区自燃“三带”的分布范围，利用气体浓度、温度分布和浮煤分布进行叠加，判定得出采空区内部的易自燃区域，判定结果可以为采空区易自燃区域的定向防控提供指导。

5.2.1 3418工作面概况

3418工作面位于－708 m水平，工作面标高处于－697.1～－871.6 m之间，该面位于工业广场西北约2 315 m。工作面正上方为桑科集村。地面上有7条农用供电线路和7条通信线在该面上方穿过。工作面走向2 113 m，倾向长度100 m；工作面开采煤层为$3(3_上)$煤层，此煤层为气煤，总厚度1.3～9.2 m，平均6.35 m，煤层厚度变化较大，煤层倾角4°～15°，平均8°，煤层普氏硬度系数$f=1.8$。3418工作面1#轨道胶带联巷西南144 m为$3_上$、$3_下$煤层分叉合并线，分叉合并线以东为$3_上$、$3_下$煤层合并区，煤层最厚9.2 m，分叉合并线以西为$3_上$、$3_下$煤层分叉区。

3418工作面处于梁宝寺煤矿的瓦斯异常区域，为保证上隅角及工作面不出现局部瓦斯超限的情况，对工作面实施了高位钻孔瓦斯抽采技术。高位钻孔布置参数如下：自工作面切眼以外50 m利用轨道胶带平巷钻机硐室设计首组高位钻孔，此后在综放段每隔50 m设计一组高位钻孔，每组2个钻孔。

(1) 钻孔参数

① 1号孔终孔位置为工作面溜头以下10 m，孔深70 m，孔径127 mm，并下60 m套管，终孔位置位于煤层顶板以上25～30 m；

② 2号孔终孔位置为溜头以下30 m，孔深70 m，孔径127 mm，并下60 m套管，终孔位置位于煤层顶板以上25～30 m。

(2) 抽采参数

① 抽采时间：一天24 h不间断抽采；

② 抽采压力不得低于12 kPa；

③ 流量不得低于80 m^3/min；

④ 瓦斯抽采出口两端封闭并设警标；

⑤ 瓦斯抽采泵选用2BEC-40型矿用移动式瓦斯抽采泵站，该泵工作额定压力为16 kPa，流量约为92 m^3/min，电机功率为110 kW。

5.2.2 易自燃危险区域判定理论

煤矿井下最易自燃的地点有2类：一是煤层巷道周围（尤其是顶煤）松散煤体[43]；二是采空区松散煤体。这两类松散煤体自燃环境差异较大。

对于巷道周围松散煤体，其一个表面处于空气对流散热，其他表面处于顶底板岩层和实体煤层传导散热，巷道煤体基本处于相对稳定的静态。而对采空区遗煤，当距工作面一定距离后，空气对流换热几乎可以忽略，以松散垮落顶板和底板岩层传导散热为主，生产期间，工作面处于动态，采空区遗煤自燃环境也处于动态。

5.2.2.1 采空区自燃危险区域判定理论[44-45]

判定采空区自燃危险区域除了要掌握实验测定的相关参数外，还需要掌握现场实际条件下采空区浮煤遗失情况、采空区漏风规律和工作面推进速度。在现场实测参数中，尤以采空区漏风强度的测定最为困难。

(1) 采空区浮煤自燃极限参数

根据能量守恒原理，采空区浮煤自燃氧化放热量大于顶底板散热和风流带走的热量之和时，才能使煤体自燃升温，从而导致自燃，即采空区浮煤氧化放热引起升温必须满足下式：

$$\mathrm{div}[\lambda_c \mathrm{grad}(T_m)] + q_0(T) - \mathrm{div}(n\rho_g c_g \vec{U} T_m) > 0 \tag{5-9}$$

式中　ρ_g——工作面风流密度，g/cm^3；

c_g——工作面风流的比热容，J/(g·℃)；

q_0(T)——实验测定煤的放热强度，$J/(cm^3 \cdot s)$；

λ_c——浮煤导热系数，J/(s·cm)；

$\vec{U}$——采空区内漏风速度，cm/s。

因此，采空区遗煤自燃必须要有足够的浮煤厚度，使浮煤氧化产生的热量得以积聚；要有足够的氧浓度能使浮煤产生足够的氧化热以提供煤体升温所需热能；漏风强度不能过大，以免产生的热量让风流带走。

① 采空区最小浮煤厚度

若把采空区浮煤看成是无限大平面通过岩体传导散热，漏风强度很小，认为是一维漏风，煤体内的温度近似认为均匀，氧浓度分布已知，则式(5-9)化为：

$$-\rho_g \cdot c_g \cdot \overline{Q} \cdot \frac{\partial T_m}{\partial x} + \lambda_c \frac{\partial^2 T_m}{\partial z^2} + q(\overline{T}_m) > 0 \tag{5-10}$$

其中：

$$\frac{\partial^2 T_m}{\partial z^2} \approx -\frac{2 \times (T_m - T_y)}{(h/2)^2}, \frac{\partial T_m}{\partial x} \approx \frac{T_m - T_g}{x}, \overline{T}_m = \frac{T_m + T_y}{2} \tag{5-11}$$

式中　h——浮煤体厚度，m；

T_m——煤体内温度，℃；

$\overline{T}_m$——煤体平均温度，℃；

T_y——岩层温度，℃；

T_g——风流温度，℃；

$q(T_m)$——温度 T_m、氧气浓度 c_{O_2} 时的氧化放热强度，$J/(cm^3 \cdot s)$；

x——采空区距工作面的距离，m。

把式(5-11)代入式(5-10)化简得煤体升温的浮煤厚度条件为：

$$h > \sqrt{\frac{8 \times (T_m - T_y) \cdot \lambda_c}{q(\overline{T}_m) - \rho_g \cdot c_g \cdot \overline{Q} \cdot (T_m - T_g)/x}} = h_{min} \tag{5-12}$$

即当浮煤厚度 $h \leqslant h_{min}$ 时，不能引起松散煤体自燃升温，h_{min} 为最小浮煤厚度。

从式(5-12)可以看出：h_{min} 随煤温、漏风强度、氧化放热强度、工作面的距离四个参数而变化。根据式(5-12)，可计算出不同煤体温度、放热强度和漏风量时的最小浮煤厚度。

② 采空区极限氧浓度

由过去研究可知，氧化放热强度 $q(T_m)$ 与氧浓度成正比，即：

$$q(T_m) = \frac{c_{O_2}}{c_{O_2}^0} q_0(T_m) \tag{5-13}$$

式中　$q(T_m)$——氧浓度为 c_{O_2} 时的放热强度；

$q_0(T_m)$——氧浓度为 $c_{O_2}^0$ 时的放热强度；

$c_{O_2}^0$ ——新鲜风流氧浓度，取 21%；

c_{O_2} ——实际氧浓度。

把式(5-13)代入式(5-9)得：

$$c_{O_2} > \frac{-c_{O_2}^0}{q_0(\overline{T}_m)}[\mathrm{div}(\lambda_c \mathrm{grad} T_m) - \mathrm{div}(\rho_g c_g \overline{Q} T_m)] = c_{min} \tag{5-14}$$

也就是当 $c \leqslant c_{min}$ 时煤体氧化产生的热量小于散发的热量，煤体不可能升温，c_{min} 为下限氧浓度。

对于采空区，可简化为无限大平板的一维传热，则式(5-14)可化为：

$$c_{min} = \frac{c_{O_2}^0}{q_0(\overline{T}_m)}\left[\frac{8 \times \lambda_c (T_m - T_y)}{h^2} + \rho_g c_g \overline{Q} \frac{2 \times (T_m - T_g)}{x}\right]$$

从上式可以看出，c_{min} 随煤温、漏风强度、工作面距离和浮煤厚度 4 个参数变化。

③ 采空区极限漏风强度

当采空区浮煤厚度大于 h_{min}，又有足够的氧浓度，且风流为一维流动、流速是个常数时，则式(5-9)化为：

$$\lambda_c \frac{\partial^2 T_m}{\partial z^2} + q(\overline{T}_m) - n\rho_g c_g U \frac{\partial T_m}{\partial x} > 0 \tag{5-15}$$

即

$$U < \frac{q(\overline{T}_m)}{n\rho_g c_g \frac{\partial T_m}{\partial x}} + \frac{\lambda_c \frac{\partial^2 T_m}{\partial z^2}}{n\rho_g c_g \frac{\partial T_m}{\partial x}} = U_{max} \tag{5-16}$$

因

$$\overline{Q} = U \cdot n$$

则

$$\overline{Q} < \frac{q(\overline{T}_m)}{\rho_g c_g \frac{\partial T_m}{\partial x}} + \frac{\lambda_c \frac{\partial^2 T_m}{\partial z^2}}{\rho_g c_g \frac{\partial T_m}{\partial x}} = \overline{Q}_{max} \tag{5-17}$$

即

$$\overline{Q}_{max} = x \cdot \frac{q(\overline{T}_m) - 8\lambda_c(T_m - T_y)/h^2}{\rho_g \cdot c_g \cdot (T_m - T_g)} \tag{5-18}$$

即当漏风强度 $\overline{Q} \geqslant \overline{Q}_{max}$ 时，煤体就不可能自燃升温，称 $\overline{Q}_{max}$ 为极限漏风强度。从式(5-18)可以看出，$\overline{Q}_{max}$ 随煤温、工作面距离、放热强度、浮煤厚度 4 个参数变化。

(2) 采空区遗煤自燃“三带”划分及危险区域判定条件

采空区遗煤与氧复合放出热量，该热量积聚引起松散煤体升温。煤氧复合的放热反应与氧浓度有关，热量积聚与漏风强度有关，与松散煤体厚度有关，并且在常温下煤氧复合速度慢、放热强度小。因此采空区遗煤自燃，大体可划分为三个带，即散热带、氧化升温带和窒息带[46]。这三个带在生产工作面呈动态变化，主要受工作面推进速度影响。在氧化升温带中，根据工作面推进速度、遗煤厚度和最短自然发火期又可划分为两个区域，即氧化升温区域和自燃危险区域。

① 采空区自燃“三带”划分指标

散热带很显然是属于松散煤体氧化放热量难以积聚的区域，根据式(5-12)和式(5-17)得知，散热带为$(h \leqslant h_{min}) \cup (\overline{Q} \geqslant \overline{Q}_{max})$，即采空区遗煤厚度小于极限遗煤厚度或漏风强度大于极限漏风强度的区域是散热带。

窒息带是由于氧含量很低，松散煤体氧化放出的热量受氧含量的影响而偏少，造成热量难以积聚的区域，根据式(5-14)得知窒息带为$(c_{O_2} \leqslant c_{min})$，即采空区氧浓度小于极限氧浓度的区域是窒息带。

氧化升温带是采空区遗煤氧化放出的热量大于散发热量的区域，根据式(5-12)、式(5-14)、式(5-17)得知，氧化升温带为$(h > h_{min}) \cap (c_{O_2} > c_{min}) \cap (\overline{Q} < \overline{Q}_{max})$，即采空区遗煤厚度大于极限厚度，且氧浓度大于极限浓度和漏风强度小于极限漏风强度的区域是氧化升温带。

② 自燃危险区域判定条件

在实际条件下，采空区遗煤自燃的必要条件为：

$$(h > h_{min}) \cap (c_{O_2} > c_{min}) \cap (\overline{Q} < \overline{Q}_{max}) \tag{5-19}$$

也就是说采空区中只有满足式(5-19)的区域方有可能发生自燃。但由于工作面的推进，采空区某固定点的实际条件是在发生变化的，故式(5-19)是自燃的必要条件，不是充分条件。采空区大量的浮煤由于漏风状态、氧浓度分布状态和煤体温度的变化，自燃条件也发生变化，因而采空区的高温区域是一个动态变化的区域。

满足式(5-19)的区域浮煤要自燃还需具备有足够的时间维持该区域的条件不变，即维持时间必须达到：

$$\tau > \tau_{min} \tag{5-20}$$

式中　τ_{min}——浮煤的最短发火期，d。

也就是说工作面的推进速度v小于工作面散热带到采空区窒息带的最大距离$L_{max} = \max\{L\}$和浮煤最短自然发火期τ_{min}之商时，就有可能发生自燃，即：

$$v < v_{min} = \frac{L_{max}}{\tau_{min}} \tag{5-21}$$

式中　v_{min}——工作面极限推进速度，m/d；

L_{max}——工作面氧化升温带最大宽度，m。

因此，引起采空区遗煤自燃的充要条件是：

$$(h > h_{min}) \cap (c_{O_2} > c_{min}) \cap (\overline{Q} < \overline{Q}_{max}) \cap (v < v_{min}) \tag{5-22}$$

(3) 采空区自燃危险区域划分

采空区自燃危险区域的划分方法和步骤为：

① 根据实际条件，确定出采空区浮煤厚度分布等值线平面图和剖面图。

② 根据采空区氧浓度变化规律，绘出采空区漏风强度和氧浓度分布等值线平面图。

③ 根据式(5-12)、式(5-14)、式(5-18)，采用现场实测的T_y、T_g和实验测定的$q_0(T_m)$值和漏风强度等，计算出不同浮煤厚度、不同煤温T_m和不同距离x时的三维极值$h_{min}(T_i, \overline{Q}_j, x_k)$，$C_{min}(T_i, h_n, x_k, \overline{Q}_j)$，$\overline{Q}_{max}(T_i, h_n, x_k)$值，根据计算出的三维值取其某一温度的极值，即：

$$\left.\begin{array}{l}h_{\min}(\overline{Q},x)=\max\left[h_{\min}(T_1,x_1,\overline{Q}_1),h_{\min}(T_2,x_2,\overline{Q}_2),\cdots,\right.\\ \qquad\qquad \left.h_{\min}(T_i,x_i,\overline{Q}_i),\cdots\right]\\ c_{\min}(h,x,\overline{Q})=\max\left[c_{\min}(T_1,x_1,h_1,\overline{Q}_1),c_{\min}(T_2,x_2,h_2,\overline{Q}_2),\right.\\ \qquad\qquad \left.\cdots,c_{\min}(T_i,x_i,h_i,\overline{Q}_i),\cdots\right]\\ \overline{Q}_{\max}(h,x)=\min\left[\overline{Q}_{\max}(T_1,x_1,h_1),\overline{Q}_{\max}(T_2,x_2,h_2),\right.\\ \qquad\qquad \left.\cdots,\overline{Q}_{\max}(T_i,x_i,h_i),\cdots\right]\end{array}\right\} \tag{5-23}$$

④ 把采空区浮煤厚度等值线平面图、氧浓度分布等值线平面图和漏风强度分布等值线平面图绘在一起，根据式(5-23)把 $h_{\min}(\overline{Q},x)$、$c_{\min}(h,x,\overline{Q})$、$\overline{Q}_{\max}(h,x)$ 在图上标出，连成曲线，如此即可知采空区散热区、氧化升温区和窒息区三大区域，并可得到氧化升温区的宽度 L_x。

⑤ 根据采空区氧化升温区的宽度 L_x 得出最大氧化升温区宽度 $L_{\max}=\max\{L\}$，并按式(5-21)计算出工作面极限推进速度 $v_{\min}$，然后根据实际推进速度 v 是否大于极限推进速度 $v_{\min}$ 确定采空区是否有自燃危险性。

5.2.2.2 巷道周围煤体自燃危险区域判定理论[44]

巷道煤层自燃分为两部分，一部分是巷道煤柱和沿空侧相邻采空区自燃，另一部分是巷道顶煤自燃。这两部分由于漏风规律和散热条件不同，自然发火规律也不完全相同。巷道煤层自燃与松散煤体厚度、对流散热强度、煤体当量粒径、氧的渗透量有关。从单个参数考虑，要引起煤自燃都有一个极限条件，超出该极限范围煤体不可能自燃。巷道顶煤和煤柱由于漏风供氧条件和散热条件不同，极限参数的计算方法也不同。

(1) 巷道顶煤自燃极限参数

① 顶煤自燃所需的最小浮煤厚度

由于巷道顶煤与顶板离层，中间有一空气层，故可近似认为顶板都为绝热层，顶煤产生的热量仅能通过表层被巷道风流对流换热被带走。若近似认为巷道顶煤内部温度均匀，则顶煤热量积聚的条件为：

$$Q_{放}=q_0(\overline{T}_m,\overline{d})\cdot h\cdot S>\alpha(\overline{T}_m-T_g)\cdot S=Q_{散} \tag{5-24}$$

式中 $\overline{T}_m$，T_g——顶煤和巷道风流的平均温度，℃；

S——风流与煤壁接触面积，cm^2；

h——松散顶煤厚度，cm；

α——巷道表面对流换热系数；

q_0——煤体放热强度。

$$h_{\min}=\frac{\alpha\cdot(\overline{T}_m-T_g)}{q_0(\overline{T}_m,\overline{d})} \tag{5-25}$$

只有当顶煤厚度 $h>h_{\min}$ 时才有可能引起顶煤自燃。

② 引起巷道顶煤自燃的最小氧浓度

巷道顶煤实际放热强度与氧浓度成正比：

$$q(\overline{T}_m,c_{O_2})=\frac{c_{O_2}}{c_{O_2}^0}q_0(\overline{T}_m)$$

当放热量大于散热量时，顶煤有可能自燃，即：

$$q(\overline{T}_{m},c_{O_2})=\frac{c_{O_2}}{c_{O_2}^{0}}q_0(\overline{T}_{m})\cdot h\cdot S>\alpha(\overline{T}_{m}-T_{g})\cdot S \tag{5-26}$$

式中 c_{O_2}——顶煤内的一个平均氧浓度，$c_{O_2}\approx\frac{c_{O_2}^{0}+c_{O_2}^{h}}{2}$；

$c_{O_2}^{h}$——顶煤在高度 h 处的氧浓度；

$c_{O_2}^{0}$——新鲜空气中的氧气浓度。

则式(5-26)又可化为：

$$c_{O_2}^{h}>(2c_{\min}-c_{O_2}^{0})=c_{O_2}^{0}\cdot\left[1-\frac{2\cdot\alpha(\overline{T}_{m}-T_{g})}{q_0(\overline{T}_{m})\cdot h}\right] \tag{5-27}$$

由式(5-27)可知，下限氧浓度既与煤的氧化放热性有关，也与煤的堆积厚度、煤体周围散热条件以及煤(岩)体温度有关。在现场实际条件下，煤的堆积厚度、煤体周围散热条件以及煤(岩)体温度基本呈定值，故下限氧浓度一般为可知的极限参数。

若下限氧浓度计算值大于21%，则松散煤体不会自燃。通常煤体厚度增加，下限氧浓度值将迅速降低。

③ 松散顶煤的最大当量粒径

煤体破碎程度关系单位煤体外表面积总量，直接影响煤氧复合速度与放热强度。由于松散煤体分布的非均匀性，很难进行理论描述，故采用当量粒径近似反映破碎程度。

根据实验研究，近似认为当量粒径与放热强度呈对数关系，即：

$$\frac{q_1}{q_2}=a-b\ln\frac{\overline{d}_1}{\overline{d}_2}\quad(a,b>0) \tag{5-28}$$

则

$$q=q_0(\overline{T}_{m})\left(a-b\ln\frac{\overline{d}}{\overline{d}_0}\right) \tag{5-29}$$

当放热量大于散热量时，顶煤有可能自燃，即：

$$q_0(\overline{T}_{m})\cdot\left(a-b\ln\frac{\overline{d}}{\overline{d}_0}\right)\cdot h\cdot S>\alpha\cdot(\overline{T}_{m}-T_{g})\cdot S \tag{5-30}$$

则

$$\overline{d}<\overline{d}_0\cdot\exp\left\{\frac{a}{b}-\frac{\alpha\cdot(\overline{T}_{m}-T_{g})}{b\cdot q_0(\overline{T}_{m})\cdot h}\right\}=\overline{d}_{\max} \tag{5-31}$$

式中 $\overline{d}$,$\overline{d}_0$——实际当量粒径和实验当量粒径，cm；

a,b——粒度对放热强度的影响系数，由实验测定。

(2) 巷道煤柱或沿空侧相邻采空区遗煤自燃极限参数

巷道煤柱和沿空侧相邻采空区自燃规律类似于停止推进的工作面采空区遗煤自燃。因此，巷道煤柱或沿空侧相邻采空区遗煤自燃的极限参数为：

最小浮煤厚度：

$$h_{\min}=\sqrt{\frac{8\times(T_{m}-T_{y})\lambda_{c}}{q_0(\overline{T}_{m})-\rho_{g}c_{g}\overline{Q}(T_{m}-T_{g})/x}} \tag{5-32}$$

下限氧浓度：

$$c_{\min}=\frac{c_{O_2}^{0}}{q_0(\overline{T}_{m})}\left[\frac{8\times\lambda_{c}(T_{m}-T_{y})}{h^2}+\rho_{g}c_{g}\overline{Q}\cdot\frac{(T_{m}-T_{y})}{x}\right] \tag{5-33}$$

上限当量粒径：

$$\overline{d}_{\max} = \overline{d}_0 \cdot \exp\left\{\frac{a}{b} - \frac{\operatorname{div}(\rho_g c_g \overline{Q} \cdot T_m) - \operatorname{div}[\lambda_c \cdot \operatorname{grad}(T_m)]}{bq_0(\overline{T}_m)}\right\} \tag{5-34}$$

实际漏风强度：

$$\overline{Q} = \frac{V_{O_2}^0(\overline{T}_m) \cdot (x_1 - x_2)}{c_{O_2} \cdot \ln\left(\frac{c_{O_2}^1}{c_{O_2}^2}\right)} \tag{5-35}$$

式中　T_y——岩层原始温度，℃；

x——煤层距巷道边的距离，m。

综合以上巷道自燃极限参数分析，可以得知巷道煤层自燃的必要条件是：

$$(h > h_{\min}) \cap (c_{O_2} > c_{\min}) \cap (\overline{d} < \overline{d}_{\max}) \tag{5-36}$$

式(5-36)中对于给定巷道，煤体破碎情况、空隙率都是定数，则氧浓度 c 反映出煤壁或顶煤的漏风强度、当量粒径 $\overline{d}$ 反映出煤壁或顶煤的破碎程度。也就是说，巷道煤层自燃的必要条件是煤体足够破碎、漏风供氧条件良好、松散煤体堆积厚度足够，即只有 3 个条件同时具备的地方才可能发生煤体自燃。

巷道煤层自燃危险区域划分：

① 不自燃区域

根据式(5-36)得知，不自燃区域显然满足下式：

$$(h \leqslant h_{\min}) \cup (\overline{d} \geqslant \overline{d}_{\max}) \cup (c_{O_2} \leqslant c_{\min}) \tag{5-37}$$

② 可能自燃的浮煤厚度

从式(5-24)的推导过程可以看出，推算时没有考虑氧浓度的影响，认为氧浓度在顶煤内任一点均匀，且为 $c_{O_2}^0$，也没有考虑漏风流的热焓变化及松散煤体间的传导散热。通常根据现场测定，顶煤内平均氧浓度为 16%～20%，沿空侧平均氧浓度为 8%～20%。传导散热量与松散煤体厚度有关，厚度越大，传导散热量越小。通常浮煤厚度大于 $h_{\min}$ 时，沿空侧浮煤顶底板传导散热量占放热量的 40%～80%，顶煤传导散热量占 20%～60%。漏风流的焓变带走热量占放热量的比例通常较小，占 10%～20%。因此，综合考虑氧浓度对放热量的影响，传导散热和风流焓变带走热量，可以认为，当浮煤厚度 $h_{\min} < h \leqslant (1.5 \sim 2) h_{\min}$ 有可能自燃，$(1.5 \sim 2) h_{\min} < h \leqslant (2 \sim 2.5) h_{\min}$ 易自燃，$h \geqslant (2 \sim 2.5) h_{\min}$ 极易自燃。

③ 可能自燃的煤体破碎程度

虽然煤体破碎程度不同，煤的耗氧速率和放热强度不同，但煤体破碎程度在现场又很难量化。煤体破碎程度在现场仅能用非常破碎、破碎和不破碎三个模糊概念来表述。像断层带、构造带、采空区浮煤，通常认为是非常破碎，空隙率也大，漏风性好($\overline{d} \ll \overline{d}_{\max}$)；像煤壁、煤柱完整地带，则认为不破碎($\overline{d} \gg \overline{d}_{\max}$)；其他地点属于破碎区，破碎区应有明显能观察到的松散体和破碎特征。

④ 自燃区域分类

根据巷道煤层自燃危险区域判定条件和可能自燃的浮煤厚度及煤体破碎程度，可以得出可能自燃、易自燃和极易自燃 3 个区的划分依据。

可能自燃：

$$(c_{O_2} > c_{\min}) \cap [h_{\min} < h \leqslant (1.5 \sim 2) h_{\min}] \cap (\overline{d} < \overline{d}_{\max}) \tag{5-38}$$

易自燃：

$$(c_{O_2} > c_{min}) \cap [(1.5 \sim 2)h_{min} < h \leqslant (2 \sim 2.5)h_{min}] \cap (\bar{d} < \bar{d}_{max}) \tag{5-39}$$

极易自燃：

$$(c_{O_2} > c_{min}) \cap [h > (2 \sim 2.5)h_{min}] \cap (\bar{d} < \bar{d}_{max}) \tag{5-40}$$

5.2.3 综放工作面自燃“三带”观测试验

(1) 采空区自燃“三带”的划分标准

采空区自燃“三带”的正确划分能够为煤自燃防治工作的开展提供重要参考，但对于如何划分采空区的自燃“三带”，目前尚无统一的指标参数。当前煤矿现场常用的划分方法主要是氧浓度划分法，根据有关资料和《煤矿安全规程》的规定，采用的划分依据一般为：散热带的氧气浓度：>18%；自燃带的氧气浓度：8%～18%；窒息带的氧气浓度：<8%。大量试验表明，采空区氧浓度易于观测，且能代表煤炭自燃的环境，因此，采用氧浓度法是十分合适的。

(2) “三带”观测测点布置方式

相对于综采工作面，综放工作面采空区中部浮煤也较多，这造成采空区中部也易自然发火，尤其当遇到断层时更易发生自燃火灾，因此，本次采空区自燃“三带”观测选取沿工作面倾向埋设 4 个测气与测温点进行观测。测点布置如图 5-15 所示，测点间距 33 m，测点处用锚固剂进行密封固定，束管和测温导线用 2 寸钢管保护，轨道平巷内钢管长度为 200 m。

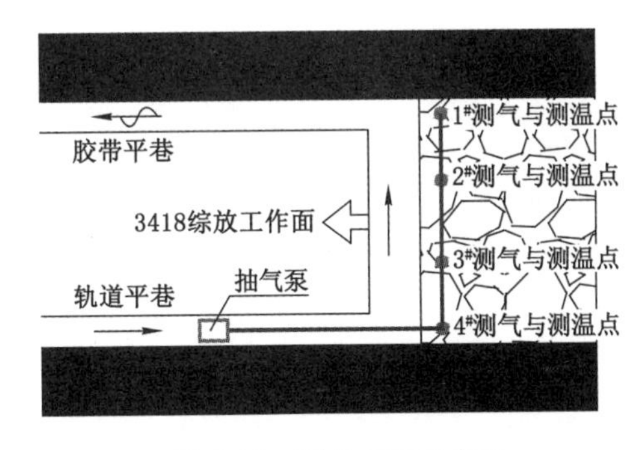

图 5-15 测点布置示意图

5.2.4 观测结果及数据分析

(1) 试验观测结果

通过近一个月的观测，采空区自燃“三带”观测数据和推进度、时间之间的关系见表 5-4～表 5-8。

表 5-4 1# 测点气体观测数据

时间	推进距离/m	1# 测点气体分析成分/%					
		O_2	N_2	CO	CO_2	CH_4	C_2H_6
8 月 16 日	4.5	19.245 7	79.511 5	0.004 5	0.103 6	1.134 7	0
8 月 17 日	9.8	18.542 6	80.048 7	0.006 7	0.158 2	1.243 8	0
8 月 18 日	15.8	17.577 6	80.640 3	0.008 3	0.176 6	1.597 2	0
8 月 19 日	21.8	17.487 1	80.751 5	0.008 2	0.199 9	1.553 0	0.000 3
8 月 20 日	27.8	15.592 2	82.401 8	0.009 9	0.240 4	1.755 3	0.000 4

续表 5-4

时间	推进距离/m	1# 测点气体分析成分/%					
		O_2	N_2	CO	CO_2	CH_4	C_2H_6
8月21日	33.8	15.239 7	82.647 7	0.012 5	0.288 5	1.811 0	0.000 6
8月22日	39.8	14.594 2	82.657 0	0.016 0	0.324 8	2.406 8	0.001 2
8月23日	45.8	12.555 1	84.512 8	0.019 1	0.441 2	2.470 2	0.001 6
8月24日	51.8	11.564 9	85.095 4	0.011 5	0.480 2	2.846 3	0.001 7
8月25日	55.5	11.558 8	85.145 5	0.011 7	0.558 4	2.723 7	0.001 9
8月26日	60.0	10.704 9	85.066 6	0.012 9	0.639 3	3.574 0	0.002 3
8月27日	65.3	10.348 6	85.188 2	0.014 6	0.637 7	3.809 0	0.001 9
8月28日	70.5	9.888 4	85.548 6	0.015 9	0.790 6	3.754 4	0.002 1
8月29日	76.5	9.054 7	86.163 3	0.013 1	0.851 5	3.915 6	0.001 8
8月30日	82.9	8.122 8	86.335 7	0.011 9	0.839 7	4.687 9	0.002 0
8月31日	88.5	7.209 9	87.161 6	0.010 8	0.867 7	4.748 4	0.001 6
9月1日	94.9	6.884 6	87.556 9	0.009 1	0.893 1	4.654 5	0.001 8
9月2日	100.5	6.524 6	87.694 5	0.008 5	0.946 6	4.824 1	0.001 7
9月3日	106.9	5.510 6	88.478 2	0.008 0	0.936 3	5.065 4	0.001 5
9月4日	113.3	4.835 0	89.042 7	0.007 2	0.976 9	5.136 6	0.001 6
9月5日	118.5	4.245 2	89.520 2	0.006 6	1.029 4	5.197 4	0.001 2
9月6日	123.8	4.035 3	89.032 4	0.005 8	1.164 4	5.760 6	0.001 5
9月7日	128.3	3.725 0	89.158 6	0.005 1	1.163 9	5.946 3	0.001 1
9月8日	132.8	3.233 9	89.523 4	0.004 7	1.201 7	6.035 4	0.000 9
9月9日	138.0	2.624 6	89.329 4	0.004 5	1.372 8	6.668 0	0.000 7
9月10日	144.0	2.580 6	89.347 1	0.004 2	1.341 2	6.726 4	0.000 5

表 5-5　　2# 测点气体观测数据

时间	推进距离/m	2# 测点气体分析成分/%					
		O_2	N_2	CO	CO_2	CH_4	C_2H_6
8月16日	4.5	19.184 8	79.231 4	0.005 8	0.132 1	1.445 9	0
8月17日	9.8	18.369 1	79.614 4	0.007 6	0.158 9	1.849 1	0.000 9
8月18日	15.8	17.113 4	80.901 1	0.009 3	0.174 0	1.800 3	0.001 9
8月19日	21.8	16.551 7	81.381 6	0.008 3	0.204 6	1.852 7	0.001 1
8月20日	27.8	15.311 6	82.466 7	0.010 7	0.281 1	1.929 4	0.000 5
8月21日	33.8	14.534 5	83.584 0	0.008 4	0.267 3	1.605 1	0.000 7
8月22日	39.8	13.781 4	83.425 7	0.008 3	0.337 7	2.445 6	0.001 3
8月23日	45.8	13.398 7	84.470 8	0.006 6	0.337 3	1.786 2	0.000 4
8月24日	51.8	12.656 4	84.528 2	0.006 7	0.299 6	2.508 5	0.000 6
8月25日	55.5	12.001 3	84.844 3	0.005 7	0.349 9	2.798 0	0.000 8

续表 5-5

时间	推进距离/m	2# 测点气体分析成分/%					
		O_2	N_2	CO	CO_2	CH_4	C_2H_6
8 月 26 日	60.0	11.213 6	84.797 3	0.005 5	0.385 7	3.597 0	0.000 9
8 月 27 日	65.3	9.779 0	85.532 8	0.008 0	0.557 6	4.120 5	0.002 1
8 月 28 日	70.5	8.762 4	86.614 0	0.006 4	0.806 5	3.809 6	0.001 1
8 月 29 日	76.5	7.894 3	87.127 1	0.007 2	0.948 1	4.021 8	0.001 5
8 月 30 日	82.9	6.017 0	88.910 2	0.005 6	0.945 9	4.119 9	0.001 4
8 月 31 日	88.5	5.612 7	89.052 1	0.005 0	1.163 4	4.164 7	0.002 1
9 月 1 日	94.9	5.281 3	88.773 7	0.005 6	1.320 4	4.616 7	0.002 3
9 月 2 日	100.5	5.321 9	88.791 9	0.005 3	1.246 7	4.631 5	0.002 7
9 月 3 日	106.9	4.681 1	88.677 6	0.004 5	1.215 4	5.418 3	0.003 1
9 月 4 日	113.3	4.201 9	89.387 1	0.004 4	1.334 3	5.068 9	0.003 4
9 月 5 日	118.5	3.512 4	89.285 6	0.004 0	1.474 9	5.718 3	0.004 8
9 月 6 日	123.8	3.363 8	89.063 9	0.002 5	1.380 6	6.181 5	0.007 7
9 月 7 日	128.3	3.044 4	88.952 2	0.001 9	1.375 5	6.625 0	0.001 0
9 月 8 日	132.8	2.700 1	89.049 7	0.002 3	1.466 0	6.780 9	0.001 0
9 月 9 日	138.0	2.417 9	89.526 9	0.001 9	1.494 2	6.557 9	0.001 2
9 月 10 日	144.0	2.217 9	89.641 1	0.002 2	1.436 8	6.700 2	0.001 8

表 5-6　　3# 测点气体观测数据

时间	推进距离/m	3# 测点气体分析成分/%					
		O_2	N_2	CO	CO_2	CH_4	C_2H_6
8 月 16 日	4.5	18.482 1	79.612 2	0.009 7	0.213 9	1.681 4	0.000 7
8 月 17 日	9.8	16.673 8	80.783 0	0.014 7	0.294 8	2.232 4	0.001 3
8 月 18 日	15.8	14.902 9	81.780 8	0.023 9	0.321 4	2.968 2	0.002 8
8 月 19 日	21.8	14.167 0	82.816 0	0.015 3	0.354 9	2.646 3	0.000 5
8 月 20 日	27.8	13.437 5	83.290 1	0.016 2	0.391 5	2.864 1	0.000 6
8 月 21 日	33.8	12.655 2	83.400 6	0.016 6	0.418 0	3.508 6	0.001 0
8 月 22 日	39.8	11.577 1	84.850 5	0.017 2	0.491 3	3.062 2	0.001 7
8 月 23 日	45.8	9.836 5	85.797 5	0.014 8	0.533 9	3.816 7	0.000 6
8 月 24 日	51.8	8.562 1	87.323 6	0.015 8	0.557 3	3.540 1	0.001 1
8 月 25 日	55.5	7.561 9	88.365 2	0.011 1	0.671 9	3.388 2	0.001 7
8 月 26 日	60.0	7.016 9	88.469 5	0.008 2	0.731 4	3.771 7	0.002 3
8 月 27 日	65.3	6.970 9	89.087 4	0.008 8	0.865 7	3.065 7	0.001 5
8 月 28 日	70.5	6.405 3	89.555 7	0.004 9	0.930 5	3.101 2	0.002 4
8 月 29 日	76.5	5.654 9	89.651 7	0.005 3	1.009 2	3.677 1	0.001 8
8 月 30 日	82.9	4.883 0	90.970 7	0.004 9	0.967 7	3.171 7	0.002 0

续表 5-6

时间	推进距离/m	3# 测点气体分析成分/%					
		O_2	N_2	CO	CO_2	CH_4	C_2H_6
8 月 31 日	88.5	4.614 0	91.116 8	0.003 8	1.102 9	3.159 7	0.002 8
9 月 1 日	94.9	4.229 4	90.818 4	0.004 1	1.247 0	3.698 5	0.002 6
9 月 2 日	100.5	3.923 9	90.920 3	0.004 9	1.161 9	3.985 7	0.003 3
9 月 3 日	106.9	3.878 2	91.050 9	0.005 6	1.184 3	3.878 4	0.002 6
9 月 4 日	113.3	2.940 0	91.006 4	0.003 8	1.308 3	4.736 9	0.004 6
9 月 5 日	118.5	2.634 9	91.015 6	0.003 3	1.426 8	4.912 7	0.006 7
9 月 6 日	123.8	2.313 7	91.101 9	0.002 5	1.344 9	5.227 9	0.009 1
9 月 7 日	128.3	2.469 0	91.068 4	0.002 1	1.444 5	5.014 7	0.001 3
9 月 8 日	132.8	2.073 5	90.685 8	0.001 9	1.454 3	5.783 1	0.001 4
9 月 9 日	138.0	2.151 7	90.347 0	0.001 7	1.470 7	6.024 1	0.004 8
9 月 10 日	144.0	2.054 9	90.212 8	0.002 4	1.578 2	6.145 9	0.005 8

表 5-7　　4# 测点气体观测数据

时间	推进距离/m	4# 测点气体分析成分/%					
		O_2	N_2	CO	CO_2	CH_4	C_2H_6
8 月 16 日	4.5	20.343 8	79.029 7	0	0.043 6	0.582 9	0
8 月 17 日	9.8	19.583 1	79.416 5	0.000 1	0.053 1	0.947 2	0
8 月 18 日	15.8	19.822 2	79.029 3	0.000 8	0.063 7	1.084 0	0
8 月 19 日	21.8	18.148 8	80.532 0	0.000 6	0.063 6	1.255 0	0
8 月 20 日	27.8	17.700 2	80.322 5	0.001 2	0.048 5	1.927 6	0
8 月 21 日	33.8	16.858 1	79.530 2	0.000 9	0.198 8	3.412 0	0
8 月 22 日	39.8	16.271 3	79.420 2	0.001 1	0.424 3	3.882 7	0.000 4
8 月 23 日	45.8	15.939 5	80.563 8	0.001 7	0.660 6	2.834 3	0.000 1
8 月 24 日	51.8	14.724 1	80.944 6	0.001 4	0.812 3	3.517 1	0.000 5
8 月 25 日	55.5	13.006 1	82.452 8	0.001 8	1.055 5	3.483 1	0.000 7
8 月 26 日	60.0	11.201 1	83.886 6	0.001 6	1.120 0	3.789 1	0.001 6
8 月 27 日	65.3	10.381 9	84.114 5	0.001 7	1.133 4	4.365 9	0.002 6
8 月 28 日	70.5	9.609 8	85.273 5	0.001 1	1.172 6	3.942 1	0.000 9
8 月 29 日	76.5	8.651 3	86.552 6	0.001 9	1.214 4	3.578 5	0.001 3
8 月 30 日	82.9	7.726 5	87.221 3	0.001 2	1.201 5	3.848 1	0.001 4
8 月 31 日	88.5	7.219 2	87.205 8	0.001 8	1.270 7	4.301 6	0.000 9
9 月 1 日	94.9	6.198 3	87.921 4	0.001 1	1.525 3	4.352 0	0.001 9
9 月 2 日	100.5	5.596 2	88.269 2	0.000 8	1.502 4	4.629 1	0.002 3
9 月 3 日	106.9	5.684 9	87.865 9	0.000 6	1.531 6	4.914 2	0.002 8
9 月 4 日	113.3	3.926 2	89.530 5	0.000 8	1.706 5	4.831 4	0.004 6

续表 5-7

时间	推进距离/m	4#测点气体分析成分/%					
		O_2	N_2	CO	CO_2	CH_4	C_2H_6
9月5日	118.5	3.610 2	89.547 5	0.000 5	1.822 2	5.012 9	0.006 7
9月6日	123.8	3.625 0	89.320 7	0.000 8	1.721 0	5.324 2	0.008 3
9月7日	128.3	3.316 5	89.336 2	0.000 9	1.703 5	5.638 1	0.004 8
9月8日	132.8	3.254 5	89.625 3	0.000 7	1.797 7	5.319 3	0.002 5
9月9日	138.0	3.431 6	89.165 3	0.000 6	1.821 0	5.579 2	0.002 3
9月10日	144.0	2.834 2	89.279 3	0.000 9	1.795 0	6.089 2	0.001 4

表 5-8 各测点温度观测数据

时间	推进距离/m	各个测点温度/℃			
		1#	2#	3#	4#
8月16日	4.5	31	31	43	30
8月17日	9.8	34	30	49	31
8月18日	15.8	38	32	52	30
8月19日	21.8	41	30	53	30
8月20日	27.8	45	30	68	30
8月21日	33.8	54	32	68	31
8月22日	39.8	61	32	73	31
8月23日	45.8	59	31	66	34
8月24日	51.8	45	30	64	34
8月25日	55.5	44	29	64	36
8月26日	60.0	41	28	43	35
8月27日	65.3	39	29	36	37
8月28日	70.5	40	29	34	39
8月29日	76.5	39	32	33	40
8月30日	82.9	37	31	32	39
8月31日	88.5	36	31	31	36
9月1日	94.9	34	29	30	36
9月2日	100.5	34	30	30	35
9月3日	106.9	34	29	28	34
9月4日	113.3	33	29	28	33
9月5日	118.5	32	28	28	33
9月6日	123.8	32	29	29	33
9月7日	128.3	32	29	29	33
9月8日	132.8	30	29	29	32
9月9日	138.0	30	29	29	32
9月10日	144.0	30	29	28	32

(2) 数据分析

为得到 3418 工作面采空区内部气体和温度的整体变化规律，利用 Matlab 工具箱中的 meshgrid 函数与 griddata 函数配合使用对数据进行平面差分，然后用 mesh 和 contour 函数绘制数据的立体分布和等值线图，最终得到 O_2浓度、N_2浓度、CO 浓度、CO_2浓度、CH_4浓度、C_2H_6浓度和温度数据的立体分布和等值线分别如图 5-16～图 5-22 所示。其中，走向距离 x 为测点到工作面的距离，m；倾向距离 y 为测点距离轨道平巷的距离，m。

① O_2浓度变化规律分析

从图 5-16 可以看出，3418 工作面采空区内部氧浓度随走向距离的增加不断降低，且工作面中部氧浓度降低较快，当测点距离工作面 140 m 左右时，氧浓度降到 2.2%左右，在走向上，采空区氧浓度经历一个快速降低和缓慢降低的过程，尤其对于倾向中部测点来说，初始阶段氧浓度降低较快，后期缓慢降低，这是由于距工作面较近时，氧浓度的降低是煤氧化和瓦斯涌出造成的，而后期由于氧浓度较低，氧化速度变慢，氧浓度的降低主要受甲烷涌出影响，而对于平巷处的氧浓度较高是由于漏风造成的。另外，由于采空区上覆岩石冒落"O"形圈的作用，采空区中部容易压实，这造成该区域漏风较小，且甲烷不易被风流带走，从而使得该区域氧浓度下降较快。

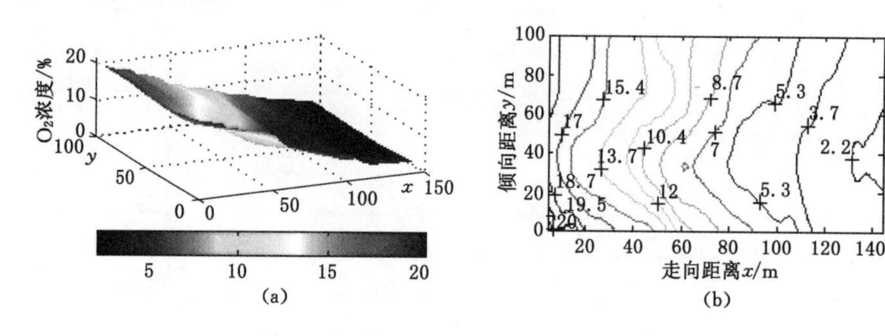

图 5-16 采空区内部 O_2浓度变化规律

(a) 三维图；(b) 等值线图

② N_2浓度变化规律分析

从图 5-17 可知，随着走向距离增大，氮气浓度不断地增加，且工作面倾向中部区域的氮气浓度增加速度快，最终浓度较高，这是由于随着走向距离增加，漏风减小，且采空区浮煤氧化使得内部氧浓度降低，因此氮气浓度相对升高，由于中部容易被压实，因此采空区倾向中部氮气浓度增加的较快，且最终氮气浓度较高。在倾向中部，当测点距离工作面 80 多米时，氮气浓度趋于稳定，这是由于当测点到达这个区域后，浮煤氧化速度已经很慢，且瓦斯涌出也趋于稳定，从而使得此区域的氮气浓度趋于稳定。从等值线图可以看出，在走向同样距离处，进风侧的氮气浓度低于回风侧的氮气浓度，这说明漏风对氮气的浓度影响较大。

③ CO 浓度变化规律分析

图 5-18 为采空区内部的 CO 浓度变化规律。从图中可以看出，走向上一氧化碳先增大后减小，且在同样走向距离的采空区，回风侧的一氧化碳浓度高于进风侧一氧化碳浓度。从图中还可以看出，一氧化碳有两个峰值，这说明该采空区有两个快速氧化区域，分别位于 1# 测点和 3# 测点处，且 3# 测点的一氧化碳浓度峰值高于 1# 测点的一氧化碳浓度峰值且峰值距工作面的距离较近。3# 测点氧化速度较快是由于进风侧区域由于漏风风速较大，为散热

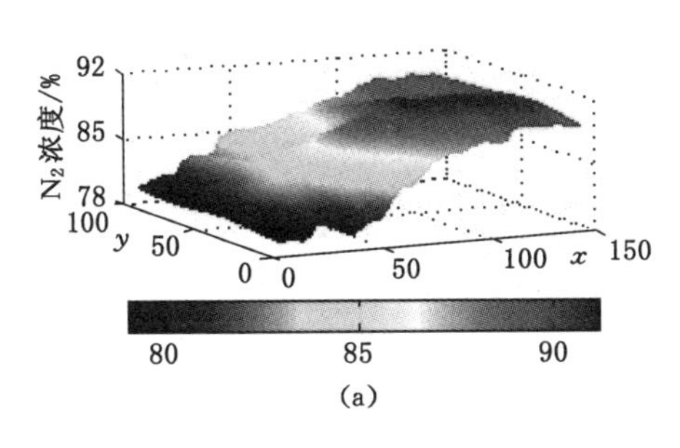

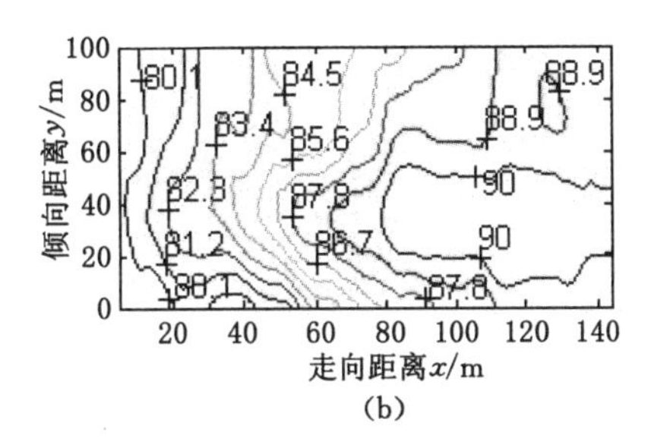

图 5-17　采空区内部 N_2浓度变化规律

(a) 三维图;(b) 等值线图

带区域,氧化速度较慢,且氧化生成的一氧化碳随风流带到回风侧,而对于 3# 测点区域,由于漏风风速适于氧化,从而该区域一氧化碳浓度较高,而对于回风侧的一氧化碳峰值,一方面由于上风侧一氧化碳在此区域汇聚,另一方面由于采空区瓦斯抽采使得回风侧漏风增大,从而使得回风侧也适于氧化,这也造成了回风侧一氧化碳出现峰值。

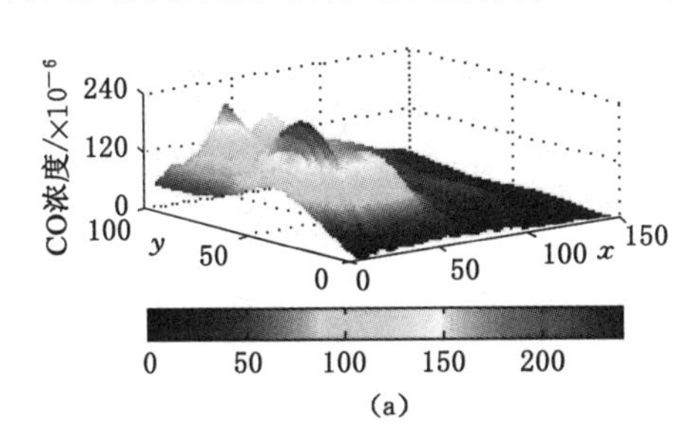

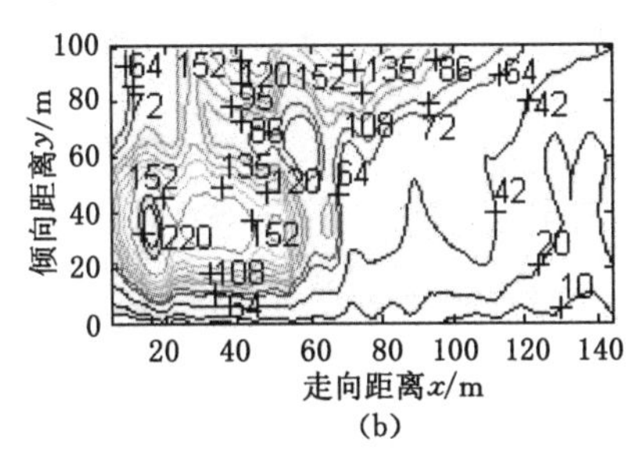

图 5-18　采空区内部 CO 浓度变化规律

(a) 三维图;(b) 等值线图

④ CO_2浓度变化规律分析

图 5-19 为采空区二氧化碳浓度变化规律。从图中可以看出,随着走向距离增大,二氧化碳浓度不断增加,且二氧化碳浓度最大值出现在进风侧一端,这是由于进风侧氧浓度相对充分,且生成的二氧化碳不易被风流带走。

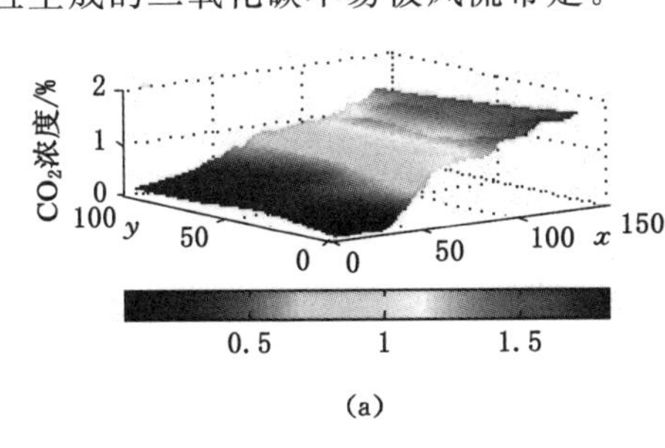

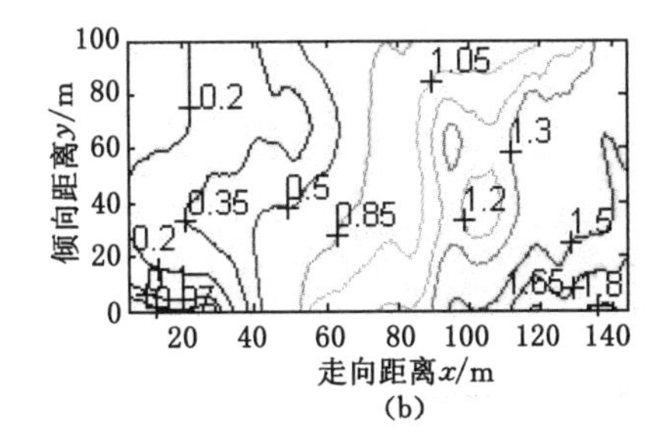

图 5-19　采空区内部 CO_2浓度变化规律

(a) 三维图;(b) 等值线图

⑤ CH_4浓度变化规律分析

由图 5-20 可知,随着走向距离增加,甲烷浓度不断增加,且甲烷最大浓度出现在回风侧,当走向距离为 140 m 左右时,甲烷浓度大于 6.6%,这说明此区域受漏风的影响较小。

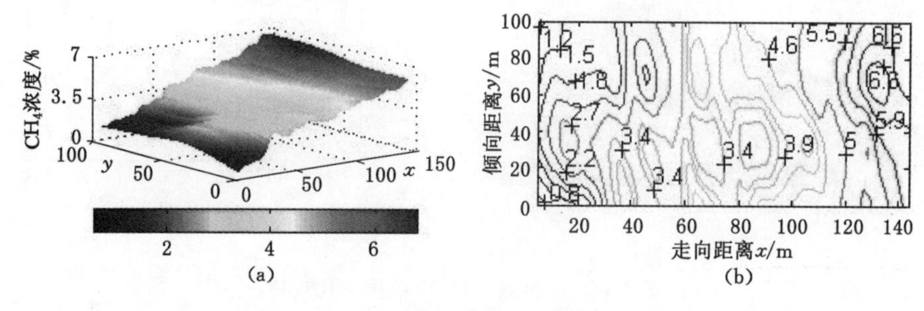

图 5-20 采空区内部 CH_4 浓度变化规律

(a) 三维图;(b) 等值线图

⑥ C_2H_6 浓度变化规律分析

图 5-21 为乙烷浓度变化规律。从图中可以看出,随着走向距离的增加,乙烷浓度不断增加,且在倾向中部乙烷浓度较高,这说明该工作面乙烷浓度的变化受两方面的影响,一方面受漏风的影响,漏风会稀释采空区内部的乙烷,另一方面受瓦斯涌出的影响,一般来说瓦斯涌出越多,采空区内部的乙烷浓度越高。

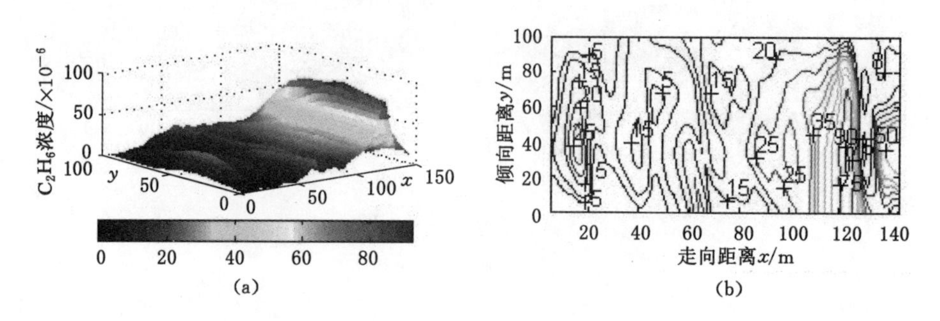

图 5-21 采空区内部 C_2H_6 浓度变化规律

(a) 三维图;(b) 等值线图

⑦ 温度变化规律分析

图 5-22 为该工作面内部温度变化规律。从图中可以看出,该采空区存在两个温度异常区,分别位于 1# 和 3# 测点对应区域,且在 3# 测点区域,其最高温度达到了 72 ℃,这说明观测时该区域的温度较高,需要加强该区域的监控,防止该区域引发自燃火灾,而对于回风侧的高温区域,其最高温度也达到了 60 ℃,因此需要加强对抽采数据的监测,防止回风侧发展成自燃火灾。

(3) 采空区自燃"三带"划分结果分析

为了较好地显示采空区自燃"三带"的范围,依据氧浓度对 3418 综放工作面的自燃"三带"范围进行了划分,用 Matlab 进行显示如图 5-23 所示。整体来说,进风侧的散热带较长,中部散热带较短,回风侧的氧化带最长,需要说明的是,3# 测点区域的实际氧化距离要比图中显示的要长,这是由于煤的氧化消耗了氧气,从而使得采空区深部氧浓度降低。根据图 5-23 对观测点的自燃"三带"范围进行准确划分,结果见表 5-9。由于梁宝寺煤矿属于Ⅱ类易自燃煤层,自然发火期 3~6 个月,最短自然发火期 33 d,因此得出各测点的最小安全推进速度见表 5-9。

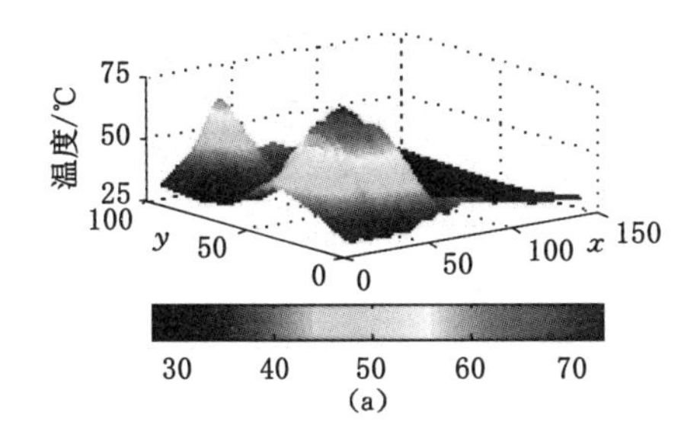

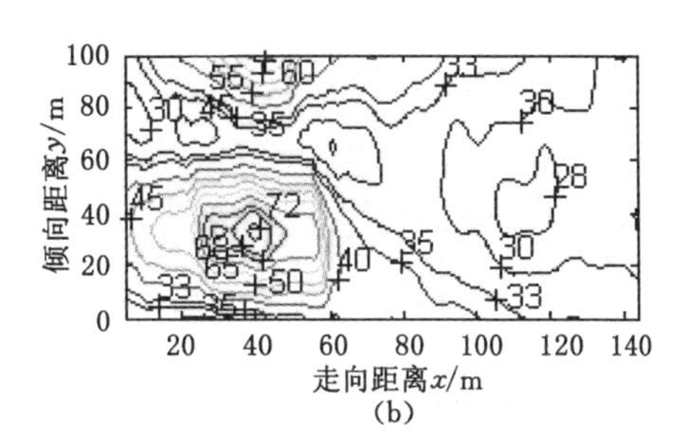

图 5-22 采空区内部温度变化规律

(a) 三维图;(b) 等值线图

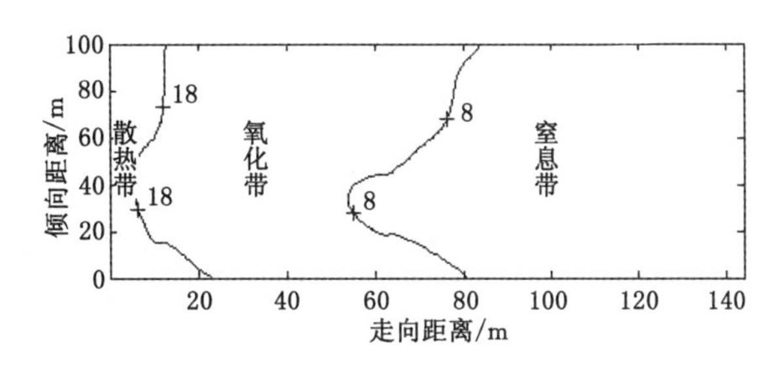

图 5-23 3418 综放工作面自燃“三带”分布

表 5-9 各测点自燃“三带”范围

测点	散热带/m	氧化带/m	窒息带/m	氧化带长度/m	安全推进速度/(m/d)
1#	0～13	13～83.5	>83.5	70.5	>2.2
2#	0～11.5	11.5～75.5	>75.5	64	>2.0
3#	0～6	6～53.5	>53.5	47.5	>1.5
4#	0～23	23～80.5	>80.5	57.5	>1.8

从表 5-9 可以看出，3# 测点氧化带长度最短，但氧化带距离工作面最近，这增大了该区域的危险性；1# 测点氧化带最长，其需要的安全推进速度最小为 2.2 m/d，在观测阶段，该工作面平均推进速度为 5.4 m/d，远大于最小安全推进速度，实践证明，这样的回采速度可以保证该工作面顺利回采。

梁宝寺矿煤具有Ⅱ级自燃倾向性，最短自然发火期为 33 d，如果满足一定漏风、一定厚度浮煤，且气体和温度观测显示存在煤的氧化和加速，则该区域即可定义为自燃危险区域，当工作面推进速度小于危险区域的安全推进速度时，自燃危险区域就可能自燃。3418 工作面为综放工作面，煤层平均厚度为 6.35 m，回采率为 93%左右，采空区普遍存在厚度大于 0.4 m 的浮煤，且采空区内部的氧浓度受漏风影响，因此，根据以上观测的数据，叠加 O_2 浓度、CO 浓度、温度数据以及浮煤分布，得出该工作面易发火区域如图 5-24 所示。其中，氧浓度上、下限为 18%和 8%；CO 浓度选择 0.01%以上；温度选择 40 ℃以上；浮煤厚度选择 0.4 m以上。

5.2.5 3418 综放工作面易自燃区域的判定结果

从图 5-24 可知，该采空区有两个易自燃区域，其中一个位于走向 6～55 m 和倾向15～

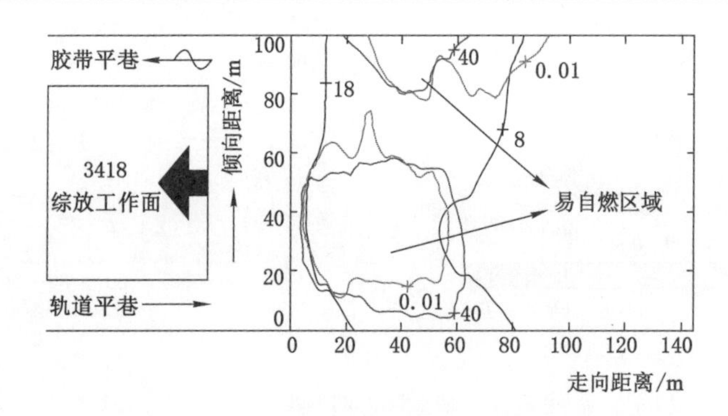

图 5-24　3418 综放工作面易自燃区域判定结果

55 m 的范围内，另一个位于走向 25～45 m 和倾向 80～100 m 的范围内，由于第一个易自燃区域距离工作面较近，且范围较大，加上该区域不易被监测，因此是该工作面防火的重点区域。

5.2.6　瓦斯抽采条件下综放工作面易自燃区域的模拟与分析

3418 工作面及以后梁宝寺矿的诸多采煤工作面都将布置在瓦斯异常区，这些采煤工作面煤层瓦斯含量普遍较高，为控制上隅角或工作面局部地点的瓦斯超限，一般都会采取采空区瓦斯抽排技术。采空区瓦斯抽采导致采空区流场发生变化，氧气渗入的范围变得更加广泛，会对采空区的自然发火规律带来影响。为此，为进一步研究采空区高位钻孔瓦斯抽采对采空区易自燃危险区域分布规律的影响及其易自燃区域在立体空间内的分布特征，课题组在对 Fluent 软件进行二次开发的基础上，采用计算流体动力学知识对 3418 综放工作面不同瓦斯抽采条件下采空区氧气浓度分布规律进行了研究。几何模型依照梁宝寺煤矿 3418 综放工作面进行建立，根据现场工况和观测情况，模型倾向长度为 100 m，走向长度为 160 m，高度取值 40 m（垮落带和裂隙带）。模拟结果如图 5-25～图 5-40 所示，其中，图 5-25～图 5-28 为未抽采时采空区氧浓度变化规律；图 5-29～图 5-32 为高位钻孔抽采流量为 92 m^3/min时采空区氧浓度变化规律；图 5-33～图 5-36 为高位钻孔抽采流量为 120 m^3/min 时采空区氧浓度变化规律；图 5-37～图 5-40 为高位钻孔抽采流量为 150 m^3/min 时采空区氧浓度变化规律。

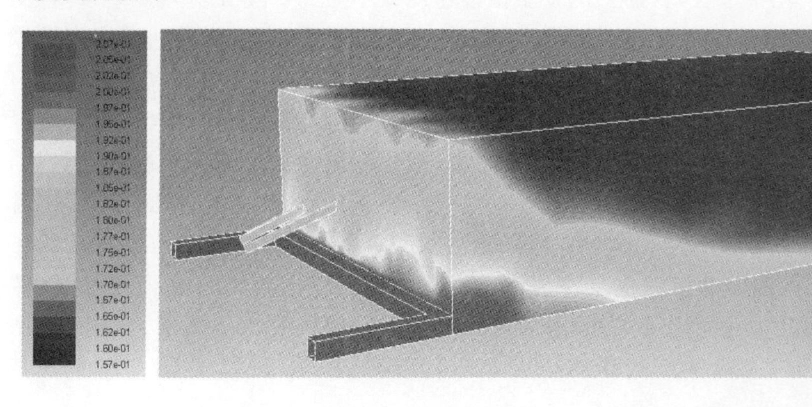

图 5-25　采空区模型四周氧气浓度分布云图（抽采流量为 0 m^3/min）

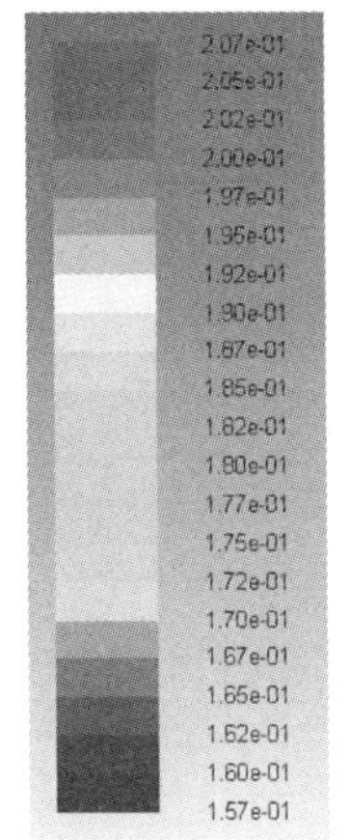

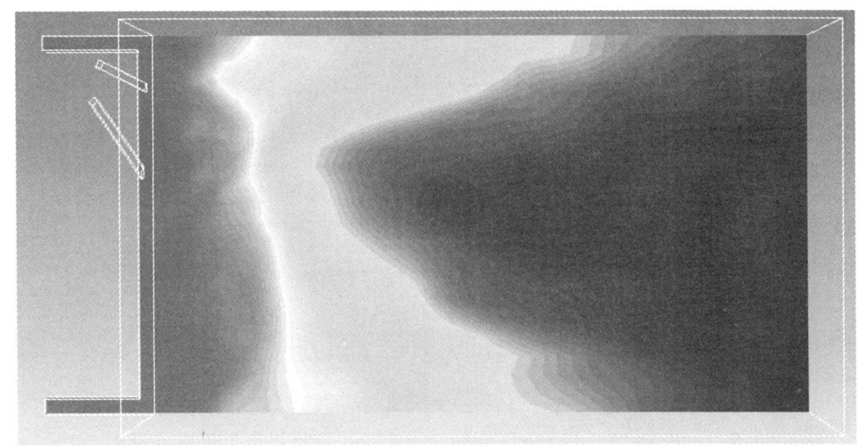

图 5-26　采空区底板氧气浓度分布云图(抽采流量为 0 m³/min)

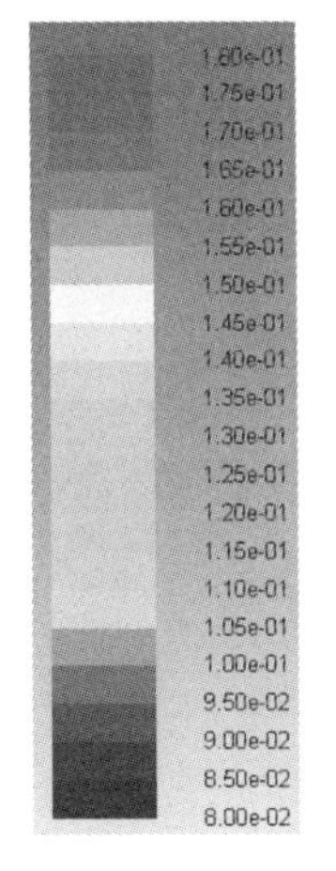

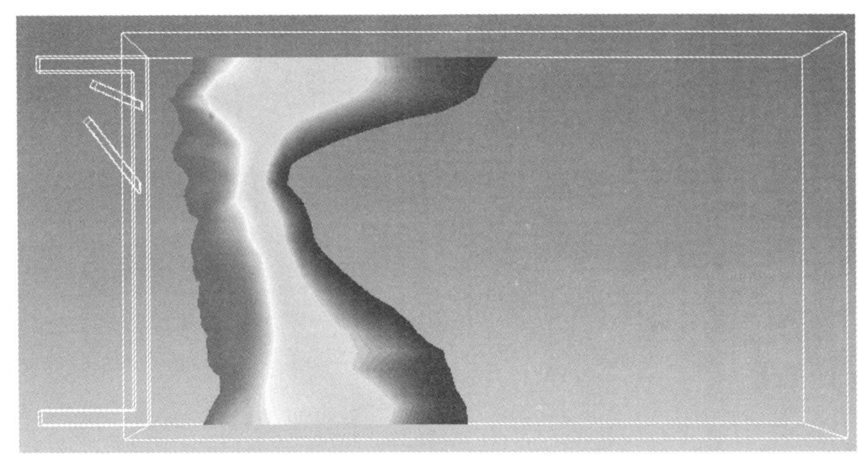

图 5-27　采空区氧化带分布云图(抽采流量为 0 m³/min)

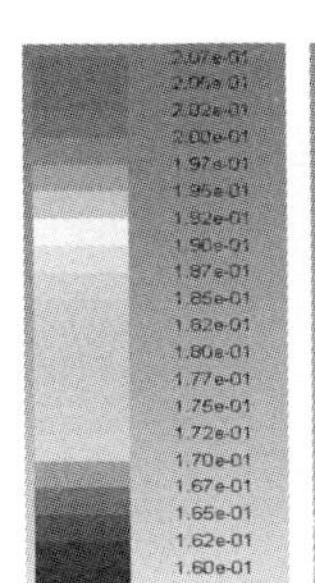

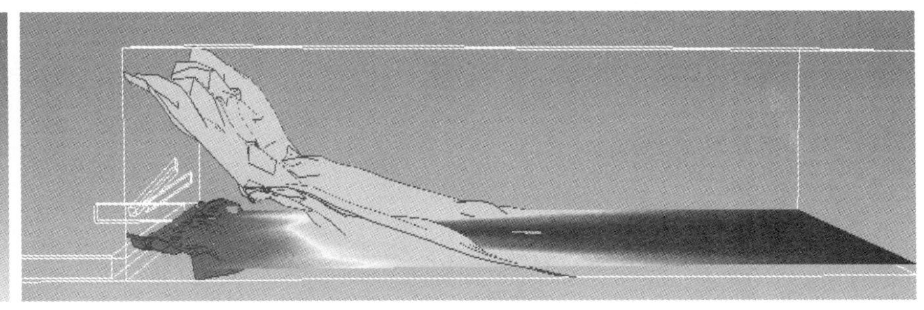

图 5-28　采空区氧化带的三维分布图(抽采流量为 0 m³/min)

从上述模拟云图可以看出,采空区瓦斯抽采对自燃氧化带的分布具有一定的影响。随着抽采流量的增加,采空区氧化带前缘和氧化带的后边界都向采空区深部方向运移,并且前

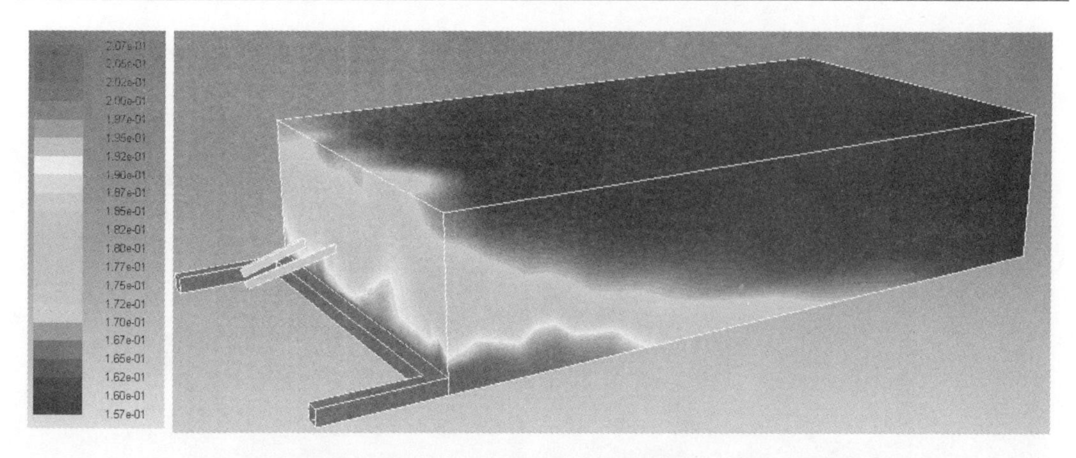

图 5-29　采空区模型四周氧气浓度分布云图(高位钻孔抽采流量为 92 m³/min)

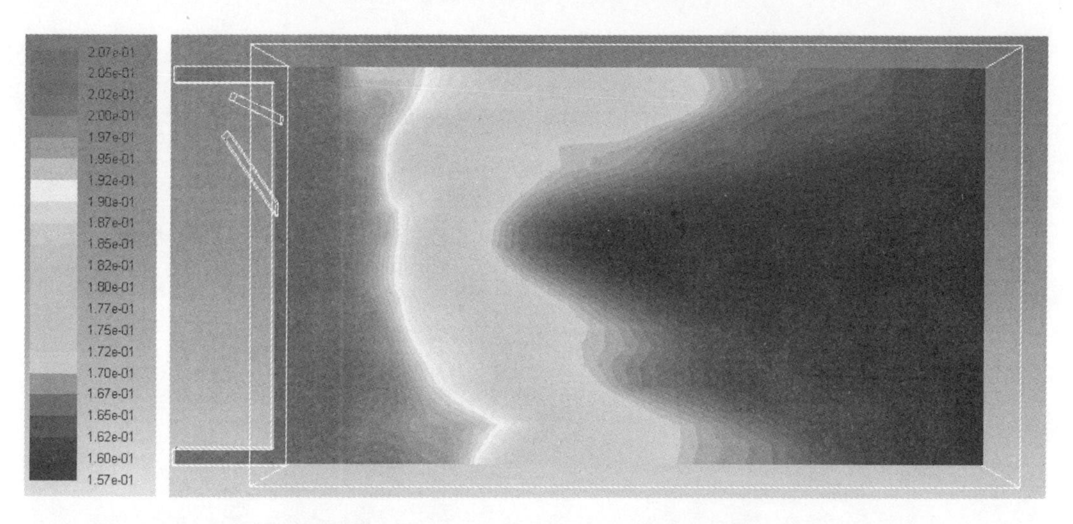

图 5-30　采空区底板氧气浓度分布云图(高位钻孔抽采流量为 92 m³/min)

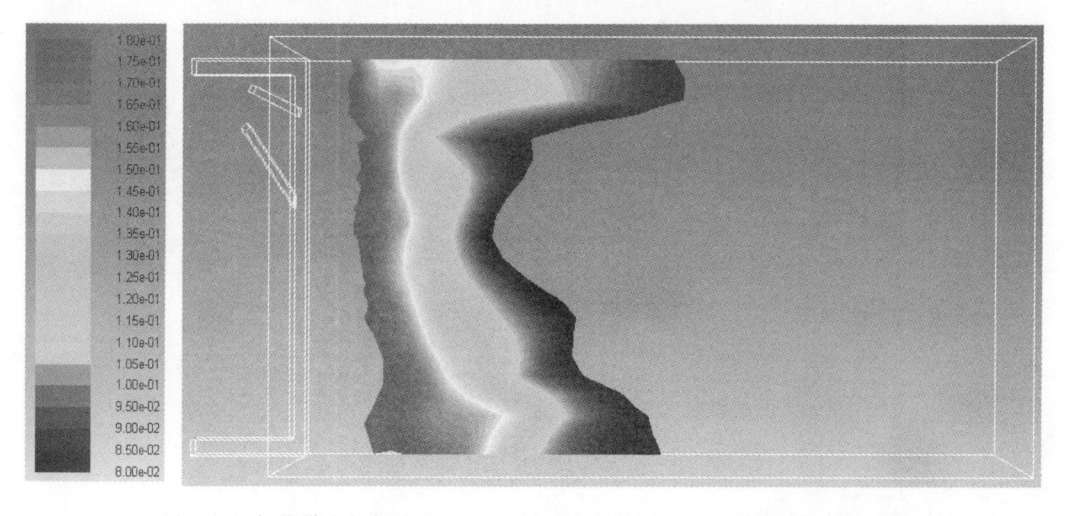

图 5-31　氧化带内氧气浓度的分布云图(高位钻孔抽采流量为 92 m³/min)

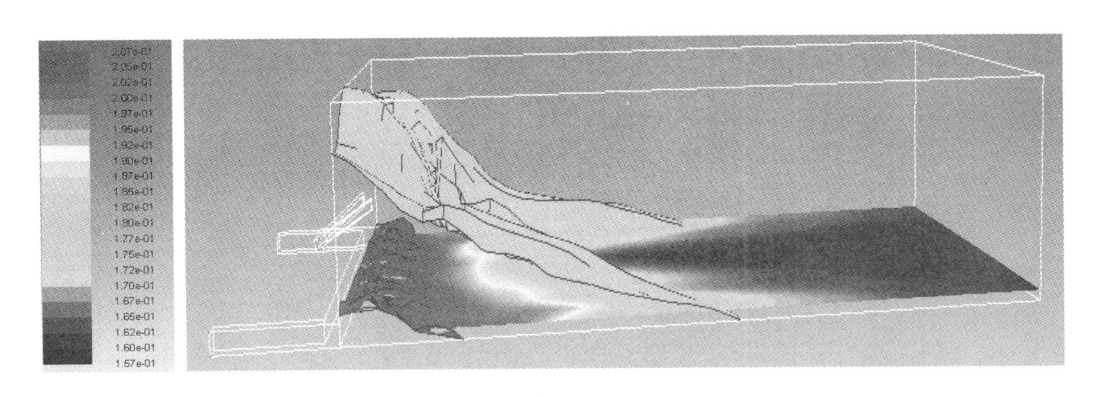

图 5-32　氧化带的三维分布特征(高位钻孔抽采流量为 92 m^3/min)

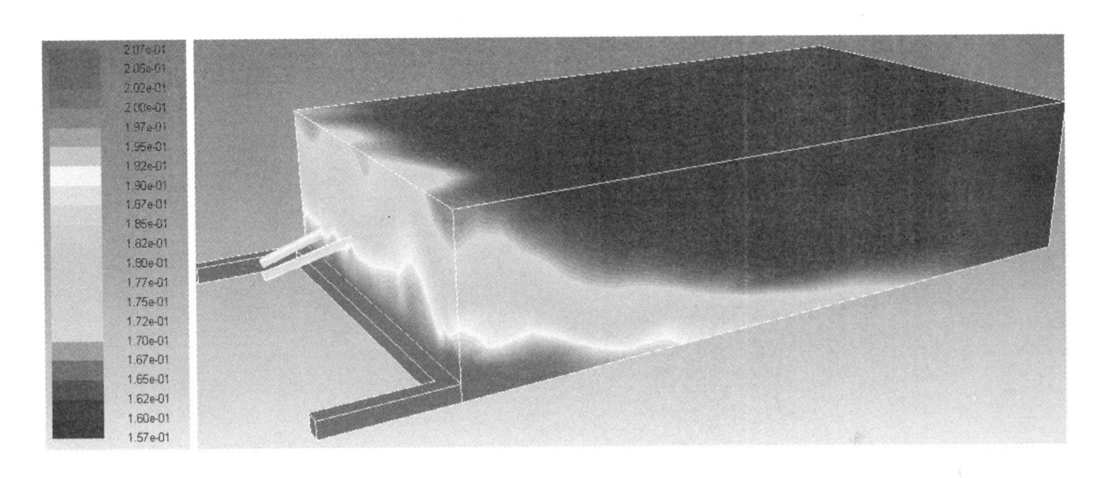

图 5-33　采空区模型四周氧气浓度分布云图(抽采流量为 120 m^3/min)

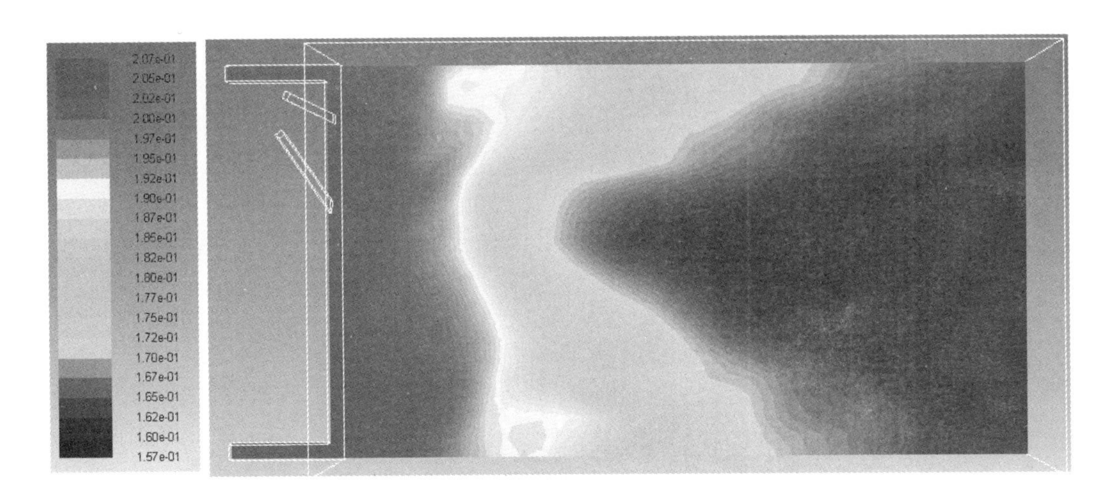

图 5-34　采空区底板氧气浓度分布云图(抽采流量为 120 m^3/min)

缘和后缘的距离也有一定的增加,也就是说采空区瓦斯抽采导致自燃带的范围增大。

3418 工作面的数值模拟结果表明,在提高瓦斯安全性的同时将使自然发火安全性降

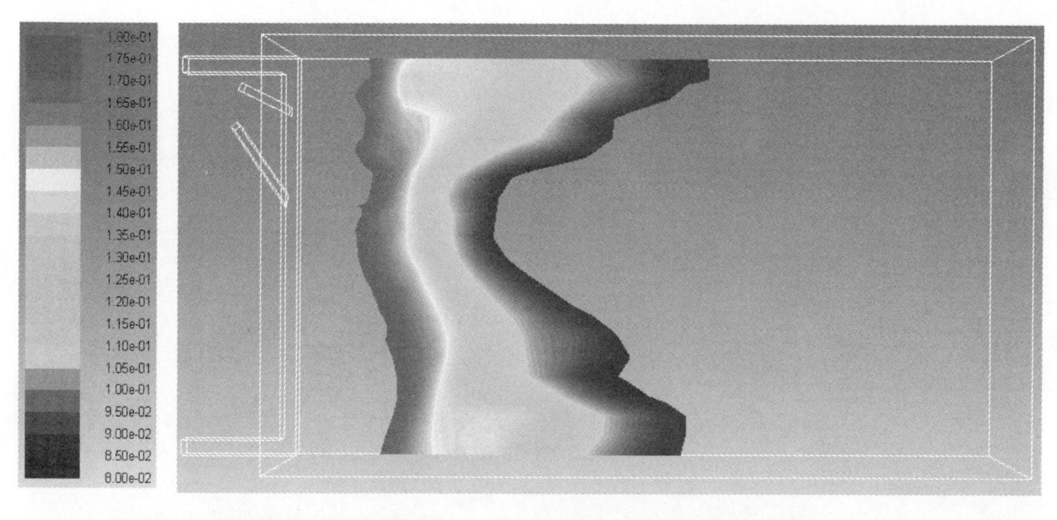

图 5-35　氧化带内氧气浓度的分布云图(抽采流量为 120 m^3/min)

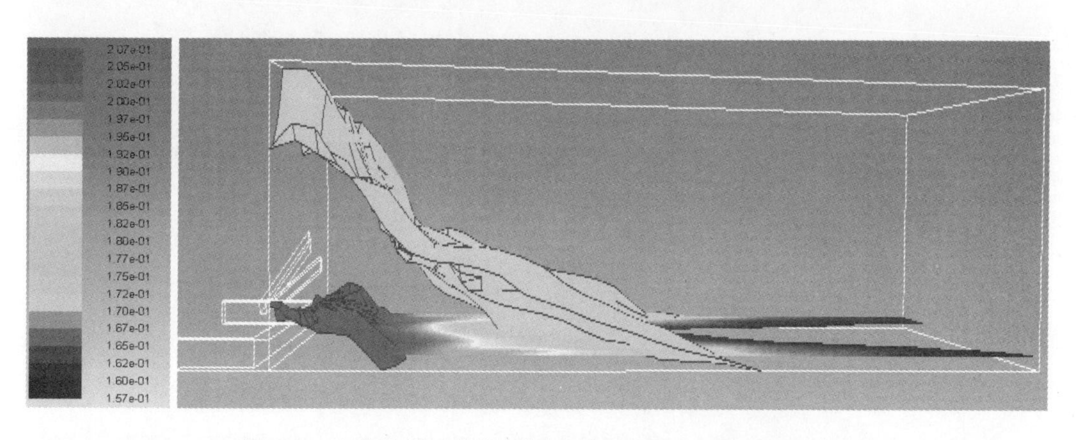

图 5-36　氧化带的三维分布特征(抽采流量为 120 m^3/min)

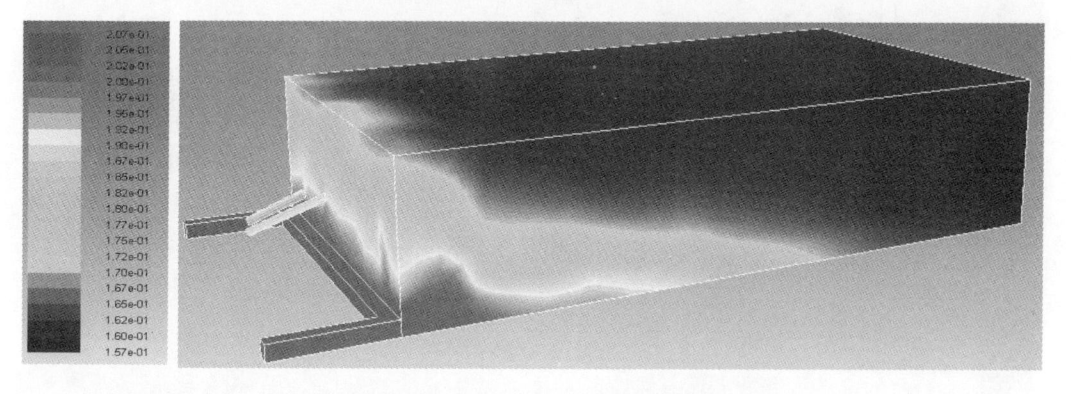

图 5-37　采空区模型四周氧气浓度分布云图(抽采流量为 150 m^3/min)

低;反之,降低自然发火危险性的同时又不能满足安全排放瓦斯的要求,自然发火防治和瓦斯治理容易发生顾此失彼的失衡问题。为此,为了抵消瓦斯抽采对自然发火的影响,应设置辅助措施配合瓦斯抽采。

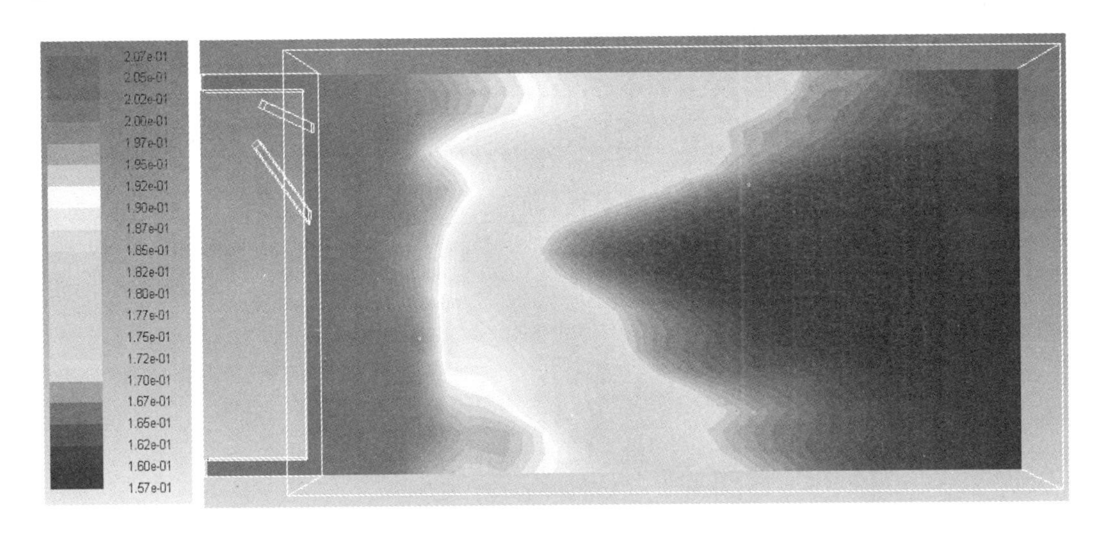

图 5-38　采空区底板氧气浓度分布云图(抽采流量为 150 m^3/min)

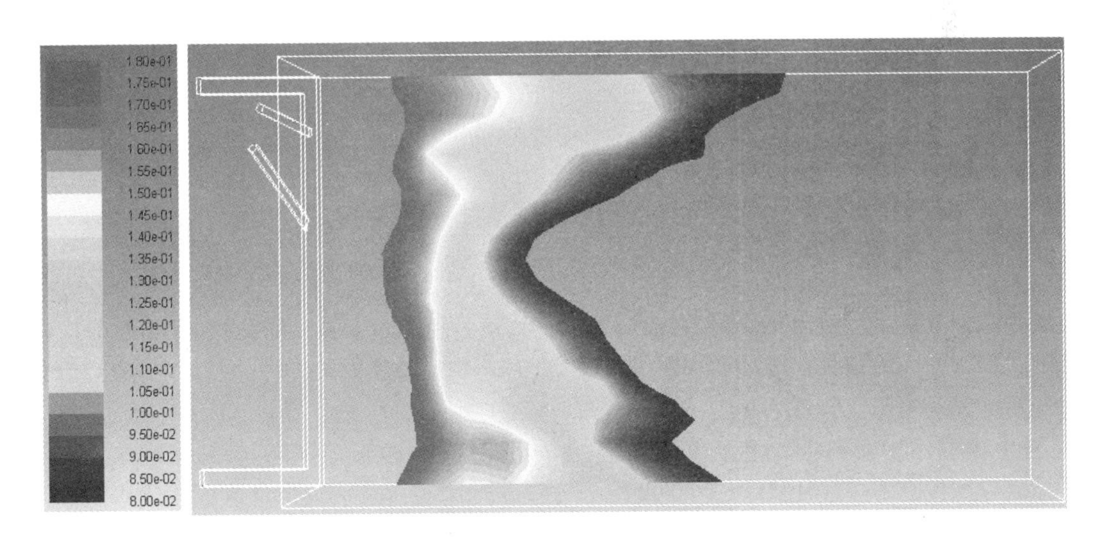

图 5-39　氧化带内氧气浓度的分布云图(抽采流量为 150 m^3/min)

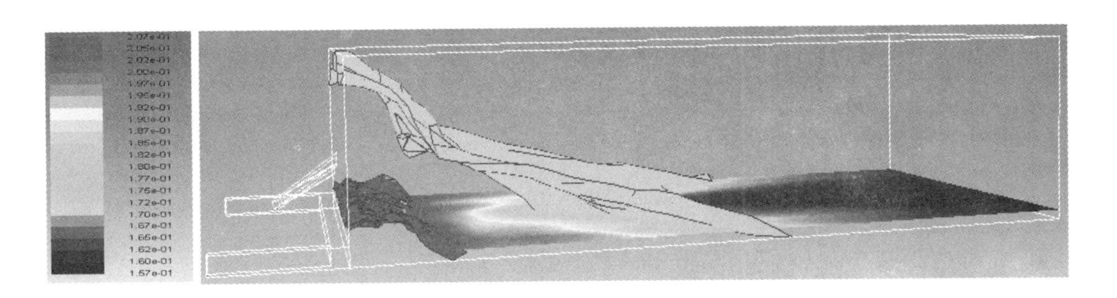

图 5-40　氧化带的三维分布特征(抽采流量为 150 m^3/min)

5.3 基于分布式光纤测得采空区温度场分布规律

5.3.1 分布式光纤测试系统的原理

分布式光纤测温系统是利用在光纤中传输的高功率光脉冲与光纤分子作用产生拉曼(Raman)散射光谱信号,温度信号对散射光谱信号中的反斯托克斯(Anti-Stocks)散射光强度进行调制,反斯托克斯散射光携带散射区的温度信息,用光时域反射(OTDR)技术获取沿光纤长度方向的拉曼散射信息,从而实现分布式的光纤温度传感。实际测量中,利用瑞利(Rayleigh)散射光作为解调器,对反斯托克斯拉曼散射光进行解调就可以得到所需要的温度信号,系统原理如图 5-41 所示。

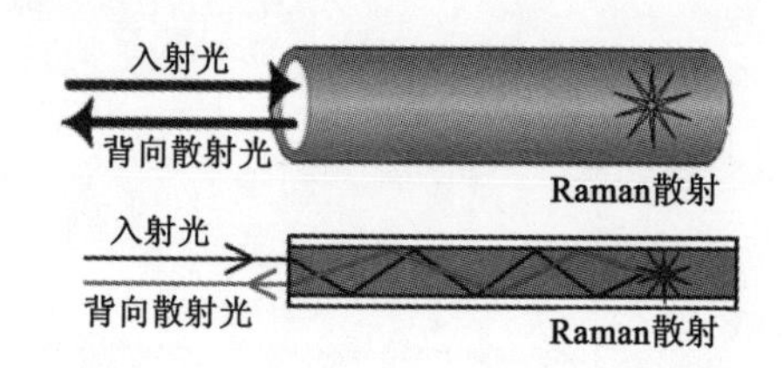

图 5-41　光纤测定的原理图

5.3.2 3418 工作面采空区温度测定方案设计

5.3.2.1 系统的组建

本书针对采空区温度测定的系统主要采用分布式光纤测温主机和移动 PC 构成。该分布式光纤温度测定主机采用全新的设计,具有良好的性能指标和系统稳定性,其依据后向拉曼散射原理和光时域反射定位原理研发而成,具有光信号的发生、光谱分析、光电转换、信号放大和处理等功能。系统采用专用感温光缆作为温度传感器,集计算机、光纤通信、光纤传感、光电控制等技术于一体,具有本质安全,耐腐蚀,不受电磁干扰等优点,可实现连续测定长距离大范围环境温度信息,应用于电力、石油、煤矿、交通等领域的温度测定系统。

系统主要由分布式光纤测温系统调制解调器作为测试装备组成,如图 5-42 所示,其重要技术指标见表 5-10;铠装感温光缆,如图 5-43 所示,其主要特点是相比普通光纤其具有更好的环境适应能力;数据分析软件构成,作为笔记本主机和测温主机间的联系工具。

图 5-42　测温主机外观图

图 5-43　铠装感温光缆示意图

(1) 测温主机的主要技术参数(表 5-10)

表 5-10　　CZDTS 的技术参数

项目名称	性能指标
测温范围	−30～+150 ℃(感温光纤);−50～+700 ℃(特种感温光纤)
测温长度	1 km,2 km,4 km
测量时间	测量 4 km 时小于 5 s
定位精度	<40 cm(连续分布光纤)
测温精度	±1 ℃
分 辨 率	0.1 ℃
采样速率	250 MHz (0.4 m)
光学接口	FC/APC
光纤通道数	1,2,4,8 可选
通信接口	RS232/LAN(可选)
电 源	交流 220 V/50 Hz
测温光纤	多模 62.5/125 规格;多模 50/125 规格(长距离)
测温光纤损耗	<3 dB/km
工作环境	温度:0～+40 ℃;湿度:0～95% 无凝结
外形尺寸(长×宽×高)	(*L*)520 mm×(*W*)431 mm×(*H*)61 mm

(2) 软件的主要运行环境如下:

① 软件运行的硬件配置:

a. Pentium1.7 及以上 PC 处理器;

b. 256 MB 及以上主存储器;

c. 10 GB 以上硬盘空间;

d. 32 MB 及以上显示卡。

② 软件运行的系统平台:

a. Windows 2000/XP/2003 主流操作系统;

b. Microsoft SQL Server 软件。

(3) 铠装感温光纤

理论上普通感温光纤即可作为本系统的传感光纤,为了提高系统对大功率脉冲光纤激光器的亲合效率以及光纤强拉伸和防护性能,系统选择在 1 550 nm 波长传输损耗为 0.3～0.5 dB/km 的凯装光纤。所谓凯装光纤,就是在光纤的外面再裹上一层不锈钢软管和一层不锈钢编织丝类似于光缆的"铠甲",用于防鼠咬、防潮湿,在一定程度上也可以增加光纤的抗拉伸性能。光纤剖面图如图 5-44 所示。

5.3.2.2　测定线路的设计

3418 综放工作面的回采煤层平均厚度约为 6.3 m,割煤厚度约为 3.0 m,回采率约为

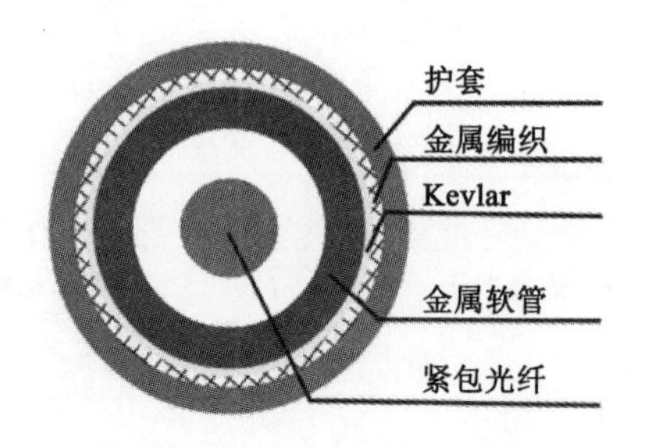

图 5-44 光纤剖面图

93%。回采过程中两巷不放煤,积存了大量的煤炭,也就是说 7%的煤炭损失主要分布在工作面的进、回风巷位置,在采空区的中部遗留的浮煤相对较少,煤自燃升温的规律与自然发火的危险也主要体现在两巷位置附近;综合考虑工作面中部敷设感温光缆及保护套管的工作量大,危险性高,光缆容易受到破坏的特点,本次针对 3418 综放工作面采空区内部温度场测定工作主要应在采空区进风道处实施,测定线路及测试系统的构成如图 5-45 所示,其中为防止感温光缆受到挤压,光缆的沿程都必须采用 2 寸钢套管进行保护。

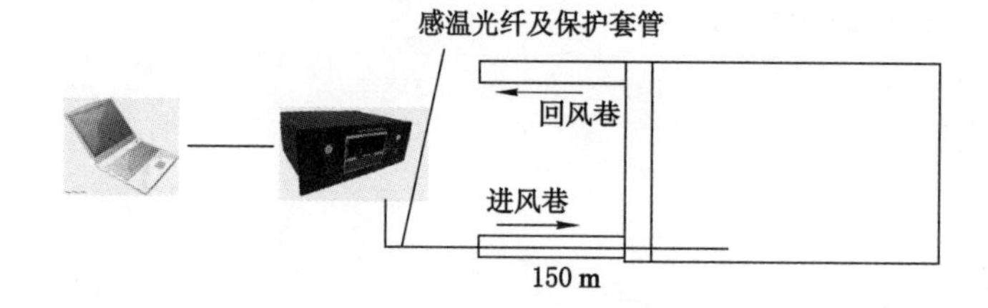

图 5-45 温度测试系统图

布设测定线路前的注意事项如下:

(1) 查看现场,确定现场感温光缆的敷设线路,确定放置分站的位置,在巷道的超前支护段外设置测温仪和显示器。

(2) 到达现场安装的物品检查一遍,看是否齐全(包括仪器、工具等)。

(3) 先敷设保护钢管,再将感温光缆穿过钢管敷设。

(4) 测温光缆的铺设。光缆敷设应注意以下事项:

① 光缆怕压、怕拉,所以敷设过程中应确保光缆不受到过大的拉力和压力;

② 保证光缆的洁净;

③ 保证光缆不进水;

④ 保证光缆护套不受损伤。

5.3.3 综放工作面采空区温度场的测定数据与分析

(1) 光纤沿程温度数据曲线

随着工作面的回采,预留在工作面进回风隅角位置的感温光缆逐步进入至采空区内部,随时间的推移感温光纤将温度信号传播给测温主机,经主机处理后温度数据显示在移动笔记本电脑上。每间隔 3~4 d 采用测温主机和笔记本电脑读取温度数据并记录。下表 5-11 中的数据是测试得到的光纤敷设路径上温度的变化情况。

表 5-11 温度测定数据汇总表

距离/m	1# 温度/℃	2# 温度/℃	3# 温度/℃	4# 温度/℃	5# 温度/℃	6# 温度/℃	7# 温度/℃	8# 温度/℃	9# 温度/℃
1	28.5	28.5	28.0	27.5	28.3	27.4	29.0	28.7	29.0
2	28.5	28.5	28.0	27.5	28.3	27.5	29.1	28.9	29.0
3	28.5	28.5	28.0	27.5	28.3	27.4	29.0	29.0	29.0
4	28.6	28.6	28.0	27.5	28.3	27.5	29.0	29.0	29.0
5	28.4	28.4	28.1	27.5	28.2	27.6	28.9	28.9	28.9
6	28.1	28.1	27.9	27.5	28.2	27.6	28.9	28.9	28.9
7	28.5	28.5	27.9	27.6	28.3	27.4	28.9	28.9	28.9
8	28.6	28.6	27.9	27.5	28.3	27.5	28.9	28.9	28.9
10	28.6	28.6	27.9	27.6	28.3	27.4	29.1	29.1	29.1
11	28.5	28.5	28.0	27.6	28.2	27.4	29.0	29.0	29.0
12	28.5	28.5	28.0	27.5	28.2	27.5	29.1	29.1	29.1
13	28.6	28.6	28.0	27.5	28.2	27.4	28.9	28.9	28.9
14	28.4	28.4	27.9	27.5	28.0	27.4	29.0	29.0	29.0
15	28.2	28.2	28.0	27.5	28.0	27.5	29.0	29.0	29.0
16	28.6	28.6	28.0	27.5	28.0	27.5	29.0	29.0	29.0
17	28.6	28.6	28.0	27.6	28.0	27.5	28.9	28.9	28.9
18	28.4	28.4	28.0	27.5	28.0	27.5	28.9	28.9	28.9
19	28.5	28.5	28.1	27.5	28.0	27.4	28.9	28.9	28.9
20	28.5	28.5	28.1	27.6	28.2	27.5	29.1	29.0	29.0
21	28.6	28.6	28.1	27.6	28.0	27.5	28.8	28.8	28.8
22	28.6	28.6	28.1	27.6	28.1	27.5	28.8	28.8	28.8
23	28.5	28.5	28.1	27.6	28.0	27.4	29.0	29.0	29.0
24	28.5	28.5	28.1	27.6	28.0	27.5	28.9	28.9	28.9
25	28.6	28.6	28.1	27.7	28.1	27.6	29.0	29.0	29.0
26	28.4	28.4	28.3	27.7	28.1	27.7	29.0	29.0	29.0
27	28.2	28.2	28.3	27.8	28.1	27.9	28.9	28.9	28.9
28	28.6	28.6	28.4	27.8	28.3	27.8	29.1	29.1	29.1
29	28.6	28.6	28.3	27.8	28.3	27.8	28.9	28.9	28.9
30	28.4	28.4	28.4	27.9	28.4	27.9	29.1	29.1	29.1
31	28.5	28.5	28.4	28.0	28.3	28.0	29.1	29.1	29.1
32	28.5	28.5	28.5	28.0	28.4	28.0	29.0	29.0	29.0
33	28.6	28.6	28.5	28.1	28.4	28.1	28.9	28.9	28.9
34	28.6	28.6	28.3	28.1	28.5	28.1	29.0	29.0	29.0
35	28.5	28.5	28.3	28.2	28.5	28.2	29.0	29.0	29.0
36	28.5	28.5	28.5	28.2	28.3	28.2	29.0	29.0	29.0
37	28.6	28.6	28.5	28.1	28.3	28.1	28.9	28.9	28.9

续表 5-11

距离/m	1# 温度/℃	2# 温度/℃	3# 温度/℃	4# 温度/℃	5# 温度/℃	6# 温度/℃	7# 温度/℃	8# 温度/℃	9# 温度/℃
38	28.4	28.4	28.5	28.2	28.5	28.2	29.0	29.0	29.0
39	28.2	28.2	28.5	28.3	28.5	28.3	29.0	29.0	29.0
40	28.6	28.6	28.4	28.4	28.5	28.4	29.1	29.1	29.1
41	28.6	28.6	28.4	28.5	28.5	28.5	29.0	29.0	29.0
42	28.4	28.4	28.6	28.6	28.4	28.6	29.0	29.0	29.0
43	28.5	28.5	28.6	28.6	28.4	28.6	29.1	29.1	29.1
44	28.5	28.5	28.6	28.6	28.6	28.6	29.1	29.1	29.1
45	28.7	28.7	28.7	28.5	28.6	28.5	29.0	29.0	29.2
46	28.6	28.6	28.7	28.5	28.6	28.5	29.1	29.1	29.1
47	28.4	28.4	28.6	28.6	28.7	28.6	29.1	29.1	29.2
48	28.6	28.6	28.6	28.8	28.7	28.8	29.1	29.1	29.2
49	28.6	28.6	28.8	28.9	28.6	28.9	29.0	29.0	29.4
50	28.4	28.4	28.8	29.0	28.6	29.0	29.0	29.0	29.9
51	28.5	28.5	28.9	29.0	28.8	29.0	29.0	29.0	30.6
52	28.5	28.5	29.0	29.0	28.8	29.0	29.1	29.1	31.2
53	28.7	28.7	28.8	29.0	28.9	29.0	29.1	29.1	32.0
54	28.6	28.6	29.0	29.0	29.0	29.0	29.0	29.0	32.8
55	28.4	28.4	28.9	29.0	28.8	29.0	29.1	29.1	33.0
56	28.6	28.6	28.9	29.1	29.0	29.1	29.1	29.2	33.3
57	28.5	28.5	29.1	29.0	28.9	28.9	29.1	29.2	33.8
58	28.5	28.5	29.0	29.1	28.9	29.0	30.1	29.7	34.2
59	28.5	28.5	29.0	29.0	29.0	29.0	29.1	29.6	34.6
60	28.5	28.5	29.1	29.1	29.0	29.0	29.0	30.2	35.1
61	28.6	28.6	29.0	29.0	29.0	29.0	29.0	30.8	37.6
62	28.5	28.5	29.1	29.1	29.0	29.1	29.1	31.4	38.2
63	28.5	28.5	28.9	29.0	29.1	29.1	29.1	31.6	38.6
64	28.6	28.5	29.0	29.1	29.1	28.9	29.0	32.0	39.2
65	28.5	28.5	29.0	29.0	28.9	29.1	29.1	32.2	40.4
66	28.7	28.7	29.0	29.1	28.9	28.9	29.1	32.6	41.0
67	28.7	28.7	28.9	29.0	29.0	29.0	29	33.3	41.5
68	28.8	28.8	28.9	29.1	29.0	29.0	29.3	33.8	42.0
69	28.7	28.7	29.0	29.0	29.0	29.0	29.5	34.2	42.7
70	28.8	28.8	29.0	29.1	29.0	28.9	29.5	34.6	43.5
71	28.8	28.8	28.8	29.0	29.1	28.9	30.2	35.1	44.2
72	28.9	28.9	28.8	29.1	29.1	29.0	30.8	37.6	44.8
73	28.9	28.9	29.0	29.0	28.9	29.0	31.4	38.2	45.2

续表 5-11

距离/m	1# 温度/℃	2# 温度/℃	3# 温度/℃	4# 温度/℃	5# 温度/℃	6# 温度/℃	7# 温度/℃	8# 温度/℃	9# 温度/℃
74	29.1	29.1	29.0	29.1	28.9	29.0	31.9	38.6	46.0
75	29.0	29.0	29.0	29.0	29.0	29.1	31.7	39.2	46.8
76	29.1	29.1	29.0	29.1	29.0	29.0	32.2	40.4	47.4
77	29.0	29.1	29.0	29.0	29.0	29.0	32.9	41.0	48.1
78	29.2	29.2	29.1	29.1	29.0	29.5	33.3	41.5	49.0
79	29.1	29.1	29.1	29.0	29.1	30.2	34.4	42.0	49.8
80	29.0	29.0	29.1	29.1	29.1	30.8	34.4	42.7	50.2
81	29.2	29.2	29.1	29.0	28.9	31.4	34.6	43.5	51.0
82	29.2	29.2	29.0	29.1	28.9	31.9	35.1	44.2	51.7
83	29.3	29.3	29.0	29.0	29.0	31.7	37.6	44.8	52.2
84	29.4	29.4	29.0	29.1	29.0	32.2	38.2	45.2	52.8
85	29.4	29.4	29.0	29.0	29.0	32.9	38.6	46.0	53.0
86	29.5	29.5	29.0	29.1	29.0	33.3	39.2	46.8	54.0
87	29.5	29.5	28.9	29.0	29.1	34.4	40.4	47.4	54.8
88	29.5	29.5	29.0	29.1	29.1	34.4	41.0	48.1	55.2
89	29.6	29.6	29.0	29.0	29.4	34.6	41.5	49.0	54.8
90	29.6	29.6	29.1	29.1	30.1	35.1	42.0	49.8	54.5
91	29.6	29.6	29.0	29.0	30.6	37.6	42.7	50.2	54.0
92	29.7	29.7	29.0	29.0	30.9	38.2	43.5	51.0	53.2
93	29.8	29.8	29.1	29.0	31.5	38.6	44.2	51.7	52.2
94	29.8	29.8	29.1	29.1	31.9	39.2	44.8	52.2	52.0
95	29.8	29.8	29.0	29.0	31.7	40.4	45.2	52.8	51.2
96	29.8	29.8	29.1	29.1	32.2	41.0	46.0	53.0	50.6
97	29.9	29.9	29.1	29.0	32.8	41.5	46.8	54.0	49.8
98	29.9	29.9	29.1	29.0	33.3	42.0	47.4	54.8	48.0
99	29.9	29.9	29.0	29.2	34.0	42.7	48.1	55.2	47.2
100	29.9	30.0	29.0	29.7	34.3	43.5	49.0	54.8	46.0
101	29.8	30.1	29.0	30.2	34.8	44.2	49.8	54.5	45.1
102	29.8	30.0	29.1	30.4	35.1	44.8	50.2	54.0	44.3
103	29.9	30.0	29.1	30.7	37.6	45.2	51.0	53.2	43.4
104	29.8	30.0	29.0	32.0	38.0	46.0	51.7	52.2	42.4
105	29.8	30.0	29.1	31.4	38.5	46.8	52.2	52.0	41.5
106	29.8	30.0	29.1	31.6	39.2	47.4	52.8	51.2	41.0
107	29.9	31.0	29.1	32.2	40.4	48.1	53.0	50.6	40.4
108	29.9	30.0	30.1	32.8	41.0	49.0	54.0	49.8	40.0
109	29.8	30.0	29.1	33.1	41.5	49.8	54.8	48.0	39.8

续表 5-11

距离/m	1# 温度/℃	2# 温度/℃	3# 温度/℃	4# 温度/℃	5# 温度/℃	6# 温度/℃	7# 温度/℃	8# 温度/℃	9# 温度/℃
110	29.8	30.0	29.3	34.0	42.0	50.2	55.2	47.2	39.4
111	29.9	30.1	29.4	34.3	42.7	51.0	54.8	46.0	39.0
112	29.8	30.1	29.6	34.8	43.5	51.7	54.5	45.1	38.8
113	29.8	30.0	29.8	35.1	44.2	52.2	54.0	44.3	38.2
114	29.8	30.1	29.7	37.4	44.8	52.8	53.2	43.4	37.6
115	29.9	30.0	30.1	38.0	45.2	53.0	52.2	42.4	37.2
116	29.9	30.0	30.4	38.5	46.0	54.0	52.0	41.5	36.8
117	29.8	30.0	30.8	39.2	46.8	54.8	51.2	41.0	36.4
118	29.8	30.1	31.2	40.4	47.4	55.2	50.6	40.4	36.2
119	29.9	30.1	30.8	41.0	48.1	54.8	49.8	40.0	36.0
120	29.8	30.0	31.6	41.5	49.0	54.5	48.0	39.8	35.8
121	29.8	30.0	32.5	42	49.7	54	47.2	39.4	35.2
122	29.8	30.0	32.9	42.7	50.2	53.2	46.0	39.0	34.7
123	29.9	30.0	33.0	43.5	51.0	52.2	45.1	38.8	34.6
124	29.9	30.6	33.5	44.2	51.7	52.0	44.3	38.2	34.3
125	29.8	30.9	34.2	44.8	52.2	51.2	43.4	37.6	33.9
126	29.8	31.0	34.7	45.2	52.8	50.6	42.4	37.2	33.5
127	29.9	31.4	35.4	46.0	53.0	49.8	41.5	36.8	33.2
128	29.8	31.9	36.1	46.8	54.0	48.0	41.0	36.4	32.8
129	29.8	32.4	36.9	47.4	54.8	47.2	40.4	36.2	32.5
130	29.8	32.3	37.9	48.1	55.2	46.0	40.0	36.0	32.1
131	29.9	32.7	39.0	49.0	54.8	45.1	39.8	35.8	31.8
132	29.8	33.1	40.2	49.7	54.6	44.3	39.4	35.2	31.8
133	29.8	33.5	40.9	50.2	54.0	43.4	39.0	34.7	31.8
134	29.9	33.8	41.8	51.0	53.2	42.4	38.8	34.6	31.6
135	29.8	34.2	42.5	51.7	52.4	41.5	38.2	34.3	31.7
136	29.8	34.6	43.4	52.2	52.0	41.0	37.6	33.9	31.5
137	29.8	34.9	44.0	52.8	51.2	40.4	37.2	33.5	31.5
138	30.0	35.0	44.8	53.0	50.6	40.0	36.8	33.2	31.4
139	30.2	35.4	45.6	54.0	49.8	39.8	36.4	32.8	31.0
140	30.6	35.8	46.2	54.8	48.0	39.4	36.2	32.5	30.5
141	31.0	36.1	46.7	55.2	47.2	39.0	36.0	32.1	30.4
142	31.4	36.4	47.0	54.8	46.0	38.8	35.8	31.8	30.0
143	31.6	36.9	47.5	54.6	45.1	38.2	35.2	31.8	30.2
144	32.2	37.4	48.0	54.0	44.3	37.6	34.7	31.8	30.2
145	32.8	37.2	48.4	53.2	43.6	37.2	34.6	31.6	30.0

续表 5-11

距离/m	1# 温度/℃	2# 温度/℃	3# 温度/℃	4# 温度/℃	5# 温度/℃	6# 温度/℃	7# 温度/℃	8# 温度/℃	9# 温度/℃
146	33.1	37.5	49.2	52.4	43.1	36.8	34.3	31.7	30.0
147	34.0	38.0	50.0	52.0	42.1	36.4	33.9	31.5	30.0
148	34.3	38.9	51.0	51.2	41.6	36.2	33.5	31.5	30.0
149	34.8	41.1	53.2	50.6	40.4	36.0	33.0	31.4	29.8
150	35.1	42.2	54.5	49.8	39.6	35.8	32.4	31.0	30.0

根据现场测试绘制工作面回采过程中光纤沿程温度变化曲线如图 5-46～图 5-53 所示。

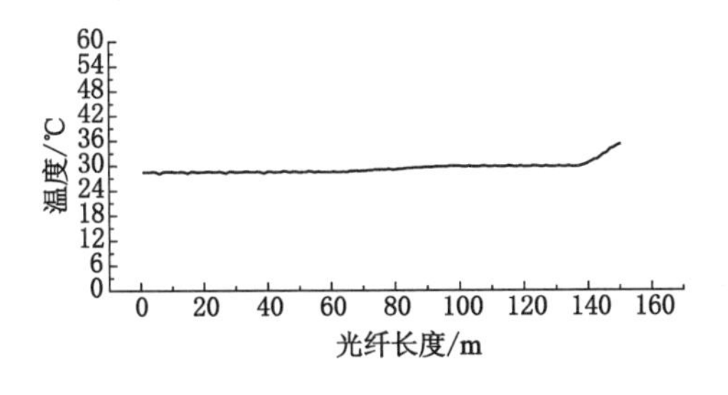

图 5-46　温度沿程变化曲线(进入采空区 15 m)

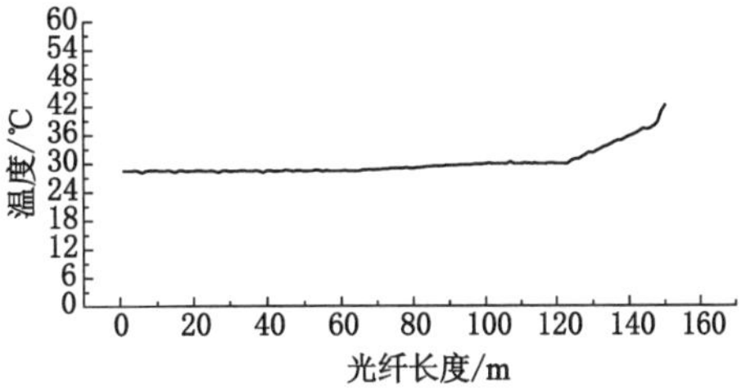

图 5-47　温度沿程变化曲线(进入采空区 28 m)

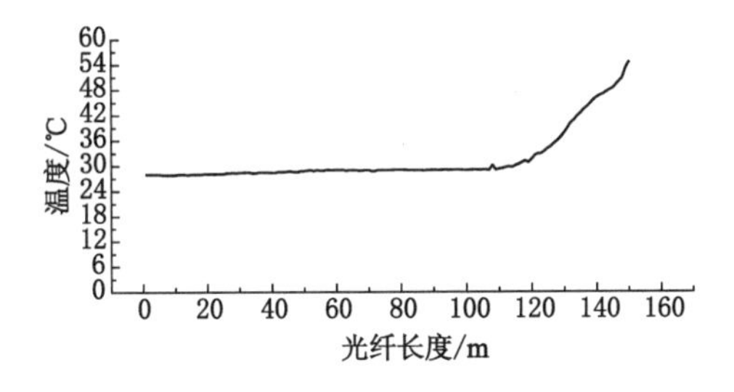

图 5-48　温度沿程变化曲线(进入采空区 40 m)

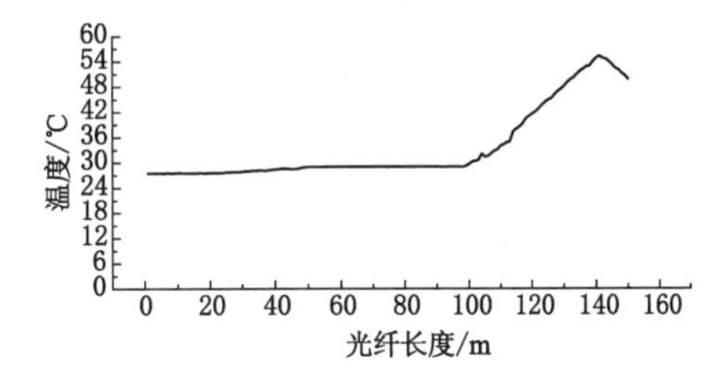

图 5-49　温度沿程变化曲线(进入采空区 52 m)

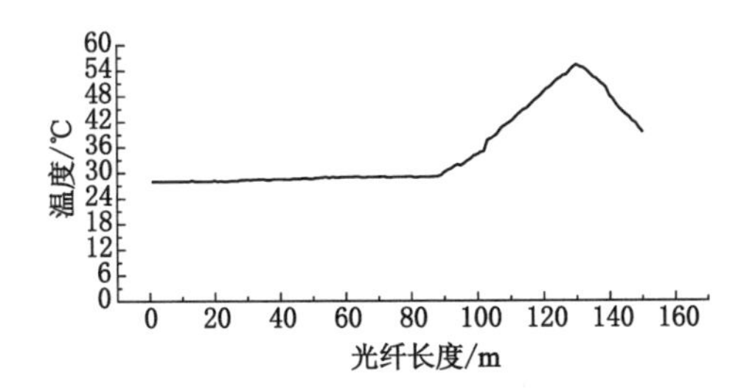

图 5-50　温度沿程变化曲线(进入采空区 63 m)

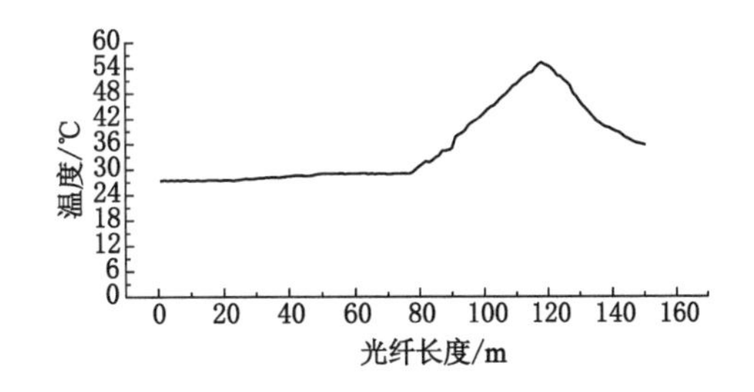

图 5-51　温度沿程变化曲线(进入采空区 75 m)

5.3.4　基于分布式光纤温度测试的采空区氧化进程分析

根据现有的研究成果,一般认为煤炭的氧化和自燃是基链反应,一般将煤炭自燃过程大体分为 3 个阶段:① 准备期;② 自热期;③ 燃烧期,如图 5-54 所示。

煤自燃的第一阶段煤体温度的变化不明显,煤的氧化进程十分平稳缓慢,然而煤确实在发生变化,不仅煤的质量略有增加,着火点温度降低,而且氧化性被活化。由于煤的自燃需要热量的聚集,在该阶段因环境起始温度低,煤的氧化速度慢,产生的热量较小,因此需要一

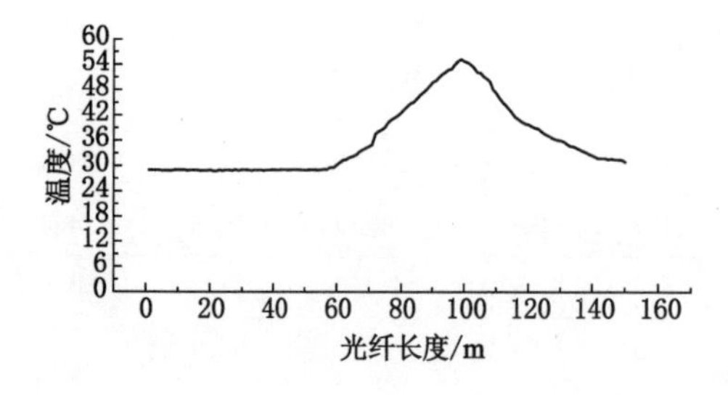

图 5-52 温度沿程变化曲线(进入采空区 94 m)

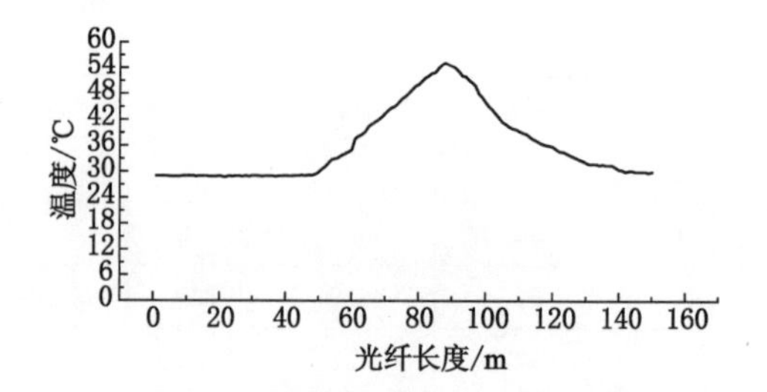

图 5-53 温度沿程变化曲线(进入采空区 107 m)

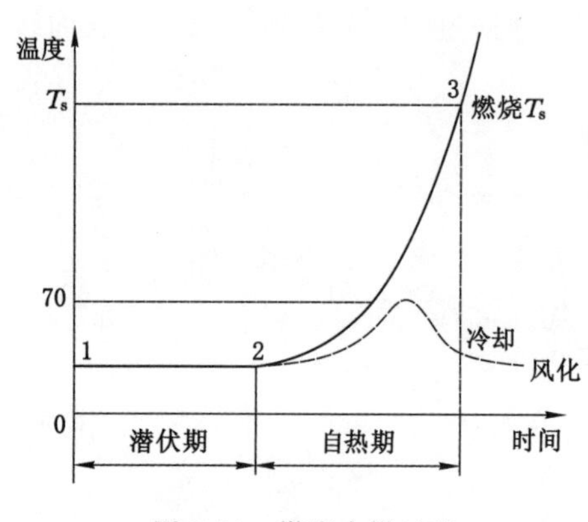

图 5-54 煤炭自燃过程

个较长的蓄热过程,故这个阶段通常也称为煤的自燃准备期,它的长短取决于煤自燃倾向性的强弱和外部条件。

经过这个准备期之后,煤的氧化速度增大,不稳定的氧化物分解成水(H_2O)、二氧化碳(CO_2)、一氧化碳(CO)。氧化产生的热量使煤温继续升高,超过煤自热的临界温度(一般为60~80 ℃),煤温急剧加速上升,氧化进程加快,开始出现煤的干馏,产生芳香族的碳氢化合物(C_xH_y)、氢气(H_2)、更多的一氧化碳(CO)等可燃气体,这个阶段为自热期。

临界温度也称自热温度(self-heating temperature,SHT),是能使煤自发燃烧的最低温度。一旦达到了该温度点,煤氧化的产热与煤所在环境的散热就失去了平衡,即产热量将高于散热量,就会导致煤与环境温度的上升,从而加速了煤的氧化速度并又产生更多的热量,直至煤自燃起来。煤的自热温度与煤的产热能力和蓄热环境有关,对于具有相同产热能力的煤,煤的自热温度也是不同的,主要取决于煤所在的散热环境。如浮煤堆积量越大,散热环境越差,煤的最低自热温度就越低。因此应注意即使是同一种煤,其自热温度不是一个常量,受散热(蓄热)环境影响很大。

自热期的发展有可能使煤温上升到着火温度(T_s)而导致自燃。煤的着火点温度由于煤种不同而变化,无烟煤一般为 400 ℃,烟煤为 320~380 ℃,褐煤为 270~350 ℃。如果煤温根本不能上升到临界温度,或能上升到这一温度但由于外界条件的变化更适于热量散发而不是聚集,煤炭自燃过程自行放慢而进入冷却阶段,继续发展,便进入风化状态,使煤自燃倾向性能力降低而不易再次发生自热,如图 5-55 中虚线所示。

对煤氧化进程的分析,实质上就是对煤氧化阶段的分析。通过图 5-46~图 5-53 的温度场测定数据可以看出,对于进风侧在进入 3418 工作面采空区深部 5 m 左右的位置时采空区

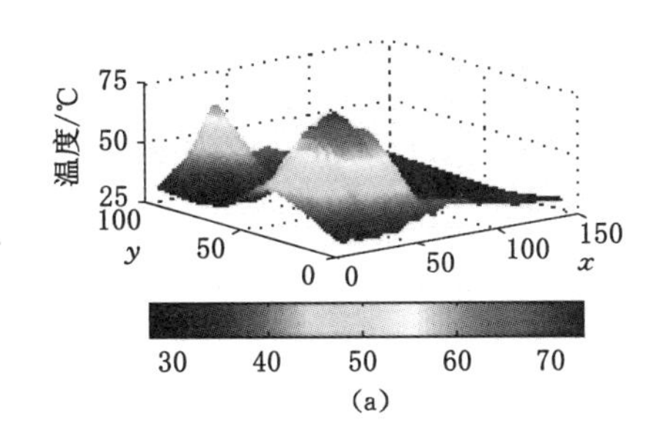

(a)

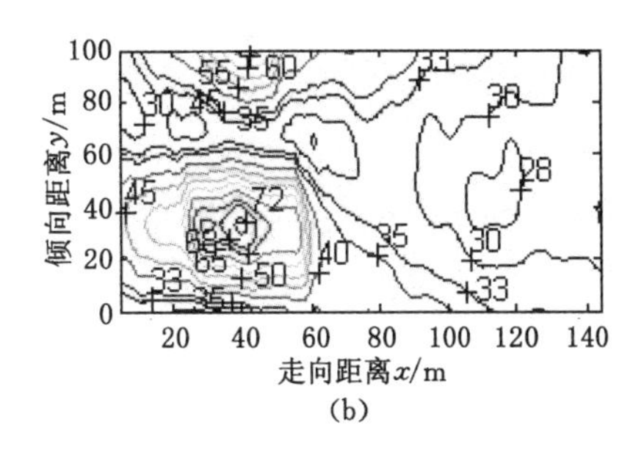

(b)

图 5-55　采空区内部温度变化规律(AD590 传感器测试数据)

(a) 三维图;(b) 等值线图

温度开始逐步增加,增加至到达采空区后部约 50 m 位置温度达到最大值约为 55 ℃,随后采空区内部的温度开始降低。这说明,采空区内部的浮煤具有一个良好的氧化蓄热环境,在不足 50 m 范围内其温度即上升至 55 ℃,上升的速度较快,但随后由于工作面的持续推进,漏风逐步较少和高温点附近的氧气浓度不断降低,浮煤氧化的速度也放缓。与此同时,由于热交换和热传导引起已经集聚的热量逐步散失,温度开始缓慢降低,即浮煤温度达不到煤自燃的临界自热温度就开始降低,浮煤的自燃进程则进入冷却风化期,也就是说对于进风侧的采空区浮煤,在当时的回采条件下不会发生煤炭自燃。

图 5-55 为采用 AD590 传感器获得的该工作面内部温度变化规律,从图中可以看出,该采空区存在两个温度异常区,分别位于进、回风道附近区域,且在进风侧的测点区域,其最高温度达到了 72 ℃,而对于回风侧的高温区域,其最高温度也达到了 60 ℃。同光纤测定获得的采空区温度场分布规律相比,采用 AD590 传感器测试得到的采空区温度略显偏高,初步分析产生该情况的原因是:采用 AD590 传感器和采用分布式光纤测试采空区温度场的时间点不同,也就是说测试时浮煤的氧化规律不可能完全相同,所以在采空区温度上肯定会存在一定的差异;另外,采用 AD590 传感器测试采空区温度时,AD590 传感器的密封性能的好坏直接影响到测试的精确度,如不能做到绝对的密封,井下的潮湿环境会导致测试温度比实际环境中的温度稍高。

5.3.5　采空区温度的光纤实时监测与报警系统适用性的分析与评价

对光纤测温系统在煤矿采空区温度监测技术有了一定的认识,在此基础上对分布式光纤监测系统在采空区煤自燃实时监测预警中的适用性进行分析如下:

该技术的优势:不同于传统的煤矿井下采空区"点式"测温手段,分布式光纤测温系统组成简单,测试距离长,如满足铺设的质量要求采用分布式光纤测温技术能够实现对测试线路上温度的"线性"测定,测定范围要大得多;另外,光纤信号的传播不受井下电磁信号的干扰,精度相比热电偶等技术要高得多。

技术不足之处主要体现在以下两个方面:① 在煤矿井下,尤其是在采空区应用光纤测温系统,仍然会受到多种因素的影响,比如:在铺设光纤的过程中必须防止光纤受到较大力量拉伸,避免光纤在井下被折断;若不能满足上述要求,光纤测温的精度就难以保证。② 煤是热的不良导体,常温下其传热系数只有 0.2 W/mK 左右,导致存在有时即使距离火源位置不足 1 m 的温度测量装置也不能感受到火区内部的温度差异。由此可见,虽然光纤测温可以实现线性测温,若想对采空区温度进行在线监测与自然发火预警,仍然必须敷设大量的感温光纤，成本依然很高。

5.4 本章小结

(1) 鉴于采煤工作面自然发火影响因素的不确定性，提出将未确知测度理论用于采煤工作面自然发火危险性评价。基于未确知测度理论，建立了采煤工作面自然发火危险性等级评价和排序模型。从梁宝寺煤矿地质条件和工况状况出发，选取了影响 3418 采煤工作面自然发火危险性的 20 项因素，根据定性和定量指标进行了计算，并利用熵计算了各影响因素的指标权重，得出了 3418 采煤工作面多指标综合测度评价向量为：{0.211 3，0.178 4，0.288 4，0.321 9}，依照置信度识别准则进行等级判定，得出了 3418 采煤工作面的自然发火危险性为Ⅲ级，评价结果显示，在正常推进阶段，该面为一般自然发火危险性工作面。

(2) 综放工作面采空区浮煤较多，为了获取采空区内部自燃“三带”范围，针对 3418 工作面沿倾向上布置了 4 个测气与测温点进行了自燃“三带”观测，利用 Matlab 对观测数据进行整体分析，得出了采空区内部 O_2、N_2、CO、CO_2、CH_4、C_2H_6 浓度和温度的变化规律，划分得出了采空区自燃“三带”范围和计算得出了该工作面的最小安全推进速度，结果显示，正常回采条件下，该工作面采空区不会发生自燃火灾。叠加观测的氧气、一氧化碳、温度数据以及浮煤分布得到了该面的易自燃区域，其中 3# 测点对应的易自燃区域是该工作面防灭火的重点区域，划分结果有利于该工作面防灭火工作的顺利开展。对不同高位钻孔抽采流量条件下的采空区氧化带范围进行了模拟，结果显示，在提高瓦斯安全的同时，使得采空区的氧化带范围变宽，增加了采空区发火的可能性。

(3) 利用光纤测温系统对 3418 工作面采空区的温度进行了测试。测试表明，在采空区进风侧浮煤氧化的进程较快，距离采空区深部 45～55 m 时浮煤氧化程度达到最高，煤体的温度较高，能够达到 55 ℃；但随着工作面的回采，由于氧气浓度的降低，生产的热量散失，不能继续维持浮煤的氧化，高温点的温度逐步下降，直至降到采空区周边环境温度，这说明当时的生产条件下采空区内进风道附近的浮煤不会发生煤自燃的安全事故。

6 综放工作面采空区煤自燃的立体防控技术及应用

6.1 技术特点

根据综放技术的开采特点，综放工作面采空区自然发火主要有如下特点：① 工作面开采强度大，采空区遗煤较多，易自然发火区域较大；② 工作面供风量大，采空区漏风较多，浮煤氧化具有连续供氧条件；③ 工作面瓦斯涌出量大，需要采取多种措施控制上隅角及工作面瓦斯超限，抽采措施使得采空区漏风增大，增加了采空区自然发火的危险性[47-50]。以上综放工作面的开采特点导致采空区易发生自燃，且自燃范围大、隐蔽性高等突出问题。目前单一防火技术都有其优缺点及适用范围，为了较好地预防综放工作面采空区发生自燃，结合多年来防火工作的经验，特别是近几年对梁宝寺煤矿厚煤层开采自然发火规律的研究，项目研究并提出一套综放工作面煤自燃立体综合预防技术体系。即：底板进风侧采空区有害气体的氮气置换与惰化技术和松散煤岩体固化泡沫的胶结堵漏封堵技术。

6.2 大流量液态氮气采空区惰化与气体置换技术

6.2.1 氮气防灭火机理与作用

氮气防灭火的实质是向采空区氧化带内或火区内注入一定流量的氮气，可充满整个空间，具有正压、驱氧、冷却作用。正压作用可抑制采空区的漏风，注氮后在工作面支架后形成一条氮气带；驱逐氧气将采空区的氧含量降到自燃临界氧浓度 8%以下，降低氧化速度，防止煤的自热和自燃；氮气冷却作用使工作面支架后高温逐渐降低，抑制氧化带煤炭自燃。其作用原理具体可叙述如下：

(1) 消除瓦斯爆炸的危险

由混合气体爆炸理论可知，混合气体中氧含量低于 12%时就有减小爆炸的可能性，氧气含量低于 10%时混合气体的爆炸危险性显著降低，氧气含量控制在 5%以下时几乎能防止任何爆炸[51]。从这一理论出发，向火区注入氮气后使氧含量降低，只要氧含量低于 10%就能大大减小爆炸的可能性。氧含量降到 5%以下，即可达到防火、灭火和抑制瓦斯爆炸的目的。

(2) 减少漏风的作用

采空区漏风是造成自然发火的主要原因之一。对于封闭或半封闭的采空区，注入氮气后增加了空间内混合气体的总量，能够减少封闭区内外的压力差，从而起到减少封闭区外部向内部漏风的作用[52,54]。

(3) 降温作用

有内因火灾的采空区,其温度大于外界温度。当采用氮气灭火时,氮气的温度均低于火区的气体温度,加之氮气在注入火区后的流动范围大,对采空区有明显的降温作用[55]。

(4) 防止煤的自热和自燃

若煤矿生产工作面采空区氧化带内的漏风量不足以带走煤氧化产生的热量,则煤温就逐渐升高,当温度达到煤的临界温度以上,氧化急剧加快,大量产生热量,煤温迅速升高,达到煤的着火温度时便进入自燃状态。向工作面采空区氧化自燃危险带内注入一定流量的氮气,降低该带内的氧气含量,破坏煤炭自燃的一个要素,使其氧含量降到煤自燃临界值以下,达到防止煤自燃的目的[53]。

(5) 降低燃烧强度

当煤矿井下发生火灾时,向火区内注入一定流量(大于漏风量)的氮气,使该区内的氧含量由 21%逐渐降低到 12%以下甚至 5%以下,大火就逐渐自熄。

6.2.2 注氮与瓦斯抽采的关系

前述研究表明瓦斯抽采显著增加了采空区氧化自燃带的分布范围,增强了自然发火的危险性[56,57]。为此,在瓦斯抽采的同时,配合瓦斯抽采措施项目实施了注氮对采空区瓦斯气体的置换技术[58]。为保证采空区有害气体置换的实施效果,在采空区气体置换时应按照"边抽边注,控制抽量,监测监控"的原则进行,即向采空区先注入一定量的氮气再进行瓦斯抽采,抽采的同时连续向采空区注氮,为防止向采空区漏风、保障氮气平稳向采空区深部推移[59],要控制抽采量,原则上注入氮气量大于瓦斯抽采量的 1.1 倍,但一般难以保证实现这么大流量的灌注氮气。

6.2.3 液态氮气防灭火的工艺及方法

在工作面的回采过程中,3418 综放工作面采用埋管注氮的工艺[60],如图 6-1 所示。在工作面的进风侧沿采空区埋设一趟注氮管路,当埋入一定深度后开始注氮(一般为 30~40 m,处在氧化带前边界位置),同时又埋入第二趟注氮管路(注氮管口的移动步距通过考察确定),当第二趟注氮管口埋入采空区氧化带与散热带的交界部位时向采空区注氮,此时停止第一趟管路的注氮,并又重新埋设注氮管路,如此循环,直至工作面采完为止。

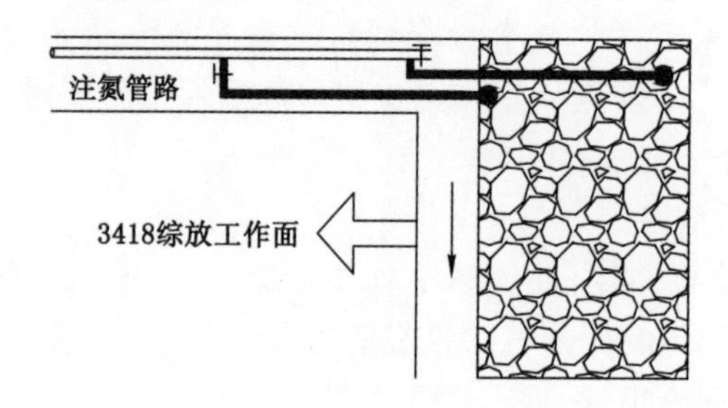

图 6-1 试验工作面注氮管路

3418 综放工作面正常回采期间开放式注氮工艺,开采初期、过断层、停采撤架期间,采用连续注氮的方式实施防火。注氮支管路预埋的方法是:把注氮口布置在采空区氧化自燃危险带内,以取得最佳的注氮防火效果。具体做法是:在 3418 综放工作面预先埋设 4 寸注氮管路,根据开采条件预留不同注氮口,注氮口端头 2 m 为打眼花管。工作面上、下隅角老塘顶板垮落不充分时，工作面每推进 10～20 m 在上、下隅角各砌隔离墙一道。

注氮线路为：地表注浆站→注浆管路→－708 m 北翼进风巷→3418 轨道平巷→工作面采空区。注氮口处先做木垛，高约 1 m，然后将注氮管加入木垛空隙中，第一个注氮支管路埋入采空区 30 m 时开始注氮，埋入 60 m 时停止注氮，然后第二个注氮支管路开始注氮，两个注氮口走向距离为 30 m，如此循环、交替注氮。

6.2.4 注氮防灭火惰化指标和安全技术措施

为保证注氮防灭火的有效性，必须对注氮区域采取局部均压或区域性均压，并采取严格的堵漏措施以及有效的火灾监测，使火区的漏风量降到最低限度。目前评价注氮防灭火的惰化指标：① 采空区惰化防火氧浓度指标不大于煤自燃临界氧浓度 8%；② 惰化灭火氧浓度指标不大于 5%；③ 惰化抑制瓦斯爆炸氧浓度指标小于 12%。

此外注氮防灭火期间，应对其效果进行考察，内容应包括：工作面采空区注氮防火，注氮后采空区“三带”的变化；注氮量、注氮扩散半径、注氮口移动步距等参数。

注氮防灭火期间还应采取以下安全技术措施：

① 在注氮过程中，工作场所的安全氧浓度不得低于 18.5%，否则停止作业并撤除人员，同时降低注氮流量或停止注氮，或增大工作场所的通风量。

② 注氮设备的管理人员和操作人员，须经理论培训和实际操作培训，考试合格，才能上岗，以保证设备的正常使用。

③ 采空区进行注氮防火或对火区进行注氮灭火时，应编制相应的安全技术措施，并经矿总工程师审批后方可实施。

④ 采用注氮防灭火的矿井，应建立注氮设备的操作规程，工种岗位责任制，机电设备维检规程，注氮防灭火管理暂行规定等规章制度。

⑤ 应建立和健全注氮防灭火台账。

6.3 煤岩散体固化胶结的堵漏技术

采空区挡风墙技术[61]就是沿工作面上下平巷在采空区侧每隔 10～20 m 砌筑一道挡火墙，以阻挡和减少风流进入采空区，减少采空区的供氧量。挡火墙[62]的材料多种多样，可以用砖砌筑，可以用塑料编制袋装沙子堆砌，也可装碎矸石，还可用碎煤加阻化剂等，但这种简单的方法堵漏效果有时并不能满足防火的需求。因此，为了实现不同条件下封堵自燃区域漏风，结合梁宝寺煤矿条件，项目组提出采用高分子化学材料胶结松散煤岩以降低松散介质区域的渗透性从而控制漏风量的方法，形成了漏风通道快速处置工艺，并在停采撤面时期的上下端头和巷道高冒区堵漏中进行了应用，取得了较好的防灭火效果。

6.3.1 煤岩散体的固化泡沫胶结堵漏技术

所采用的堵漏材料由两种组分组成（树脂和催化剂）的高分子化学材料，主要用于工作面片帮、冒顶的加固，回撤时加固煤岩体，井下密封、充填、堵漏、构筑防火墙等。该材料的高度黏合力和良好的机械性能与煤岩体产生高度黏合，良好的柔韧性可以承受地层压力的长期作用，并且具有强抗压性能、抗磨、抗冲击性能和抗老化性能，从而达到长久稳固煤岩体的目的，主要技术参数见表 6-1。

表 6-1　　　　　　　　　　高分子固化泡沫材料的主要技术参数

主要技术参数		树脂	催化剂(发泡剂)
1. 主要成分	密度(20 ℃)/(g/cm³)	1.25	1.3
	混合体积比	4	1
	有效存储期(20 ℃)/月	3	12
	储存温度/℃	5～20	5～40
2. 聚合产品	使用温度/℃	15	25
	反应时间/min	4	2
	膨胀倍数	10～60	10～40
	10%受压变形抗压强度/kPa	>10	>10
	防火等级	B1	B1

固化泡沫材料[63]在注入煤岩体裂隙中后，低黏度的混合物可以保持几秒到几分钟的液体状态，扩散一定范围后反应结束，在煤岩体裂缝内反应、硬化，与煤岩体胶结，达到快速加固煤岩体和封堵围岩裂隙的目的。这种堵漏方式有以下几个特点，即反应迅速；聚合温度低、抗静电、不燃烧也不延燃；黏度低，能很好地渗入细小的裂隙中；快速达到最终的物理强度，缩短施工工期；良好的黏合能力，可与岩层牢固地黏合在一起。

固化泡沫发泡器结构设计如图 6-2 所示，它主要由发泡器喷管、树脂溶液、喷枪和发泡剂溶液(其中包含所需的固化剂以及助剂等)组成，树脂溶液和发泡剂溶液由发泡器喷管内流动所形成的负压吸入管中，其中树脂溶液和发泡剂溶液包装桶高为 1 m。

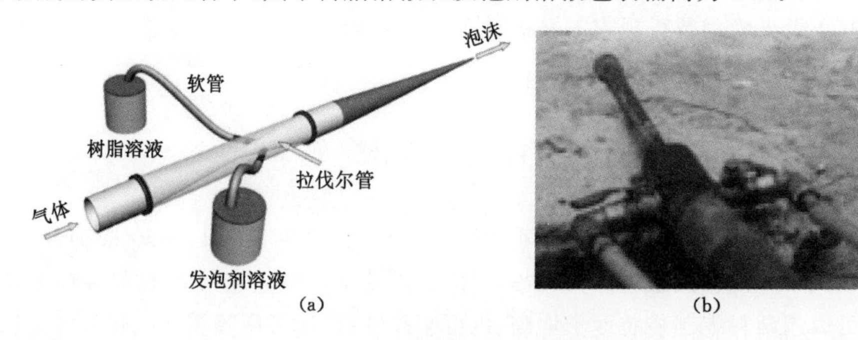

图 6-2　发泡器结构设计模型

(a) 发泡器结构设计模型效果图；(b) 流量调节阀门

为了设计出能平衡发泡反应和成胶反应的发泡器，在树脂液管和发泡剂溶液管入口处，分别设了各有 5 个选项挡的流量调节阀门，如图 6-2(b)所示。

6.3.2　固化泡沫的性能

(1) 固化泡沫对岩石散体的胶结性能

取石块堆起直径为 1 m，高为 1 m 的圆锥形模型，如图 6-3 所示[71]。

开启喷枪并记录时间，在圆锥形石堆表面均匀喷射厚度为 2 cm 的有机固化泡沫。记录最后时间大约为 8 分 35 秒。也就是说，一罐包装溶液能持续使用大约 8 分 35 秒的时间。在圆锥形石堆表面均匀喷射厚度为 2 cm 的有机固化泡沫胶结效果如图 6-4 所示。

图 6-3　圆锥形石块堆

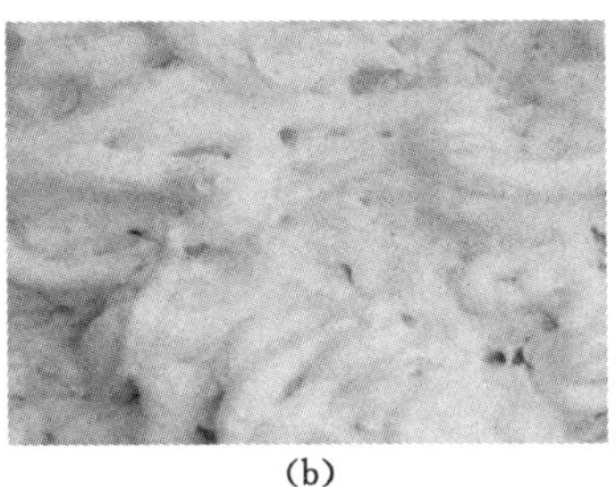

(a)　　(b)

图 6-4　泡沫对岩石散体的胶结性

(a) 泡沫覆盖图;(b) 泡沫局部图

(2) 松散煤岩体胶结后的堵漏性能

有机固化泡沫的主要作用之一就是封堵孔隙、裂隙等,所以堵漏风效果的好坏直接关系有机固化泡沫现场应用的成效。本课题采用一定体积的气体通过截面积一定的泡沫体产生的压力降来衡量。本课题组采用如图 6-5 所示的测试装置有效测试出矿用防灭火有机固化泡沫堵漏风效果。

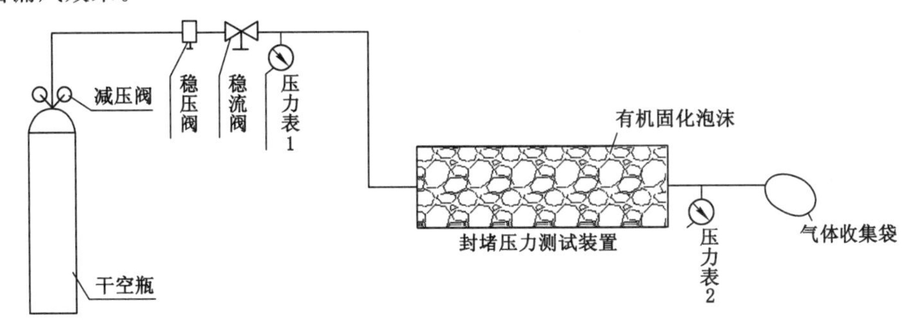

图 6-5　堵漏风测试装置示意图

调节减压阀,使压力表 1 与压力表 2 的压力差保持在 125 Pa。记下 T_1 时气体收集袋的体积 Q_1;T_2 时气体收集袋的体积 Q_2。

取 $\Delta T = T_2 - T_1 = 10$ s,将测出的 Q_2 与 Q_1 的差值 $\Delta Q = Q_2 - Q_1 = 2 \times 10^{-4}$ m^3。

$$\psi = \frac{\Delta Q}{\Delta T} = \frac{2 \times 10^{-4}}{10} = 2 \times 10^{-5}\ \mathrm{m^3/s} \tag{6-1}$$

式中 ψ——流动速率，m^3/s。

通过上述测试表明，梁宝寺煤矿所采用的固化泡沫堵漏材料的堵漏效率在 60%以上。

6.3.3 停采时期工作面上下端头的煤岩散体胶结堵漏技术

6.3.3.1 上下端头漏风对采空区自燃的影响

图 6-6 为在上下端头采取堵漏风措施后采空区内部氧气浓度场变化规律的模拟分析。可见，堵漏风措施的实施可大幅增加采空区氧气浓度的减小梯度，缩短采空区内部的自燃危险区域。

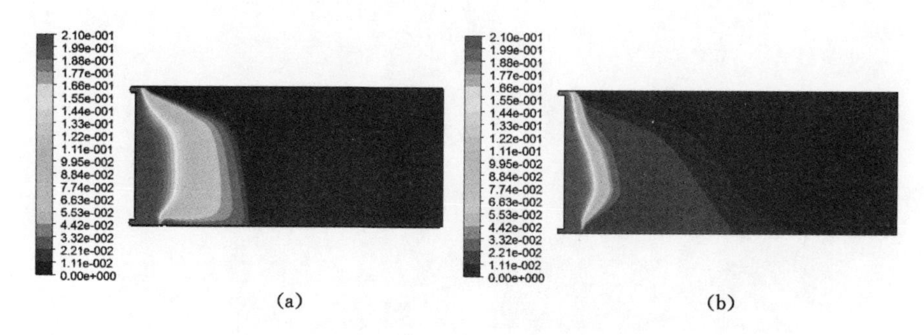

图 6-6 工作面端头堵漏措施效果示意图

(a) 无端头堵漏措施时氧气分布；(b) 有端头堵漏时氧气分布

6.3.3.2 基于固化泡沫的上下端头松散煤岩胶结堵漏技术及工艺

该产品施工工艺简单，只需一台双液注浆泵和一支混合枪，双组分按照 1∶4 的体积通过混合枪进行混合。在高压下，混合液被压入钻孔周围的裂隙与孔隙中，并在很短的时间内发生聚合反应。该材料可以在干燥或潮湿的环境中使用，受环境的影响较小。在注浆施工时，注浆管前端必须接足够的花管，保证注浆材料在封堵区域能够均匀分散。为了达到比较好的封堵效果，需布置两排注浆孔，插花布置，从而高效全面地封堵密闭段漏风裂隙，施工工艺如图 6-7 所示。

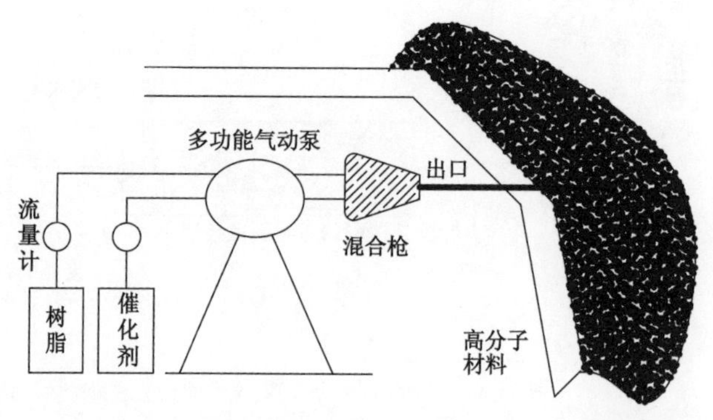

图 6-7 上下端头岩石散体的固化泡沫胶结技术工艺

6.3.4 巷道高冒区松散煤体固化泡沫胶结堵漏技术

巷道火一般发生在巷道的局部冒顶区域，这些区域的分布范围不大，因此高冒火区的降温不是难题。反而，如何有效地隔绝高冒区内破碎煤体与氧气的接触，防止产生自燃现象或熄灭后的再次复燃是这类火灾的防治重点。

由于固化泡沫对松散岩体良好的胶结性，因此梁宝寺煤矿建立了利用固化泡沫封堵高冒区煤岩散体的工艺系统，灌注钻孔的布置如图 6-8 所示。

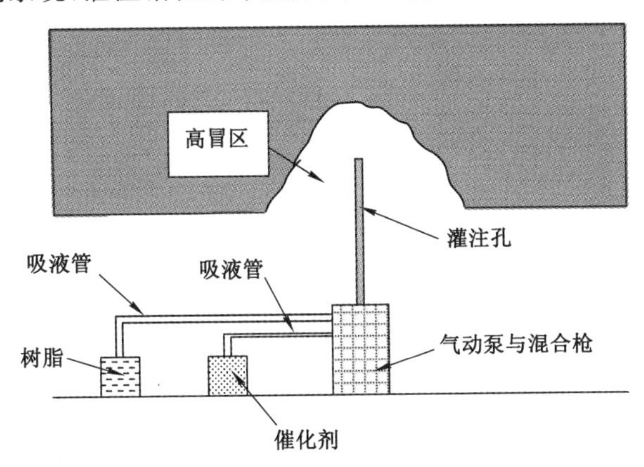

图 6-8 高冒区固化泡沫胶结煤岩散体的工艺系统

6.4 煤自燃立体综合预防技术的应用实践

6.4.1 3404 工作面概况

3404 工作面开采煤层属于易自燃煤层，煤层含夹矸约 1 m，其中夹矸上部煤层厚度达 2～3 m，夹矸下部煤层厚度 3～4 m。3404 工作面采用综采方式开采夹矸下部煤层，开采后夹矸及夹矸上部煤层垮落并留在采空区，奠定了丰富的煤自然发火物质基础；为躲避图 6-9 所示的大量断层，3404 工作面回采期间遭遇停采缩面的问题，整个缩面期间工作面必须停采 20 d 左右，停采期间延长了浮煤在自燃带内的氧化时间，增加了煤自然发火的概率。

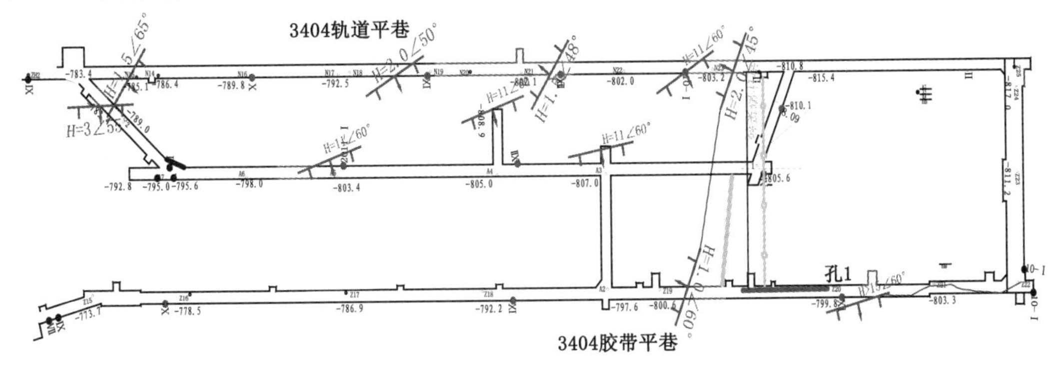

图 6-9 3404 工作面"缩面"示意图

6.4.2 主要技术措施

(1) 加强气体监测

每天检测上隅角气体成分及浓度，测试回风侧前 5 个支架架间与工作面其他随机地点的气体成分及浓度，并分析气体的变化趋势。

(2) 封堵采空区漏风

工作面停采前，采用上下端头打挡风墙的方式，尽快切断通过切眼的漏风流，降低切眼线的自燃危险性。具体做法：每间隔小于 20 m 的距离在工作面的上下端头利用碎煤装袋施工挡风墙。挡风墙的作用有：一是减少通过切眼的漏风流，缩短自燃带宽度；二是可以为灌注防灭火泡沫提供承载空间。

挡风墙的施工方式如图 6-10 所示。即：首先沿底板铺设风帘布，如图 6-10(a)所示，而后在风帘布的一端上垒设黄泥袋子墙，之后将风帘紧贴袋子墙吊起[图 6-10(b)]，把风帘布的另一端利用铁丝挂设在巷道顶板的锚网上[图 6-10(c)]，这种方式施工的袋子墙具有更好的堵漏效果。同时还要加强监督管理，每班规定专人对挡风墙的质量和挡风帘的悬挂位置进行视察，如出现挡风墙上部不接顶等漏风现象立即组织人员堵漏。

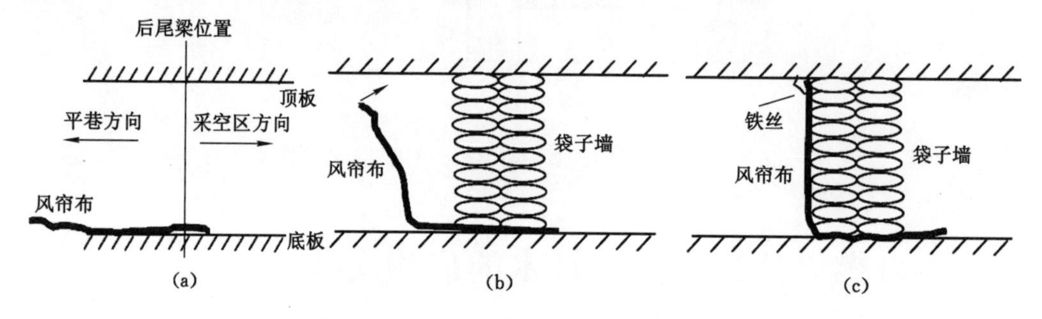

图 6-10　袋子墙和挡风帘施工方式示意图(沿工作面走向垂直剖面)

每次施工挡风墙时在挡风墙靠采空区一侧预留一段束管，束管长度约为 15 m，如图 6-11所示。每天利用束管对采空区气体进行采样并送至地面对气体中 CO、O_2、CH_4、C_2H_6、C_2H_4、C_2H_2成分和浓度进行色谱分析。同时瓦斯检查工定期对上下隅角和工作面 1# ～5# 架间 CO、O_2、CH_4进行检测，如有异常持续升高，及时通知调度。气体色谱分析仪安装调试完毕后，通过预留束管每天三班对采空区气体进行采样，并对气体中的 CO、O_2、CH_4、C_2H_6、C_2H_4、C_2H_2成分和浓度进行分析，通过每天对分析数据的对比，来更好地了解采空区遗煤的氧化状况。

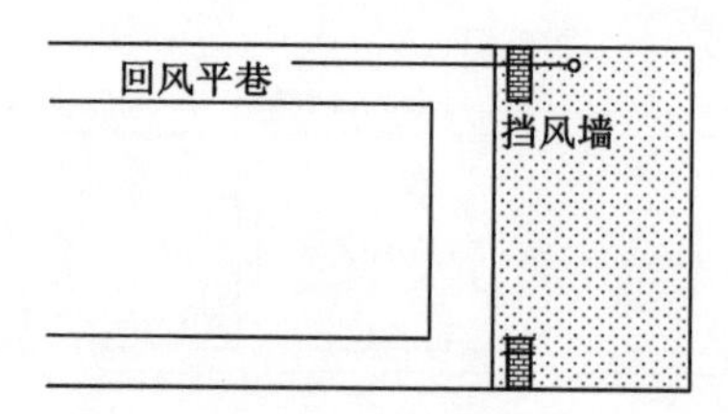

图 6-11　挡风墙处的束管敷设示意图

在工作面停采后，对停采工作面的上下端头实施固化泡沫胶结采空区松散煤岩体的技术措施，降低停采期间上下端头通过采空区的漏风量，缩短采空区自燃带的宽度，降低自然发火的概率。

(3) 停采前埋管预注泡沫

在进、回风侧各安装了一套防灭火泡沫发泡装置，形成两平巷同时灌注防灭火泡沫的防灭火系统，以增加防灭火泡沫的覆盖面积。

① 预埋管路的敷设方案

如图 6-12 中 1 所示，在 3404 回风巷通过回风隅角已经留设了一个注浆管路。管路进入采空区的距离约为 30 m，保留该管路至工作面回采距离达 100 m 左右；应尽快在进风隅角敷设第二趟注浆管路，如图 6-12 中 4 所示。当工作面推进至距离临时停采线 60 m 时，在上下隅角分别敷设注浆管路 2 和 4(管路沿倾向拐弯长 2～3 m，并且采用花管布置)，并维护至工作面重新切眼回采 20 m 后；在工作面推进至距离临时停采线 20 m 时，通过上下平巷再次各敷设一条注浆管路 3 和 5(管路沿倾向拐弯长 2～3 m，并且采用花管布置)，并维护至工作面重新回采 40 m 后。

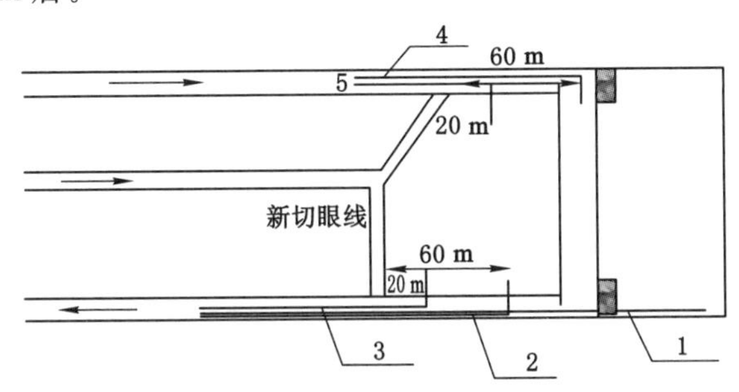

图 6-12　灌注防灭火防灭火泡沫管路敷设示意图

1～5——防灭火泡沫管路

② 灌注方案

在回风侧，当上隅角的挡风墙打好后，立即通过上隅角预埋管路 1 向采空区连续灌注防灭火泡沫 6 h 以上；此后，每间隔 6 d 通过该管路持续灌注防灭火泡沫一次，直至管路 2 进入采空区深部 30 m，此时改用通过管路 2 灌注防灭火泡沫。工作面停采后，每间隔 3 d 分别通过预埋管 2 和 3 向采空区灌注一次防灭火泡沫，每次持续时间应大于 6 h(大量泡沫溢出除外)。

在进风侧，当管路 4 进入采空区 30 m 后，通过管道每间隔 6 d 灌注防灭火泡沫一次。工作面停采后，每间隔 3 d 分别通过预埋管 4 和 5 向采空区灌注一次防灭火泡沫，每次持续时间应大于 6 h(大量泡沫溢出除外)。

③ 大流量多方位的采空区立体惰化技术

液态 CO_2 防灭火系统由地面液态 CO_2 槽车、输气管、水液汽化器、流量计等构成，如图 6-13所示。液态 CO_2 由专门的运输设备从化工厂运到矿井，采用在地面将液态 CO_2 直接汽化成 CO_2 气体的方法，经由注浆管路输送到 3404 工作面注浆预埋管和高位灭火钻孔，注入采空区。

液态 CO_2 压注系统具有稳定性好、操作简便、连续可调等优点，符合现场的实际应用。地面低温运输槽车每车最大可储运 150 t 液态 CO_2；液态 CO_2 的温度 －18～－20 ℃；出口压力可以达到 2 MPa；产气量为 800～1 000 m^3/h；输送距离可达 5 km，能实现大流量压注液态 CO_2 迅速熄灭火区的效果。

在 3404 工作面缩面期间，共进行了 3 次压注二氧化碳气体，主要是通过预先施工的高位钻孔和上端头隅角(回风隅角)埋管往面后采空区注二氧化碳，共注二氧化碳约 30 t。

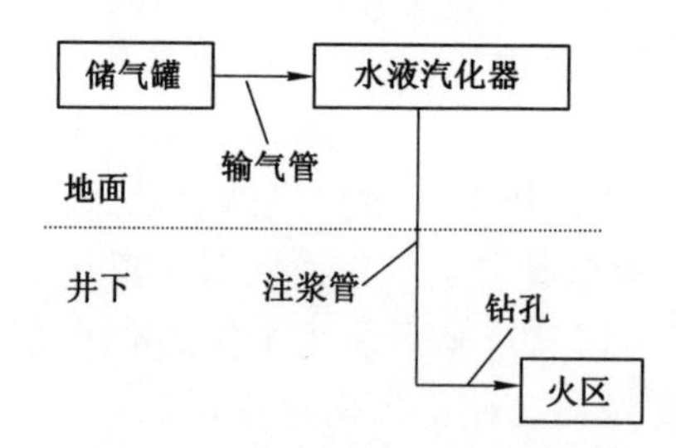

图 6-13　梁宝寺煤矿采用的二氧化碳灌注工艺流程

④ 大流量泡沫高位钻孔定向灌注的吸热降温与阻化技术

为防止工作面缩面停采期间采空区遗煤自燃，同时避免工作面停采后在其前方应力集中带施工钻孔的困难，经研究决定在工作面设计停采线前方 10 m 处提前施工 5 个高位注浆钻孔。

钻孔参数如下所述，开孔位置位于轨道平巷设计停采线以外 10 m(胶带平巷开孔位置在 Z20 点以外 39 m，新轨道平巷开孔位置在 A3 点以内 62 m)。自巷道顶板开孔，共设计 5 个钻孔，参数见表 6-2。

表 6-2　　3404 灭火高位钻孔的布置参数

钻孔编号	孔径/mm	孔深/m	角度/(°)		终孔位置	套管长度/m
			倾角	方位角		
1	108	27	24	65	顶板以上 2 m	27
2	108	28	15	36	顶板以上 2 m	28
3	108	32	22	103	顶板以上 2 m	32
4	108	27	16	66	顶板以上 2 m	27
5	108	32	10	31	顶板以上 2 m	32

如图 6-14 所示，为提高防灭火泡沫的覆盖面积还通过施工的 ϕ108 mm 高位钻孔向采空区以 600 m^3/h 的流量灌注防灭火泡沫，对停采线位置的浮煤形成三维立体覆盖，大幅提升防灭火效率。

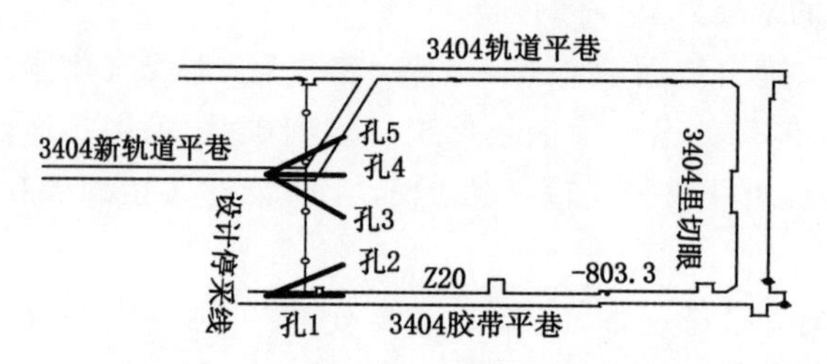

图 6-14　大口径高位灭火钻孔布置图

通过大量灌注防灭火泡沫的方式，尽可能地使处于自燃带的部分浮煤保持润湿、阻化状态，并不断地吸收采空区的氧化放热，降低工作面缩面期间自然发火的危险性。

6.5 本章小结

为了预防抽采漏风和采空区自燃，提出了大流量灌注液态氮气惰化采空区，针对氮气防灭火机理和注氮与瓦斯抽采之间的关系进行了分析，建立了采空区灌注液态氮气的工艺体系。针对传统的喷水泥砂浆、打挡风墚等方法的堵漏工作量大、堵漏效果差的缺点，开展了松散煤岩介质的固化泡沫胶结堵漏技术研究。制备了一种高分子固化泡沫胶结材料，材料具有良好的膨胀性、胶结性和黏附性能，具备一定的吸热降温性能。开发了基于松散岩体高分子固化泡沫胶结技术的堵漏工艺。即将高分子固化泡沫材料注射在采空区上、下端头松散的煤岩中，形成煤岩胶结体并形成致密覆盖膜的一种增阻、堵漏、控氧的防灭火技术。基于氮气惰化技术和固化泡沫堵漏技术，建立了综放工作面采空区煤自燃的立体综合预防技术体系，为工作面自然发火防治提供技术支持。

采取以上综合预防技术，在整个停采缩面的过程中，虽然自燃危险性较高但没有出现一氧化碳超限的情况，保证了工作面的顺利回采。

7 煤自燃隐患的定向灭火技术研究与应用

根据谢苗诺夫热自燃理论可知，煤自然发火是放热因素与散热因素相互作用的结果。如果放热占优势，煤体就会出现热量积聚、温度升高、反应加速、发生自燃；相反，如果散热因素占优势，煤体温度下降，不能自燃。在煤体的表面，由于散热大于放热，因此不会自燃，也就是说，井下煤炭自燃一般发生在煤体被压裂呈破碎状态的内部区域，当发生自燃火灾时，依据目前的技术能力很难精确地确定火区位置，这就造成难以在煤炭自燃前期采取灭火措施，从而造成自燃火区不断延烧，火灾事故扩大，从而破坏大量煤炭资源和造成人员伤亡。

为了快速准确地对井下自燃火区进行治理，必须提出一种火区定向防控技术，将其作为出现自燃隐患时期的关键技术手段。煤自燃隐患的定向综合防控技术就是要做到“关键时刻能拿得出，见得效”，要做到这一标准，必须要求防控技术具备能快速实现灭火钻孔施工和大流量防灭火材料定向灌注。

常规防灭火技术难以做到对火源的定向快速处置，比如黄泥灌浆时灌入采空区松散煤岩介质中的浆体容易沿采空区底板形成拉沟现象，因此很难对隐患地点不是很具体的隐蔽火源形成实质性的作用；而采空区注氮技术，虽然可以对采空区，尤其对封闭采空区进行大面积的惰化，但其吸热降温的能力有限，其密度和空气相当，难以在火源附近长时间驻留，因此也不能称之为火区的高效治理手段。要想对隐患地点进行快速的治理，防灭火技术必须满足以下几点基本要求：

(1) 流量大。流量是影响防灭火介质覆盖面积的关键影响因素，如果一种防灭火介质每小时只有十几立方米甚至几立方米的流量，那么可以想象，很难依靠这样的一种小流量防灭火介质来捕足大面积采空区中的隐蔽火源点。因此，快速防灭火技术必须具有流量大的特点。

(2) 流动性好或扩散性好，覆盖面广。流动性好的防灭火材料才能够在采空区内部具有一个较广的扩散覆盖面。若一种防灭火技术，其虽然具有良好的降温或堵漏效果，但其黏度大、流动性弱，这样的防灭火技术很难能够担当火区快速治理的重任。

(3) 具备一定的良好的吸热降温性能。吸收煤自燃氧化产生的热量，快速治理技术必须具有一定的吸热降温性能。

(4) 持续作用时间长。火区的防控技术要么具有吸热降温性能，要么具有长时间的惰化火区作用，只有这样才能满足火区的治理需求。

鉴于液态二氧化碳和防灭火两相泡沫技术具有流量大、覆盖面积广、降温或在采空区滞留时间长，防灭火作用时间久的特点，课题组提出：“液态二氧化碳、防灭火两相泡沫高位钻孔定向交替大流量灌注的煤自燃隐蔽火源综合防控技术”。

7.1　液态 CO_2 的采空区高效惰化技术

7.1.1　液态 CO_2 防灭火机理及效果分析

7.1.1.1　CO_2 的物理性质

(1) CO_2 常温、常压下是无色略带酸味的窒息气体。CO_2 不可燃，正常情况下也不助燃。

(2) CO_2 在大气中的体积分数仅为 0.037%。它在不同的压力、温度条件下有三种形态，即在低温加压下(−20 ℃、2 MPa)或高压常温(约 8 MPa、30 ℃)下气体可变为液态，液体气化过程中，当温度降到−78.5 ℃后将形成雪花状的固态干冰(固体碳酸)。

(3) CO_2 熔点为−56.6 ℃(0.52 MPa)，临界温度为 31.3 ℃，临界压力 7.28 MPa，CO_2 具有升华特性，升华点为−78.5 ℃(0.1 MPa)。

(4) CO_2 相对空气密度为 1.529，密度为 1.976 kg/m^3(0 ℃，0.1 MPa)，在温度为 15 ℃、0.1 MPa 下，1 t 液态 CO_2 体积膨胀约 640 倍。

7.1.1.2　液态 CO_2 防灭火机理及优点

(1) 窒息作用

煤的自然发火是煤与氧的氧化反应过程，氧气是氧化反应的必要条件，没有氧气，氧化反应就无法进行。试验结果证明，氧浓度低于 8%时失燃，低于 3%时，氧化反应彻底被中止，燃烧现象不能持续进行。

向发火或具有高温火点的采空区内注入液态 CO_2 立即会形成大量的高浓度 CO_2，会使采空区内原有 O_2 浓度相对减小，并且由于 CO_2 比空气密度大，重于空气，以及煤体对 CO_2 具有较强吸附作用(吸附量为 48 L/kg，而煤对氮气的吸附量为 8 L/kg，前者是后者的 6 倍)等特点，很容易替代 O_2 而覆盖煤体燃烧点表面，减少煤体燃烧体表面 O_2 浓度，使 O_2 浓度低于自然发火的临界 O_2 浓度，从而防止煤的氧化自燃，或使已形成的火灾因缺 O_2 而窒息灭火。与此同时，大量的高浓度 CO_2 必然会提高采空区内气体静压，进而会降低采空区的漏风量，造成氧化自燃带供氧不足，进而阻止氧化反应的进程。

(2) 冷却降温作用

直接喷注液态 CO_2 时，可使火源明显降温，加速熄灭火源。液态 CO_2 喷入火区空间会瞬间气化，体积将膨胀 640 倍左右，需要吸收大量热，温度急剧下降。1 kg 液态 CO_2 蒸发气化需要吸收 577.8×10^3 J 的热量。加之煤对 CO_2 极易吸附特点，在吸附过程中将吸附热转移给 CO_2 气体，从而会遏止燃烧的链锁反应。同时扩散采空区内的 CO_2 气体也会吸收氧化反应过程中所产生的热量，降低周围介质的温度，以减缓煤的升温速度，促使煤的氧化反应由于聚热条件的破坏而延缓或终止。

(3) 惰化抑爆作用

气化后的 CO_2 在冲淡可燃气与氧的含量过程中，也使火区空间气体惰化程度不断增大，从而使混合气失去可爆性。CO_2 的惰化作用优于其他惰性气体。以氮气注入的火区阻爆临界氧浓度为 12%，火区内明火被熄灭的临界氧浓度为 9.5%；而以 CO_2 注入的火区阻爆临界氧浓度为 14.6%，火区内明火被熄灭的临界氧浓度为 11.5%。经两者比较，CO_2 的阻燃、阻爆性能明显优于氮气，两者相差 2 个百分点以上。

(4) 液态 CO_2 防灭火的优点

通过对国内外常规防灭火技术和材料的优缺点比较，以及结合国内个别煤矿试验将液态 CO_2 用于煤矿矿井防灭火的应用实践，如兖州南屯矿曾利用在地面将液态 CO_2 气化成气态 CO_2 通过管路输入井下火区实施灭火，取得明显灭火效果；鹤岗矿区也曾经试验过将液态 CO_2 直接从地面利用通往井下火区管道向火区灌注，也取得明显灭火效果。我们总结分析，相比其他常规防灭火技术，液态 CO_2 防灭火技术具有以下优点[64]：

① 液态 CO_2 灌注火区空间会瞬间体积膨胀气化，并吸收大量热，使得火区温度和氧气浓度降低加快，降温效果明显。

② 适用范围广，液态 CO_2 经过吸收热量气化后，可扩散充满任何形状的燃烧空间，因而便于对矿井采空区深部、高冒区等人们不便接近的地点进行灭火。

③ 液态 CO_2 灌注火区后，能有效降低煤氧复合速度，迅速抑制燃烧，更有利于防止瓦斯、煤尘爆炸。

④ 负面损失少，不会损坏设备和井巷设施，因而灭火后恢复工作量少且容易。

⑤ 二氧化碳密度比空气密度大，可快速沉入底部而挤出氧气，并在火区内扩散充满其空间，使火区内氧气浓度急速下降。

⑥ 输送便利。

⑦ 灭火用材成本低于其他灭火成本。

虽然液态 CO_2 防灭火技术在试验运用中取得良好的效果，特别是通过气化进行防灭火在技术手段上已比较成熟，但对液态 CO_2 直接灌注火区工艺上还有不成熟的地方，譬如，双鸭山矿区在过去曾经试验过将液态 CO_2 直接在地面利用井下火区管道向火区灌注，出现过如果管道距离较长就易发生管道爆裂现象。通过对液态 CO_2 防灭火作用和机理研究，以及国内外防灭火技术比较分析，我们认为利用液态 CO_2 防灭火技术思路是没问题的，正好充分体现通过控制煤矿矿井火灾三要素（可燃物的存在、热源、具有一定浓度氧的空气供给）之一的防灭火理念，而且利用其防灭火与其他防灭火技术方法比较具有速度快、操作简单、成本低、防灭火效果显著等特点，是一项先进的防灭火技术。

7.1.2 梁宝寺煤矿液态 CO_2 防灭火工艺系统及装备

通常液态二氧化碳在煤矿井下的应用有三种工艺[64-66]，分别如下：

工艺一：当火区接近地表可直接通过地面打的钻孔向火区注液态 CO_2。这样只要制作出液态 CO_2 贮存罐即可实现该目的。

工艺二：当不便将液态 CO_2 直接从地面注入井下火区，这就需要制作出特殊罐车装置（矿车型液态 CO_2 贮运罐），组成矿车串，将液态 CO_2 运至井下火区附近，再接较短管路，以近距离将其直接注入火区，如图 7-1 所示。

工艺三：在不具备将液态 CO_2 直接注入火区的情况下，只能通过气化器在井上将液态气化成气态 CO_2，通过地面到井下火区附近的管路，长距离输送到火区，如图 7-2 所示。

综上所述，考虑到目前煤矿采深越来越大，采用第一种方法通过地面钻孔向火区注液态 CO_2 成本过高，且钻孔时间长影响火区扑灭速度。第三种方法将液态气化成气态 CO_2 后由地面经过管道灌注火区，该种方法冷却降温作用不明显，但在矿井已具备防火灌浆或注氮管路的情况下，此种方法初期投资较少，工艺系统形成较快的特点。采用第二种方法能解决第一种、第三种方法所存在的不足，是今后液态 CO_2 防灭火技术发展的方向，但前期准备工作复杂。

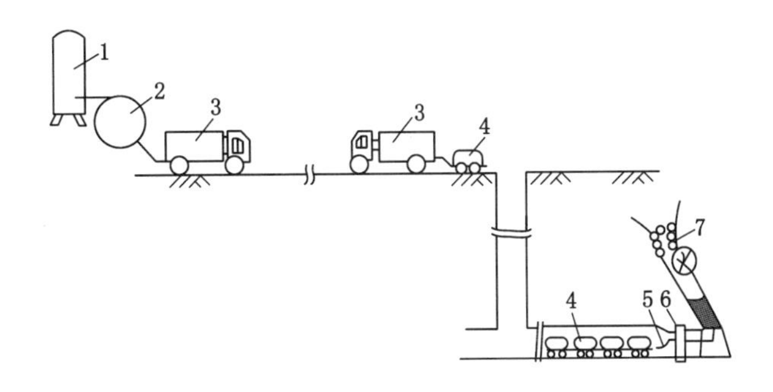

图 7-1 液态 CO_2 直接注入火区工艺系统

1——制液态二氧化碳机组；2——固定液态二氧化碳贮槽；3——汽车型液态二氧化碳槽车；
4——矿车型液态二氧化碳槽车；5——管路；6——密闭；7——火区

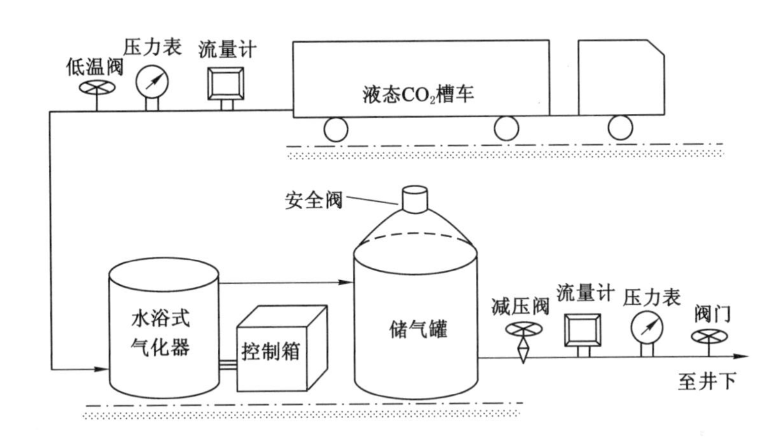

图 7-2 液态 CO_2 气化后注入火区工艺系统

根据实际情况，梁宝寺煤矿选择了第三种应用工艺。为此，在地面制浆站安装了 EDM1000 型 CO_2 惰性灭火装置进行注二氧化碳防灭火。CO_2 惰性灭火装置主要由 CO_2 转换器(2 台)、调压装置、CO_2 转换器控制柜、缓冲罐、安全阀组成，如图 7-3 所示。CO_2 转换器、调压装置、CO_2 转换器控制柜装配在同 1 个底盘上。从运送 CO_2 槽车上压出的液体 CO_2 进入 CO_2 转换器吸收热量以后，转换器内的水被加热，将其管内流动的 CO_2 液体由液态变成气态(经过调压装置的压力、温度等控制，再经过缓冲罐，使液态 CO_2 转化为气态)。

7.1.3 大流量灌注液态 CO_2 的操作流程与注意事项

(1) 转换器运行中必须由专人值守。

(2) 设备用水的水质必须按要求严格控制。水的 pH 值在 7.0～7.5 之间；严禁被碳钢铁素体污染或有碳钢锈蚀源存在；对运行设备经常进行水质检测，检测频率为每日 1 次；转换器工作时，要经常观察水位变化，水位低于下限时要及时补充。

(3) 注浆管路必须先预埋在氧化自燃带内，注入惰化气体以防止煤层氧化；其次要将工作面上下隅角封堵，便于留存大量气化 CO_2，以促使其在采空区内存留更长时间。

(4) 压注过程中，按照 500 m^3/h 的气化速度，出口温度 10 ℃左右，向采空区压注气态 CO_2，同时安排专人监测压注过程中工作面和回风巷的 CO_2 气体浓度，当 CO_2 浓度达到 1% 时，停止压注，撤出工作区域的所有人员。工作面拆除期间，安排专人监测拆除支架地点和

(a)

(b)

图 7-3 液态二氧化碳槽车和转换器与操控面板

(a) 液态 CO_2 槽车；(b) 转换器与操控面板

回风巷的 CO_2 浓度，当 CO_2 浓度达到 1%时，停止拆除，撤出所有工作人员。

7.2 防灭火阻化泡沫技术

泡沫防灭火技术主要包括三相泡沫防灭火技术和两相阻化泡沫防灭火技术两类。其中两相泡沫防灭火技术同三相泡沫相比虽然其没有添加固相防灭火介质，导致泡沫破灭后其不具备较好的覆盖性；但两相泡沫发泡倍数更高，体积流量大，具备更高的扩散、堆积能力，能将更多的水分带至大范围的采空区浮煤，相比三相泡沫其渗流的阻力小，更适合作为一种快速降温灭火技术。

7.2.1 防灭火阻化泡沫的技术特点

与现有的防灭火技术及材料相比，含氮气的泡沫防灭火技术兼有一般注浆方法和惰气泡沫防灭火的优点。含发泡剂的水溶液引入氮气发泡后形成泡沫，因为泡沫有很好的堆积性，所以能在采空区中向高处堆积，对低、高处的浮煤都能覆盖；防灭火泡沫能将浆水均匀地分散，有较好的挂壁性，有效地避免浆体的流失，从而很好的湿润浮煤；注入采空区的氮气被封装在泡沫中，能较长时间滞留在采空区中，充分发挥氮气的窒息防灭火功能。此外，防灭火泡沫是一种工艺简便、安全环保、价格低廉的防灭火材料。图 7-4 为泡沫防灭火技术的主要技术特点。

7.2.2 泡沫防灭火技术的流动特性与影响因素

采空区隐蔽性强，现场观测阻化泡沫的扩散范围特征难度大、成本高，并且也不具备推广性。为此，课题组建立了防灭火泡沫在采空区流动特性的数学模型，采用数值模拟技术定性分析了防灭火泡沫的流动范围特征。该方法是研究泡沫渗流范围及影响因素的有效手段，这对防灭火泡沫的应用工艺的优化设计具有非常重要的意义。图 7-5 和图 7-6 是利用该方法研究的泡沫在某矿综放工作面采空区多孔介质中的渗流过程，得到了堆积高度、扩散宽度及它们的影响因素等特性，为泡沫在煤矿现场的应用工艺设计提供了依据[67]。

模拟表明，泡沫在采空区堆积达 3.62 m，最高堆积点约位于灌注出口的正上方。如图 7-5 所示，随着与灌注出口距离的增加，堆积高度呈线性趋势缓慢下降，直至降至采空区底

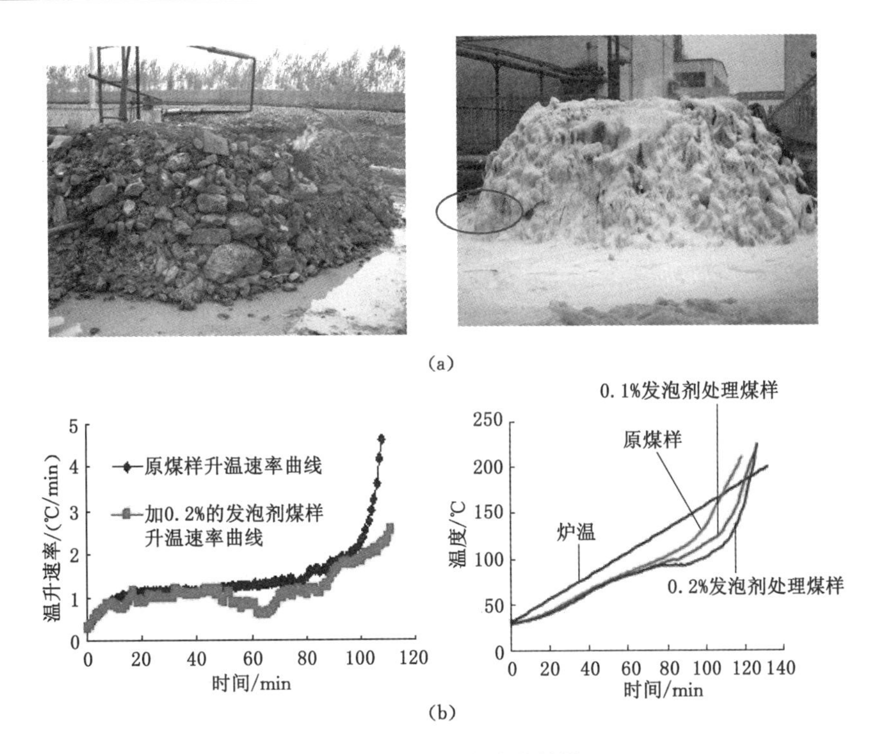

图 7-4　防灭火泡沫的特性

(a) 泡沫防灭火材料的高位堆积特性(圈内为插管高度);(b) 防灭火泡沫的阻化特性

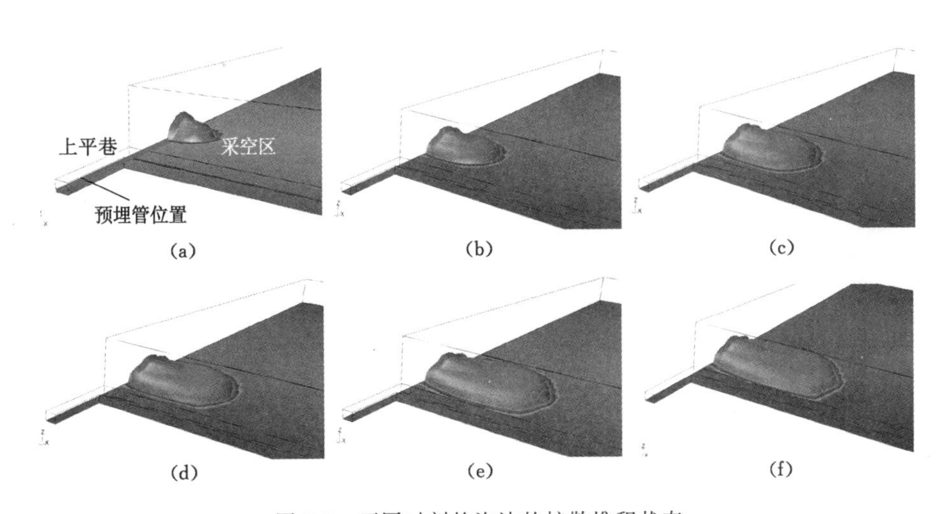

图 7-5　不同时刻的泡沫的扩散堆积状态

(a) 10 min;(b) 30 min;(c) 50 min;(d) 70 min;(e) 100 min;(f) 140 min

板;扩散轮廓与底板间始终保持着一定的角度,对于泡沫的覆盖外缘,该堆积角度约为 30°。这就是煤矿现场灌注时,灭火泡沫通常最先从采空区底板流出的原因。

通过调整工作面倾角和灌注流量两个参数,对泡沫在采空区松散体中渗流扩散的范围进行了多次模拟,并分析单孔灌注流量对泡沫渗流特性的影响,结果如下:

(1) 流量和工作面倾角对扩散宽度的影响

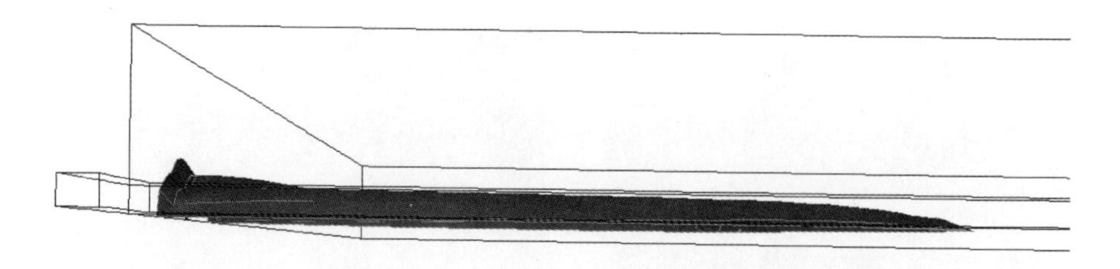

图 7-6　灌注 240 min 时防灭火泡沫的扩散堆积状态

图 7-7 为不同灌注流量下，防灭火泡沫的扩散宽度与工作面倾角之间的关系。从图 7-7 可以看出，随着工作面倾角的增加，不同灌注流量的条件下防灭火泡沫在采空区的扩散宽度均存在大幅度减小。以流量 680 m^3/h 为例，当工作面倾角仅为 2°时防灭火泡沫的扩散宽度约达 62 m，随着工作面倾角的增加，当工作面倾角增至 5°时，扩散宽度降至 38.5 m，仅能达到原扩散宽度的 60%左右，可见工作面倾角对防灭火泡沫的扩散宽度具有重要影响。产生这种现象的原因是：工作面倾角的增大实质上相当于对防灭火泡沫增加了沿采空区倾向的推动力，导致防灭火泡沫沿采空区倾向的扩散趋势较为明显，这势必会缩小防灭火泡沫沿工作面走向的扩散宽度。

如图 7-7 所示，防灭火泡沫的扩散宽度同样受到灌注流量的影响。随着灌注流量的增加，防灭火泡沫的扩散宽度增大。以工作面倾角 5°时为例，灌注流量为 280 m^3/h 时，扩散宽度为 29.5 m，当灌注流量增加至 680 m^3/h 时，防灭火泡沫的扩散宽度达到了 38.5 m，增幅达到了 30%左右。可见，灌注流量对防灭火泡沫扩散宽度具有一定程度的影响，但不如工作面倾角对其的影响大。

(2) 流量和工作面倾角对堆积高度的影响

以防灭火泡沫在管路出口处垂直于煤层底板的堆积距离作为堆积高度的标准，将防灭火泡沫的堆积高度和灌注流量、工作面倾角之间的关系绘制成图 7-8。

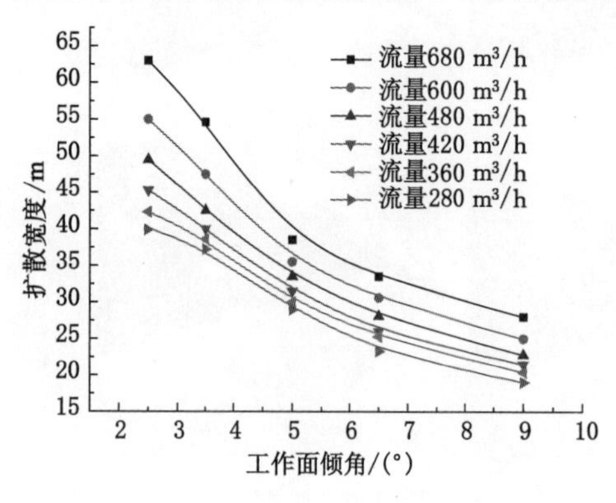

图 7-7　扩散宽度与工作面倾角的关系

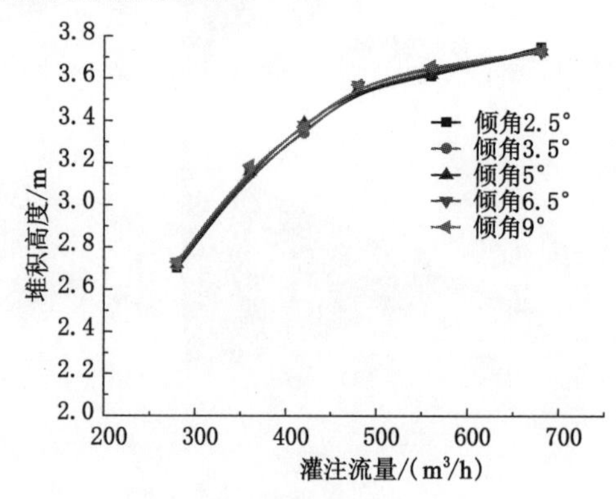

图 7-8　灌注流量和堆积高度的关系

从图 7-8 可知，防灭火泡沫的堆积高度受灌注流量的影响较为明显，而与工作面倾角无关。随着灌注流量的增加，防灭火泡沫的堆积高度不断升高；当灌注流量为 280 m^3/h 时，防灭火泡沫的堆积高度为 2.7 m 左右，当灌注流量增加至 680 m^3/h 时，防灭火泡沫的堆积高度相应地升至 3.7 m 左右，高度的增幅达到了 1 m。造成该现象的原因是：防灭火泡沫流量大幅增加，会造成出口附近的通道不足以容纳防灭火泡沫顺利通过，这时多余的防灭火泡沫势必向高处寻求通道，流量越大，则占用的高处通道越多，防灭火泡沫的堆积高度也就相应越大。

由此可见，防灭火泡沫的单孔灌注流量是防灭火泡沫能够向高处堆积，向远处覆盖的主要原因之一。单孔灌注流量大，防灭火泡沫的堆积高度就高，覆盖宽度就大；反之，防灭火泡沫的堆积高度就低，扩散范围就小。因此，要想得到较大的泡沫覆盖面积，进而得到较高的火源捕捉概率就必须保持大流量灌注防灭火泡沫，因此定向的较大口径防灭火钻孔的施工是关键。

7.3　高位钻孔的优化设计与施工

7.3.1　钻孔参数的设计

7.3.1.1　梁宝寺煤矿典型综放工作面覆岩移动规律分析

由岩石力学可知，随着工作面回采，在工作面周围将形成一个采动压力场，采动压力场及其影响范围在垂直方向上形成 3 个带，即垮落带、裂隙带和弯曲下沉带。在水平方向上形成 3 个区，即煤壁支撑影响区、离层区和重新压实区。在这个采动压力场中形成的裂隙空间，便成为瓦斯流动和防灭火介质渗透的通道，如图 7-9 所示。

图 7-9　工作面采动压力场中裂隙带分布

1——煤壁支撑影响区(A—B)；2——离层区(B—C)；3——重新压实区(C—采空区深部)；

Ⅰ——垮落带；Ⅱ——裂隙带；Ⅲ——弯曲下沉带；α——支撑影响角

利用高位钻孔进行防灭火时，高位钻孔的设计和施工是影响防灭火效果的主要因素。若高位钻孔终孔位置设计过高，则浆液的入口位于裂隙带的上部，出口处的孔隙较少，防灭火介质的扩散范围、灌注的流量和灌注压力都会受到负面影响；若钻孔的设计高度较低，则钻孔可能要长距离处于垮落带内施工，钻孔的成功率就难以保证，因此最优的钻孔设计应是尽可能将终孔位置落于采空区垮落带和裂隙带的交汇位置或裂隙带的下部区域。为此，必须考察梁宝寺煤矿典型综放工作面上覆岩层移动规律。

7.3.1.2　钻孔参数的确定

(1) 防火钻孔(也可用作采空区瓦斯抽采)参数的确定

利用数值模拟及实践经验综合确定上隅角附近防火时(停采期间)高位钻孔的参数如图 7-10 所示，且有如下要求：

① 钻孔轴线在回风巷方向的投影长度 x。合理的钻场间距和钻孔长度的配合，应当能保证相邻钻场的钻孔在空间上的重叠。

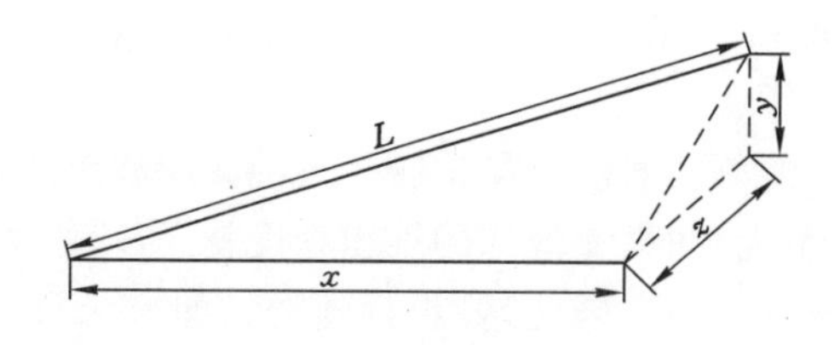

图 7-10 高位钻孔主要参数

② 钻孔终孔点距煤层的垂直距离(高位钻孔高度)y 主要决定于裂隙带的高度和垮落带的高度。根据已有的高位钻孔数值模拟成果,计算出 3 号煤典型工作面裂隙带的高度为 12～30 m。根据理论计算结果,高位钻孔灌浆的高度为 15～24 m,现场实际 y 取 20 m 左右。

③ 钻孔终孔点在煤层面垂直投影点到回风巷的距离 z。根据工作面采空区瓦斯流动、分布规律、终孔点的合理间距,确定综放工作面防灭火时高位钻孔终孔点在煤层面垂直投影点到回风巷的距离分别为 5 m、25 m 和 45 m。

(2) 灭火钻孔的参数

根据可能自然发火位置的判断结论确定终孔与煤帮的距离,综合考虑理论计算结果中可能发火位置上部裂隙带的高度确定终孔的高度,进而确定钻孔的终孔位置,然后再结合钻孔的开孔位置的选择,确定钻孔的方位角、开孔角度等参数。

7.3.2 钻孔施工技术

煤矿采空区充满不同粒度的碎岩或遗煤,属于松散介质类型。松散介质一般可分为两类,一类是颗粒之间不存在黏结力,称为理想松散介质;另一类是颗粒间有胶结物充填,有黏结力,能保持一定的几何形状,称为黏性松散介质[68-69]。采空区松散煤体可视为黏性松散介质[70]。从采后的顶板煤岩垮落到采空区后方压实的矿压过程上看,采空区非均质特征非常明显;鉴于煤矿采空区实际上为松散煤岩的非均匀性多孔介质,因而在日常的钻孔施工过程中,往往出现卡钻的问题;钻孔成孔后由于煤岩松软则又比较容易会出现垮孔等问题,给相关工作的开展带来了很大的不便。

工作面回采的过程中,采空区是煤矿井下最容易自然发火的地点之一,为了处理该类煤自燃灾害,一般采用采空区预埋注浆管的方式进行灌注防灭火介质来处理。但通过预埋管注浆,其处理范围有限,并且对火源的针对性也不强。在初步判断火源范围的情况下,作为补充手段通常还需要打钻至相应地点处理险情。在最短的时间内实现火源或高温隐患点的有效治理,是控制灾害影响范围的关键。因此,采取技术措施克服采空区松散煤岩体钻孔施工中存在卡钻、垮孔等问题,形成大口径灭火钻孔是摆在科技工作者面前的一个迫切需要解决的课题。

为了解决大口径防灭火施工中面临的技术难题,在摸清碎煤体不易成孔和易垮孔原因和现有技术的基础上,课题组提出了一种适合煤矿使用的松散介质大口径灭火钻孔的快速成孔技术及工艺。相应设备主要包括钻机、钻杆、粗细不同的两种规格钻头、钻尾丝(连接钻杆与钻机过渡件)等。依据成孔的工艺流程不同,我们将近年来采用的钻孔施工方法归结为以下三种:

(1) 基于小口径钻孔扩孔技术的大口径灭火钻孔施工方法

在松散介质区域，如果直接施工大口径灭火钻孔一般会在钻头拔出后，下套管之前就会出现塌孔的事故，钻孔成功率较低。为解决这一难题，在松散介质中施工大口径钻孔时采用先施工小孔径钻孔，后采用大钻头扩孔的方式施工，这样就显著提高了钻孔施工效率。

(2) 大口径钻孔的预钻技术

准确判断可能易自然发火的区域，从提高防灭火介质覆盖面的角度出发，预先分析确定钻孔的终孔位置，在矿山压力将煤体压碎前预先施工大口径防灭火高位钻孔并全程下套管。

(3) 灭火钻孔钻套一体化施工技术

灭火时期，为提高成孔率和成孔速度，采用钻套一体化技术施工灭火钻孔，即钻杆即是套管，钻孔施工完毕后直接连接防灭火灌注管路，这样可提高钻孔的施工效率，也可避免塌孔，提高钻孔的成孔率。

适时采用上述方法，可以显著提升防灭火钻孔施工的成功率，为构建基于大流量灌注二氧化碳和泡沫的定向防灭火技术体系扫清了技术障碍。

7.4　基于大流量防灭火介质定向灌注的火区防控技术

7.4.1　大流量两相阻化泡沫的制备工艺流程

防灭火泡沫系统主要由地面制/注浆系统和矿用防灭火泡沫发生器组成，如图 7-11 所示，制备和灌注流程如图 7-12 所示。

图 7-11　泡沫发泡剂添加剂和泡沫发泡器

(a) 泡沫发泡剂添加泵；(b) 泡沫发泡器

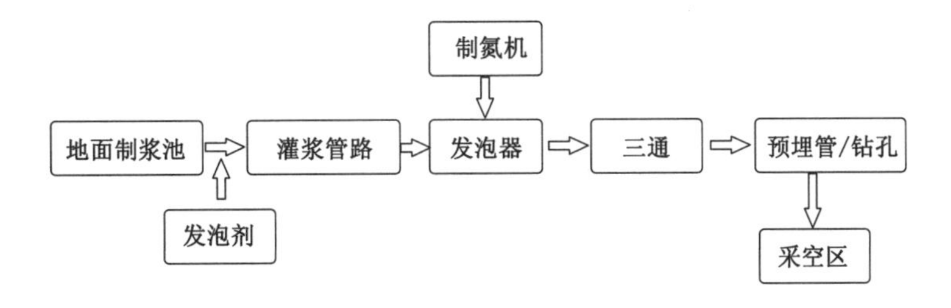

图 7-12　泡沫制备和灌注的工艺流程

在地面制浆站，通过发泡剂定量添加泵将发泡剂注入注浆管路的入口处，将发泡器安装在距离工作面 300 m 的位置处，同时在该位置将氮气管路和发泡器连接，浆体通过发泡器后即可形成致密的防灭火泡沫；由于该系统井下为电动装置，使用非常便捷，适合快速灭火时期的安装和调试。

7.4.2 大流量泡沫快速灌注技术的安全管理措施

(1) 大流量灌注泡沫的火区快速处置技术的出发点就是“流量对泡沫堆积覆盖面积的影响这一出发点,即流量大堆积高度高、最大扩散范围广”,因此在采用这一技术时,首先必须保证灌注过程中没有大量泡沫的溢出。

(2) 条件许可时,尽量采用单孔灌注,以追求最大的堆积高度和最广的覆盖面积。

(3) 大流量泡沫灭火技术实施期间,应加强对注浆管路的观察,避免出现爆管的现象。

(4) 钻孔使用过程中,若出现大量泡沫从钻孔周边溢出的情况,应施工并启用新的钻孔。这是因为钻孔泄压将大大缩小泡沫的覆盖体积。

7.5 液态 CO_2 与防灭火两相泡沫交替灌注的综合灭火技术

液态 CO_2 密度大,在采空区底部驻留的能力强,对火区的惰化效果较好,但由于液态 CO_2 在长距离的管道内流动过程时由于热传导的原因,CO_2 到达灌注地点时,其温度已经上升至与周围环境没有大的差异,因此吸热降温能力稍弱。为此,在灭火过程中,为了保证对火区的降温效果,本课题提出采用泡沫防灭火技术和液态 CO_2 联用的火区治理手段,将其实施流程简述如下:

第一步,在综放工作面自燃火源发生的初期阶段,根据对梁宝寺煤矿综放工作面易自燃规律的研究结论和工作面火灾气体产物的分布状态,向预判的可能自然发火区域上部(裂隙带下边界附近)呈扇形布置施工灭火钻孔;钻孔的施工采用钻杆即是套管的“钻套一体化技术”。

第二步,通过高位钻孔向采空区灌注液态 CO_2,发挥 CO_2 在采空区底部的驻留时间长、流量大、惰化效果好的特点,对火区的发展起到一定的抑制作用。为配合惰化措施的实施,实施该步骤之前可对采空区上下端头等漏风量大的地点实施固化泡沫堵漏技术。

第三步,通过 CO_2 惰化,火灾发展的速度得到初步抑制,然后采用大流量防灭火两相泡沫通过高位钻孔灌注的技术去捕捉高温火源点,逐步给高温点降温,实现防控高温火源的目的。

若第一个周期内灭火效果不理想,煤自燃火源的征兆不消失,则对可能自然发火位置进行新的判断,再次实施步骤一至步骤三,直到获得满足安全生产要求的自燃火灾处理结果。

7.6 煤自燃隐患的定向综合防控技术实践

7.6.1 煤自燃隐患的定向综合防控技术在3309综放工作面自燃火源治理中的应用

由于综放工作面所采煤层厚,回采率较低,采空区浮煤较多,很容易发生采空区自燃,尤其是过断层时,因此,采空区自燃已成为制约综放开采和实现矿井高产高效的关键问题之一。

(1) 3309综放工作面断层自燃火区概况

3309综放工作面走向长816 m,倾斜宽100 m,开采标高−813.8～−999.2 m。该工作面所采煤层3煤为气煤,总厚度5.7～8.0 m,平均7.0 m,采高3.0 m,放煤高度2.7～5.0

m，采放比平均为1∶1.33，最大为1∶1.67，放煤步距0.8 m。煤层结构较简单，煤层倾角在9°～16°之间，平均13°，煤层普氏硬度系数 $f=1.8$。采取轨道巷进风，运输巷回风的“U”形通风方式。其进风巷道水平高于回风巷道水平，采取的是下行通风。工作面上下隅角高差为10 m左右。2010年10月过 DF_{69} 断层时，推采速度慢，3个月仅推进50 m左右，10月15日下隅角处有烟雾冒出，此后CO浓度逐渐上升，20日测得下隅角CO气体高达0.065 6%，工作面支架后气体逐渐增加，采空区遗煤出现自燃现象。通过分析，对采空区采取防灭火措施，之后CO浓度降到正常水平。

(2) 自然发火原因

工作面回采期间，断层破坏了煤层原有的连续性和完整性，从而使得断层处的浮煤能在漏风下不断的氧化升温，给工作面回采带来很大的困难。由于工作面推进速度慢，自燃带前移速度变慢，也给煤自燃防治工作带来不利因素。综合考虑，3309综放工作面自然发火的原因主要有：

① 过断层时，工作面推进速度变慢，自燃带前移速度慢，浮煤在自燃带内作用时间长，所以其氧化蓄热时间增长，容易自燃。

② 断层处煤层地质结构复杂，煤岩分离明显，煤层受张拉、挤压等作用，裂隙大量产生，煤体破碎，工作面回采后，容易形成大量浮煤冒落采空区。

③ 回采前，DF_{69} 断层处的通风方式为下行通风，加上平巷断层处易形成高冒区，因此，断层在冒落进采空区前，其内部的煤炭已经氧化升温；工作面回采后，断层附近漏风通道复杂，漏风严重，给煤氧化自燃提供了通风供氧条件，煤炭继续氧化升温，从而形成采空区自燃。

④ 工作面推进期间可能采用爆破、采煤机硬割岩石等过断层手段，产生热量较多，热量漏入采空区，加速浮煤氧化自燃。

3309综放工作面掘进时共揭露7条断层，其中 DF_{69} 断层落差6～7 m，回采时有大量的浮煤冒落进采空区，并且回采速度慢，3个月仅推进50 m左右，因此造成下隅角采空区内部氧化自燃，如图7-13所示。

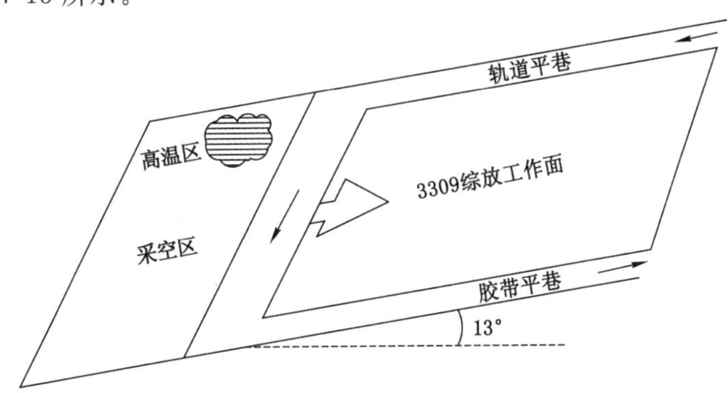

图7-13 3309综放工作面布置示意图

(3) 火区治理过程

为了快速治理采空区自燃火区，采取了施工高位灭火钻孔、注防灭火泡沫、堵漏、降低风量等措施，最终成功治理了自燃火灾。

① 施工高位灭火钻孔

由于平巷浮煤较多，易于自燃，因此在进风巷距工作面 20 m 处开始施工高位钻场，钻场间距为 20 m。钻场先按 30°向进风巷内帮施工 4 m，然后再变平施工高位钻场，利用钻套一体化的快速成孔技术在高位钻场向采空区施工 3 个呈扇形分布的高位钻孔，钻孔开口距钻场底板 1.5 m，倾角为 5°，孔深 50 m，如图 7-14 所示。

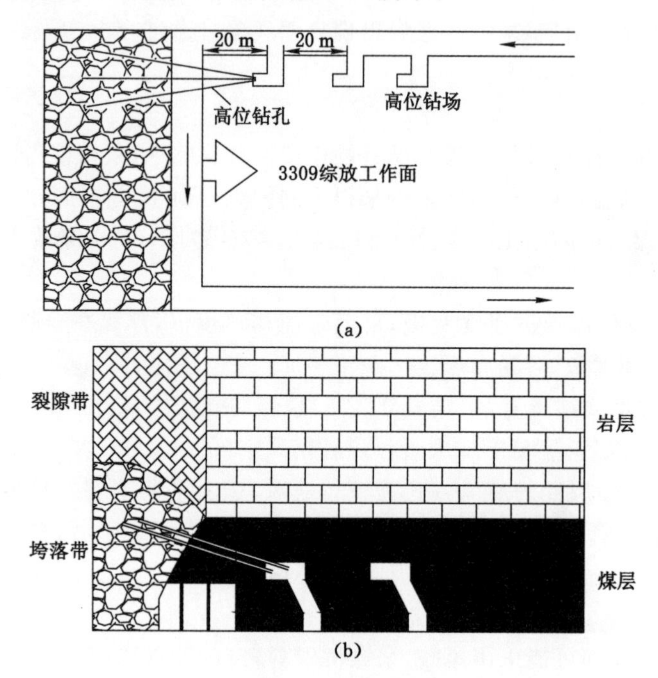

图 7-14　高位灭火钻孔布置示意图

(a) 俯视图；(b) 侧视图

高位灭火钻孔深入采空区长度 $l = 50 \times \cos 5° - 20 = 29.8$(m)，根据采空区自燃"三带"测定结果，其氧化带在采空区 20 m 以后，高位灭火钻孔端部已深入至采空区氧化带内。

钻孔出口距离煤层底板高度为：$h = 4 \times \sin 30° + 1.5 + 50 \times \sin 5° = 7.85$(m)。按煤厚 7 m，采 3 m 放 4 m 计算，则钻孔出口处在浮煤垮落区上部，从而使得注防灭火材料能很好地覆盖采空区浮煤，阻止浮煤氧化。

② 注防灭火泡沫

利用施工的高位钻孔向采空区灌注防灭火泡沫，防灭火泡沫灌注工艺流程：首先在制浆站中，制成浓度为 20%左右的泥浆，经过两道过滤网(网孔大小≤8 mm)，过滤出泥浆中的杂质，自流输送到注浆管路中，同时在地面通过发泡剂定量添加泵将发泡剂和阻化剂加入注浆管路中，浆液与发泡剂在管道流动中进行混合均匀后进入井下注浆管路，在发泡器中接入氮气，经过发泡器发泡产生出防灭火泡沫，防灭火泡沫分成 3 路分别对 3 个高位钻孔进行注浆，由于防灭火泡沫在多孔介质中有很好的流动性和堆积性，因此防灭火泡沫可以大范围均匀地覆盖采空区浮煤，阻止浮煤氧化。注 3 d 防灭火泡沫后，隅角和工作面气体恢复正常。

③ 降低风量、减少漏风

采空区自燃"三带"随工作面的推进呈动态变化，自燃带的宽度和前移速度等特性参数是煤自燃防治工作的重要依据。自燃带的宽度越大,前移速度越慢,浮煤遗留在氧化带内的时间越长,则越容易发生自燃。因此,采取措施加快自燃带前移速度,并缩小其宽度是防治煤自燃的重要手段。

通过调节 3309 轨道平巷处的调节风门,降低 3309 综放工作面进风流风量,由原来的 847 m^3/min降为 551 m^3/min,从而减少向采空区的供氧量;同时加强通防设施管理,工作面进回风隅角悬挂挡风帘,以减少采空区漏风量,防止自燃区域扩大。

由自燃原因分析可知,降低自燃带宽度是防治采空区煤自燃的有效手段。在正常推进期间,3309 综放工作面采取的是隔离墙防灭火技术,通过在工作面两巷采空区后侧用沙土或黄土装袋堆砌而成的隔离墙,减少向采空区的供氧,其作用是减少两巷隅角向采空区漏风,缩短氧化带和散热带的宽度,增加窒息带的长度,减少采空区浮煤自然发火事故。其中,每隔 20 m 建一道防火墙,厚度控制在 1.5～3 m 之间。两帮分别与采空区和煤帮靠紧,起到堵漏作用。

在过断层时,由于推进速度慢,导致采空区自燃带前移慢,隔离墙很难奏效,从而引起采空区自燃。为了防止采空区再次自然发火,在 3309 综放工作面采取了打孔压注高分子材料胶结松散煤岩封堵采空区的措施。

由于喷浆所需设备较笨重,在工作面中间处各综放支架之间的漏风空隙处,较难喷射水泥砂浆。在这些地方我们采用固化泡沫高分子材料进行打孔压注。利用综放支架架间空隙,使用风动钻机每隔 4 个架间空隙打一个小直径钻孔,孔深 4 m,与综放支架成 45°倾角向上倾斜,如图 7-15 所示。插管注高分子材料,胶结架后的煤岩散体形成“挡风墙”。固化泡沫高分子材料具有低渗透性和较强的塑性,可以将破碎的煤体粘联,将碎煤硬化,密闭架间空隙,从而隔绝漏风。

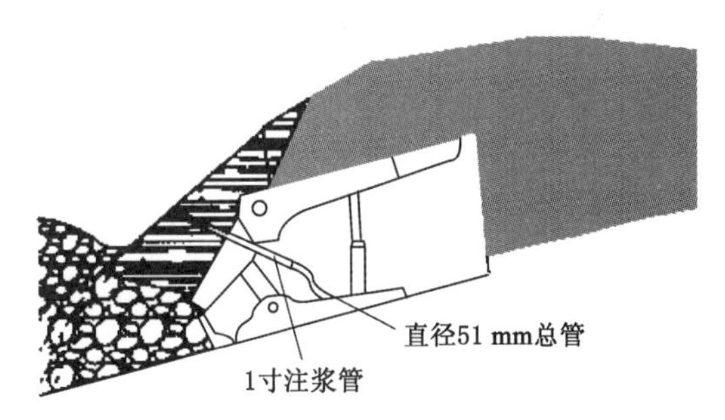

图 7-15　架间注固化泡沫高分子材料

(4) 治理措施效果

综上所述,在采取以上防灭火措施后,解决了 3309 综放工作面在过断层期间的采空区煤自燃现象。通过在过断层期间对 3309 综放工作面 CO 浓度的定点连续监测,工作面上隅角处的 CO 浓度由治理前的 0.065 6%降低到报警值以下,保证了 3309 综放工作面过断层期间的安全生产。值得注意的是,在发现险情后,打钻完毕注浆之前,CO 浓度较打钻前有明显上升,发生这种情况可能是因为在采取措施前,采空区煤炭自燃正处于发展期,没有得到有效控制,而此时进行的打钻工作又会给采空区带进去部分氧气,所以加速了煤自燃的进一步发展,导致 CO 浓度的升高。采取措施前后的 CO 浓度见表 7-1 和图 7-16。

表 7-1　　综合防灭火技术应用前后 CO 浓度变化情况

CO 浓度/10^{-6}	进风隅角	70#～69#架间	68#～67#架间	回风隅角	回风流
灾变时	656	659	566	22	15
打钻后采取措施前	1 001	785	765	37	27
综合治理后	17	11	12	7	6

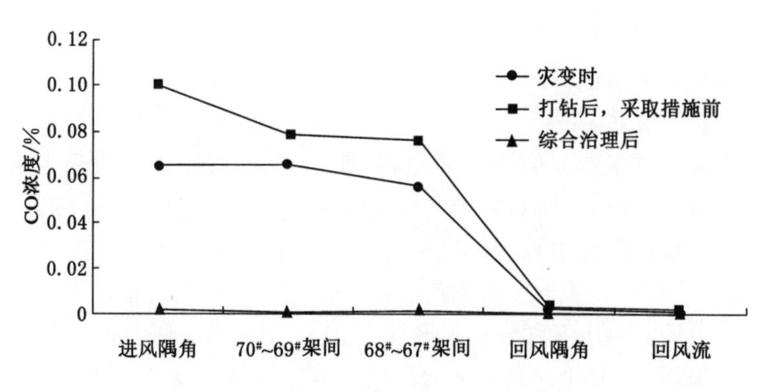

图 7-16　采取措施前后 CO 浓度变化曲线

综放工作面采空区煤自燃防治是一项复杂的系统工程，尤其是在过断层期间工作面推进速度慢，自燃带停留时间长，治理难度加大。梁宝寺煤矿在充分分析现场情况后，采取了调整工作面风量、施工高位灭火钻孔定向灌注防灭火泡沫、喷浆堵漏等综合治理措施，取得了良好的应用效果，使工作面 CO 浓度由治理前的 0.065 6%降低到 0.001 7%，从而快速治理了采空区自燃火区，保证了 3309 综放工作面在过断层期间的安全生产。

7.6.2　煤自燃隐患的定向综合防控技术在 3312 综放工作面自燃火源治理中的应用

(1) 3312 综放工作面采空区自然发火概况

3312 综放工作面走向 1 155 m，倾向 100 m，开采标高－839.9～－870.7 m，该面 3 煤为气煤，总厚度 2.0～7.4 m，平均 5.78 m，煤层结构较简单，局部含夹矸，煤层倾角在 0°～9° 之间，平均 4°，煤层普氏硬度系数 $f=1.8$。该工作面为综放工作面，采取轨道巷进风，运输巷回风的"U"形通风方式。因工作面遇断层等构造，切割为 3 个区段进行推采。工作面里切眼以南 654～677 m 处 3 煤层出现分岔，实际揭露 $3_{上}$、$3_{下}$煤层最大间距 5.0 m。工作面从 2012 年 10 月 19 日开始推采，在 2013 年 2 月 9 日开始过断层，断层落差为 3.5 m 左右，同时出现煤层分叉现象。2013 年 3 月 9 日停采，4 月 3 日工作面回风隅角和架间(21#～22#)出现 CO 气体，回风隅角 CO 浓度为 0.006%，架间 CO 浓度为 0.02%。4 月 6 日起至 4 月 9 日推采治理采空区遗煤氧化，因回风流中 CO 气体浓度较高，于 2013 年 4 月 12 日停采治理。出现自然发火隐患时，工作面所处的位置关系如图 7-17 和图 7-18 所示。

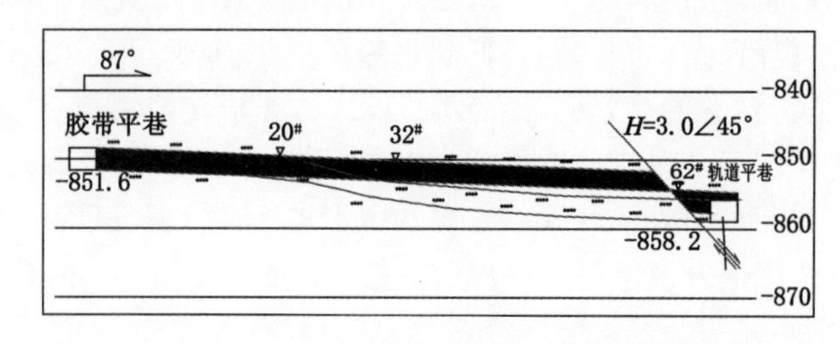

图 7-17　3312 综放工作面自燃区域实测剖面图(倾向)

(2) 采空区自然发火原因的分析

由于生产接续的原因，3312 综放工作面遭遇断层并停采 20 多天，工作面过断层时开采速度慢，平均开采速度小于最小安全推进速度，从而使得采空区氧化带内的浮煤不断氧化升

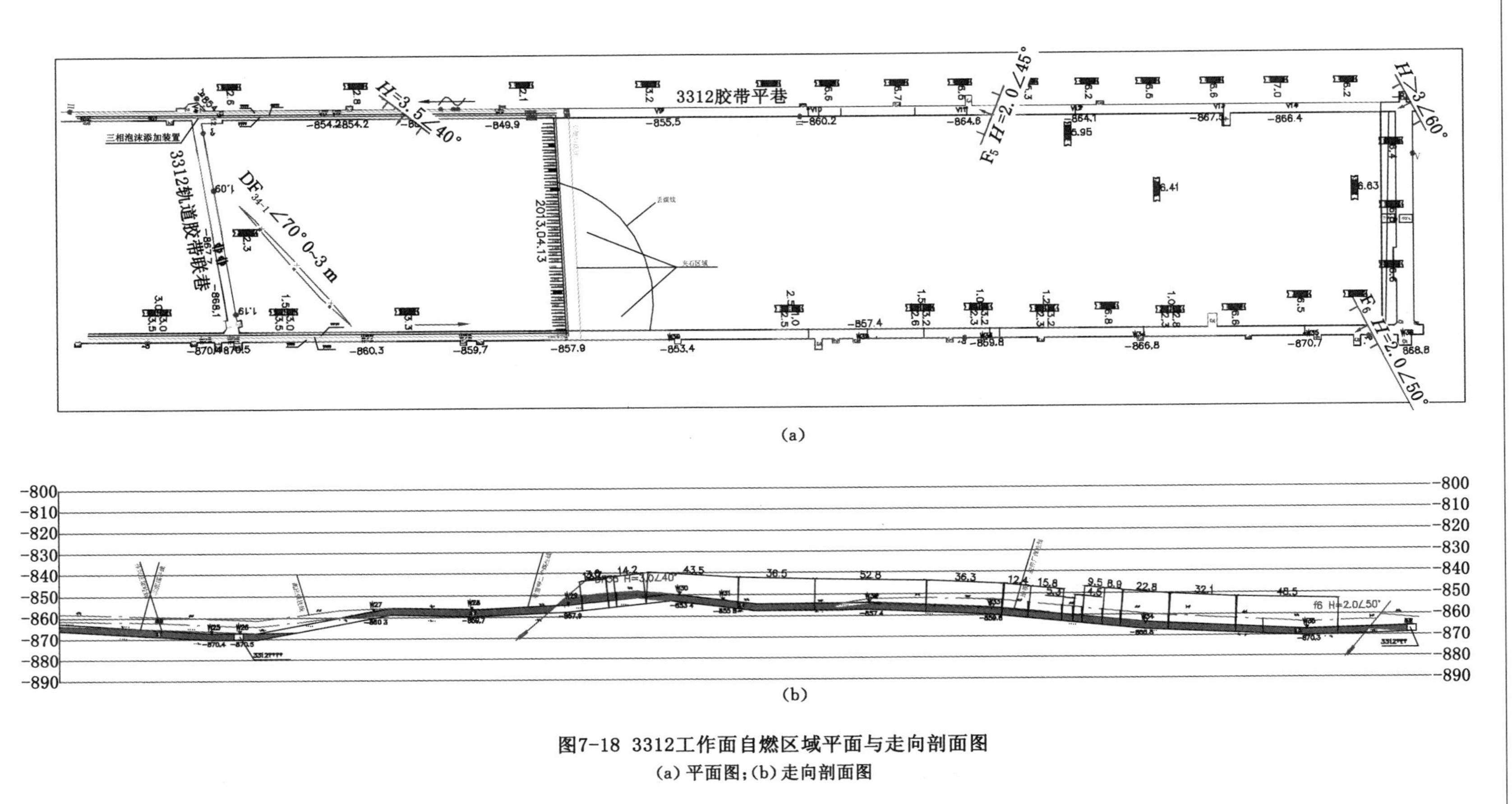

图7-18 3312工作面自燃区域平面与走向剖面图

(a) 平面图;(b) 走向剖面图

温，加上过断层时，断层下盘煤不能放出，使得采空区内浮煤较多，从而导致采空区煤氧化现象加剧使得CO气体超限，给矿井安全生产带来了较大影响。同时，工作面在采掘准备上对过断层重视不够，没有采取充分的措施防治采空区浮煤在过断层和停采期间自然发火，从而使得采空区形成较高温度点，使得工作面CO浓度超限。

(3) 定向防灭火技术在3312综放工作面自燃火区的应用

由于工作面遭遇断层需要停采撤面，在对工作面开采条件和CO浓度超限情况分析的前提下，最终做出决定在停采状态下对采空区实施灭火措施，主要包括施工高位灭火钻孔、注防灭火泡沫、液态CO_2为主的火源定向防控技术措施，同时再辅以堵漏、降低风量等补充手段。

① 高温区域的识别与判断

该面CO浓度超限时处于停采状态，在停采之前，工作面推进很慢，在过断层期间，该面有三分之二为布置在岩层中。因此，在20#～32#支架之间会形成如图7-19所示的冒落空间，一方面在该区域冒落空间大，另一方面在这些冒落区域会形成矸石和浮煤的混合带，同时悬空煤层在上浮岩层应力作用下被压裂，加上此区域漏风较大，从而易于形成高温氧化区域。该面4月3日在21#～22#支架处测到较高CO浓度，这说明图7-19中煤层悬空区域发生快速氧化的可能性较大。另外，该面进风侧附近为煤层断层，采煤过程中采空区遗煤较多，因此，也可能发生快速氧化，且该区域处于进风侧，氧化生成的CO会随着采空区漏风从回风侧支架间漏出。因此初步判定自燃火源位于架22#～68#后部的可能性最大；由此判断得出的煤自燃火源的范围较大，为此再结合靠近采空区进风侧丢煤区域大、丢煤量多、易形成涡流的实际情况，因此火源靠近进风侧的可能性较大。与此同时，3312综放工作面采空区浮煤位于采煤工作面底板上部，处于相对位置较高的点，根据煤自燃危险区域立体分布特征来判断，火源位置越高，其发生的地点应靠近工作面，故判断火源位置应在距离支架后尾梁30～40 m的范围以内。故确定先治理进风侧，逐步向回风侧靠近的治理总方案。

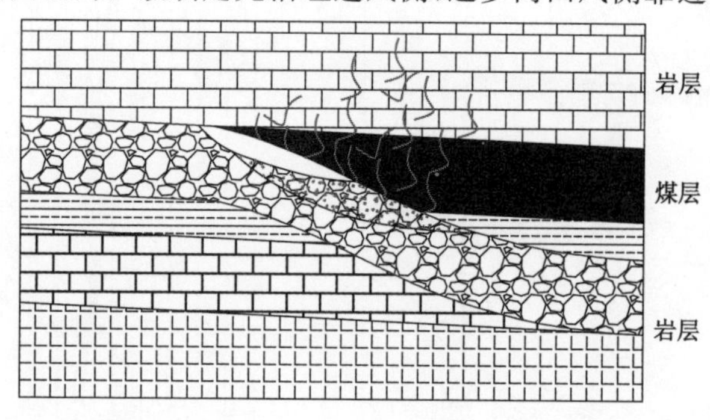

图7-19　20#～32#支架后采空区冒落情况

② 施工高位灭火钻孔

根据对火源位置的判断，通过轨道平巷和工作面中部的架前开凿了钻机房，形成钻场，向可能自燃区域施工了如图7-20所示的防灭火钻孔。根据采空区的实际情况，我们在工作面布置2个钻机房，分别位于19#架和47#架附近。在轨道平巷溜尾布置一个钻机房。扇形立体布置高位孔，分别控制采空区60 m×50 m×12 m(长×深×高)的立体空间。共布置34个高位孔，施工长度为1 310 m，部分主要高位钻孔的参数见表7-2。

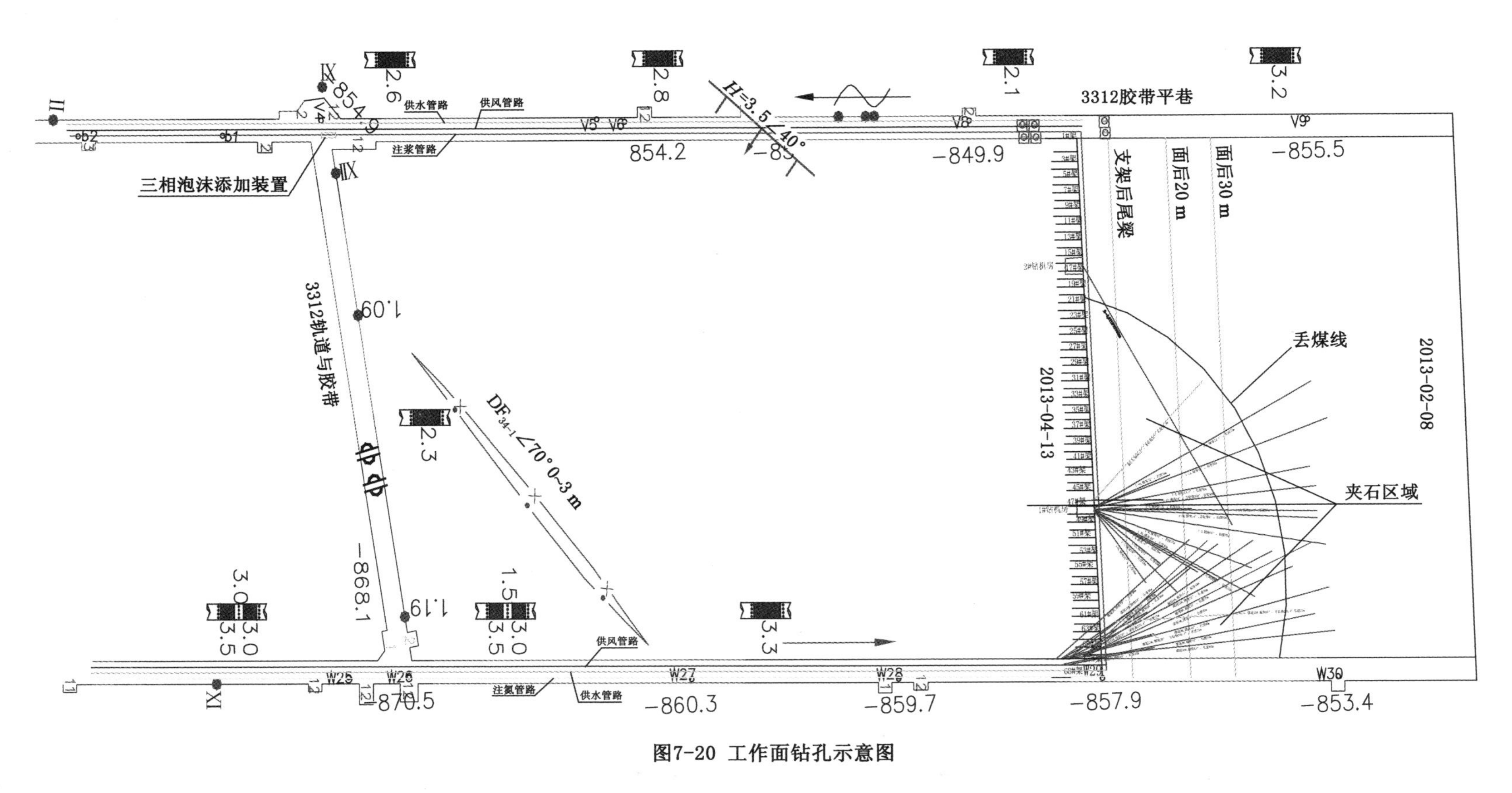

图7-20　工作面钻孔示意图

表 7-2　　钻孔参数表

开孔位置	钻孔编号	钻孔长度/m	钻孔角度/(°)	方位角/(°)
溜尾	溜-1#	44	21	
溜尾	溜-2#	38	19	
溜尾	溜-3#	20	14	
溜尾	溜-13#	21	20	346.5
溜尾	溜-15#	21	20	329
溜尾	溜-9#	60	15	
1 号钻机场	1-1	33.5	13	317
1 号钻机场	1-3	32	15	
1 号钻机场	1-7	24	30	
1 号钻机场	1-11	50	14	6
1 号钻机场	1-12	50	14	354
1 号钻机场	1-15	18	22	
1 号钻机场	1-8	18	35	
1 号钻机场	1-13	50	21.4	
1 号钻机场	新 1-1	33.5	13	317
2 号钻机场	2-4	60	13	

③ 高位钻孔多点全方位灌注液态 CO_2、两相泡沫和灌浆的火源防控技术

利用施工的高位孔进行灌注液态 CO_2，不注 CO_2 时通过高位钻孔向采空区内部大流量灌注防灭火两相泡沫或浆体。截至 2014 年 5 月初共计灌注液态 CO_2 295 t，使用发泡剂约 4.5 t，发泡体积达 2 万余立方米。在治理过程中，曾出现 2 次底板高温水现象，一次是对1-3 高位孔注浆时，从工作面 59# 至 60# 架间底板出现 42 ℃的高温水。第二次是在对 1-12、1-11 高位孔注两相泡沫和浆体时，59# 至 60# 架间底板出现 47 ℃的高温水，持续近 20 h，附近支架底板出水温度在 33 ℃左右。通过综合发挥泡沫防灭火技术的吸热降温能力和大流量液态 CO_2 的惰化能力，起到对火源点进行控制的目的。

④ 采空区堵漏的火区辅助治理措施

为了减少采空区漏风，在 3312 胶带平巷施工两道调节风门，将风量由 600 m^3/min 控制到 400 m^3/min 左右。由于该工作面处于停采状态，在减少工作面风量的同时，对整个工作面所有支架架挡、顶部、架间后尾梁以里 0.5～2 m 的空间、进回风隅角、工作面后部所暴露的地点全面喷注聚氨酯固化泡沫材料，利用固化泡沫材料的挂壁性进行采空区堵漏，最大限度地减少采空区漏风。同时，利用短臂高位孔(伸入采空区 10～25 m)对采空区灌注胶体、超高水材料，在采空区浇筑出一道“帷幕”墙体，既减少漏风，又可控制高温点蔓延至工作面。

(4) 自燃火区灭火效果分析

图 7-21 为对火源采取通过高位钻孔灌注防灭火泡沫和液态 CO_2 后部分地点的气体数据变化规律。从图中可以看出，在采取 CO_2 惰化、防灭火泡沫吸热降温等灭火措施后，自燃隐患得到了一定的控制，回风流 CO 浓度有一定的降低，最终使得回风流中的 CO 浓度在降到了满足安全生产需要的水平，从而为该面的顺利回撤提供了条件。至 2013 年 7 月 3312

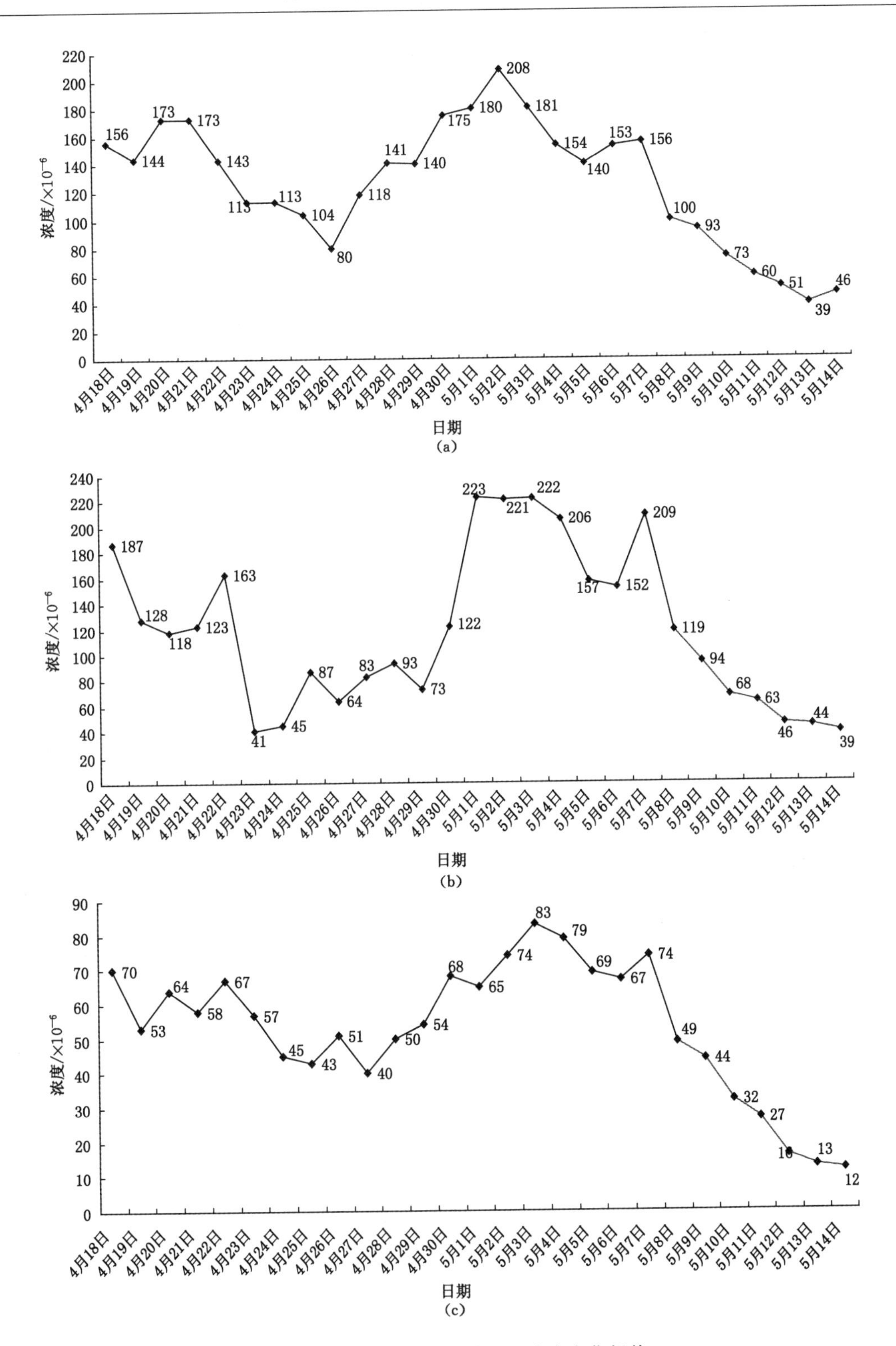

图 7-21 灭火期间检测点 CO 浓度变化规律

(a) 3312 工作面回风流 CO 浓度变化曲线(瓦斯检查工);(b) 3312 工作面回风流传感器 CO 浓度变化曲线(转载机处);
(c) 3312 胶带平巷回风流传感器 CO 浓度变化曲线(胶带机头)

综放工作面顺利完成了撤面，并在新切眼进行了工作面的重装。

7.7 本章小结

本章主要介绍了煤层自燃立体综合预防技术以及火源定向防控技术在梁宝寺煤矿部分工作面煤层自燃防治工作中的应用。针对多数防灭火介质灌注流量和覆盖范围小、惰化效果差，难以实现定点防治等技术缺点，本课题组提出了采空区煤自燃隐蔽火源的定向综合防控技术，该技术在综合分析采空区上覆岩层运移规律和防火需要的基础上优化设计高位钻孔参数，采用钻套一体化技术等方法施工高位钻孔，通过钻孔大流量灌注液态 CO_2 和防灭火两相泡沫，发挥两种技术流量大、覆盖面积广、降温和在采空区滞留时间长、惰化效果好的优点，达到控制煤自燃隐患的目的。

(1) 采用采空区底板预埋管注氮、高位钻孔注防灭火泡沫和黄泥浆，上下端头堵漏等相结合的空间立体综合防治技术，成功控制了 3404 停采煤工作面在停采期间的自然发火的危险性，实现了长时间停采缩面期间不发生自燃隐患的安全生产目标。

(2) 利用煤自燃隐患的定向防控技术成功处理了 3408 工作面、3309 工作面和 3312 工作面三起煤层自燃火源。尤其是在 3309 工作面和 3312 工作面两起采空区自燃隐患的处理过程中，充分发挥了我们所提出的煤自燃隐患定向防控技术的技术优势，实现了防灭火介质的大流量、三维立体定向灌注，有效控制住了火势的发展，实现了对火源降温直至熄灭的最终治理目标。

8 总　结

针对矿井深部开采条件下存在的煤层自燃和瓦斯异常涌出问题，系统研究了梁宝寺煤矿煤层自燃特性、瓦斯赋存参数，煤层自然发火规律和瓦斯异常涌出规律，构建了煤自燃和瓦斯综合防控技术体系，实现了对瓦斯和火灾的有效防控，取得了显著的经济效益和社会效益。主要研究成果如下：

(1) 在实验室对煤样进行程序升温控制测试，得出了气体浓度随温度的变化趋势，分析了煤氧化温度与气体产物的特性，得出了3418工作面预测预报指标：以CO为主，并辅以C_2H_4、C_2H_2来掌握煤炭自燃情况；CO的出现说明煤已经发生氧化反应，C_2H_4出现表明煤温已经达到100 ℃以上，C_2H_2的出现则说明煤温至少已经超过193 ℃，此时应采取积极的防灭火措施。

(2) 基于色谱吸氧法和氧化动力学方法对3418工作面煤样的自燃倾向性进行了测定，鉴定表明梁宝寺煤矿3煤层属“Ⅱ级”自燃煤层。在氧化动力学测试和绝热氧化实验的基础上，建立了绝热氧化时间与氧化动力学判定参数之间的关系，通过理论计算预测得到了梁宝寺煤矿煤的实验最短自然发火期为33 d。

(3) 通过对梁宝寺煤矿瓦斯地质规律研究得出：影响矿井瓦斯赋存的影响因素有沉积环境、煤层围岩特性、地质构造、火成岩侵入、煤的变质程度和埋深。结合梁宝寺煤矿3316工作面和临近工作面的瓦斯涌出量对比，可以看出地质构造和煤层埋藏深度对3煤层的瓦斯异常涌出有较大的影响。在断层附近和向斜轴部区域，工作面瓦斯涌出出现异常。

(4) 基于未确知测度理论，建立了采煤工作面自然发火危险性等级评价和排序模型。从地质条件和工况状况出发，选取了影响3418采煤工作面自然发火危险性的20个因素，根据定性和定量指标进行了计算，并利用熵计算了各影响因素的指标权重，依照置信度识别准则进行等级判定，最后得出了该采煤工作面自然发火危险性的评价结果，评价结果显示，在正常推进阶段，该面为一般危险性工作面。

(5) 为了更好地观测采空区自燃“三带”分布的问题，采用沿工作面全线布点的方法观测采空区自燃“三带”，针对3418工作面沿倾向上布置了4个测气与测温点进行自燃“三带”观测，利用Matlab对得到的氧气、氮气、一氧化碳、二氧化碳、甲烷、乙烷和温度的变化规律进行了分析，划分得出了采空区自燃“三带”范围和计算得出了该工作面的最小安全推进速度为2.2 m/d，结果显示，在正常回采条件下，该工作面采空区不会发生自燃火灾。叠加观测的氧气、一氧化碳、温度数据以及浮煤分布得到了该面的易自燃区域，其中3#测点对应的易自燃区域是该工作面防灭火的重点，划分结果提高了该面防灭火的针对性。

(6) 在对Fluent软件进行二次开发的基础上，采用计算流体动力学知识对3418综放工作面不同瓦斯抽采条件下采空区氧气浓度分布规律进行了研究。研究表明：随着抽采流量的增加，采空区氧化带前缘和氧化带的后边界都向采空区深部方向运移，并且前缘和后缘的距离也有一定的增加，即采空区瓦斯抽采导致自燃带的范围增大。

(7) 分析了梁宝寺煤矿局部瓦斯超限的主要原因,提出了“双抽排,双置换”的瓦斯异常区域内瓦斯综合防治思路。即在采用工作面水力置换驱替瓦斯技术、间歇性注氮气泡沫的上隅角瓦斯置换与阻隔技术置换驱替瓦斯的同时,采用交替掩护式高位钻孔以及“注抽一体化”隅角瓦斯治理相结合的瓦斯抽排技术,引排瓦斯,形成了瓦斯驱替、堵截相结合的采空区瓦斯治理三维空间网络,形成了一套完整的工作面瓦斯治理综合技术体系。

(8) 优化了梁宝寺煤矿煤层水力置换驱替瓦斯的技术参数。通过现场考察不同注水压力、流量,不同钻孔布置间距条件下,煤层注水后泄压钻孔内瓦斯释放和水分变化的规律,分析了煤层水力置换驱替煤层瓦斯的效果,得出了最优的煤层注水技术参数,提升了煤层注水防治瓦斯的效率。

(9) 针对先前梁宝寺煤矿采空区高位钻孔瓦斯抽采效果不佳的技术现状,研究了梁宝寺煤矿综放工作面开采造成的上覆岩运移规律,找出了裂隙带的大体分布高度范围,优化设计了高位钻孔的设计参数,提升了高位钻孔在瓦斯抽采中的效率。

(10) 研究了采空区注氮气泡沫时泡沫在采空区中的扩散流动状态,提出了使用间歇性注氮气泡沫的上隅角瓦斯置换与阻隔技术。通过上隅角预埋管间歇性向采空区灌注氮气泡沫,在保持煤体润湿与阻化的同时置换上隅角附近采空区内的瓦斯,阻隔采空区瓦斯向上隅角的流动通道,从而在一定程度上避免了上隅角瓦斯的大量聚集。

(11) 为了防治抽采漏风和采空区自燃,提出了大流量灌注液态氮气惰化采空区,针对氮气防灭火机理和注氮与瓦斯抽采之间的关系进行了分析,建立了采空区灌注液态氮气的工艺体系。

(12) 针对传统的喷水泥砂浆、打挡风垛等方法的堵漏工作量大、堵漏效果差的缺点,开展了煤岩散体固化胶结的堵漏风技术研究。制备了一种高分子固化泡沫胶结材料,材料具有良好的膨胀性、胶结性和黏附性能,具备一定的吸热降温性能。设计了基于高分子固化泡沫胶结材料的堵漏工艺。即将高分子固化泡沫材料注射在采空区上、下端头松散的煤岩中,形成煤岩胶结体和致密覆盖膜的一种增阻、堵漏、控氧的防灭火技术。基于氮气惰化技术和固化泡沫堵漏技术,建立了综放工作面采空区煤自燃的立体综合预防技术体系,为工作面自然发火防治提供了技术支持。

(13) 针对防灭火钻孔施工时穿越松散带的钻孔施工所面临的卡钻、塌孔等难题,结合对松散区域分布范围和钻孔影响因素的分析,开展防灭火钻孔的施工方法研究,提出了“小钻头施工、大钻头扩孔后下套管”的大口径钻孔施工方法、“钻孔的预钻技术”和“钻套一体化”等防灭火钻孔施工技术思路,以上方法和思路显著提高了防火钻孔施工的成孔率,为实现防灭火介质的大流量定向灌注扫清了技术障碍。

(14) 提出了大流量灌注液态 CO_2 和两相泡沫的自燃隐患定向综合防控技术。该技术集松散介质快速打钻、大流量快速灌注液态 CO_2 和防灭火泡沫,实现了液态 CO_2 和防灭火泡沫的快速、定向定点、大流量的三维立体灌注,大大增加了介质覆盖面积,提高了火区的惰化效果,增加了防控火区的效率。该技术即可作为高效的火灾预防手段,也可作为发生自燃灾变时的处置手段,对治理矿井火灾具有重要意义。

(15) 上述深部矿井瓦斯与煤层自燃关键防控技术在梁宝寺煤矿开采过程中进行了工业性的试验和应用,有效控制了瓦斯异常区回采过程中的瓦斯超限问题,防止了 3404 等自燃威胁严重工作面出现自燃隐患,处置了 3312、3309 等工作面的自燃火灾,取得了较好的效果,为矿井的安全生产提供了保障,取得了显著的经济效益和社会效益。

参考文献

[1] 中华人民共和国国家统计局. 中华人民共和国 2017 年国民经济和社会发展统计公报[N]. 中国信息报,2018-03-01(3).

[2] 谢和平,彭苏萍. 深部开采基础理论与工程实践[M]. 北京:科学出版社,2006.

[3] 谢和平,周宏伟,薛东杰,等. 煤炭深部开采与极限开采深度的研究与思考[J]. 煤炭学报,2012,37(4):535-542.

[4] 梁政国. 煤矿山深浅部开采界线划分问题[J]. 辽宁工程技术大学学报(自然科学版),2001,20(4):554-556.

[5] 钱七虎. 深部岩体工程响应的特征科学现象及"深部"的界定[J]. 东华理工学院学报,2004,27(1):1-5.

[6] 何满潮,谢和平,彭苏萍,等. 深部开采岩体力学研究[J]. 岩石力学与工程学报,2005(16):2803-2813.

[7] 艾顺龙,袁亮. 开展深部开采关键技术研究[N]. 中国电力报,2014-10-21(8).

[8] 张农. 深部煤炭资源开采现状与技术挑战[C]//中国煤炭工业协会. 全国煤矿千米深井开采技术. 北京:中国煤炭工业协会,2013:22.

[9] 郭志伟. 我国煤矿深部开采现状与技术难题[J]. 煤,2017,26(12):58-59,65.

[10] 蓝航,陈东科,毛德兵. 我国煤矿深部开采现状及灾害防治分析[J]. 煤炭科学技术,2016,44(1):39-46.

[11] 虎维岳. 深部煤炭开采地质安全保障技术现状与研究方向[J]. 煤炭科学技术,2013,41(8):1-5,14.

[12] 樊九林,钱泽兵. 深部开采煤层自燃危险性规律及防治技术[J]. 煤矿安全,2009,40(12):24-26.

[13] 刘泉声,时凯,黄兴. TBM 应用于深部煤矿建设的可行性及关键科学问题[J]. 采矿与安全工程学报,2013,30(5):633-641.

[14] 庞国强. 矿井火灾防治[M]. 北京:煤炭工业出版社,2011.

[15] 姚建,田冬梅. 矿井火灾防治[M]. 北京:煤炭工业出版社,2012.

[16] 王刚,程卫民. 矿井火灾防治实用措施[M]. 北京:煤炭工业出版社,2013.

[17] 王省身,张国枢. 矿井火灾防治[M]. 徐州:中国矿业大学出版社,1990.

[18] 中国煤炭工业劳动保护科学技术学会. 矿井火灾防治技术[M]. 北京:煤炭工业出版社,2007.

[19] 赵全福. 煤矿安全手册 第四篇:矿井防灭火[M]. 北京:煤炭工业出版社,1991.

[20] 李学城,王省身. 中国煤矿通风安全工程图集[M]. 徐州:中国矿业大学出版社,1995.

[21] 王德明. 矿井通风与安全[M]. 徐州:中国矿业大学出版社,2007.

[22] DONALD W, MITCHELL P E. Mine Fires[M]. Chicago:Intertec Publishing Company,1996.
[23] 王显政.煤矿安全新技术[M].北京:煤炭工业出版社,2002.
[24] 范天吉.矿井防灭火综合技术手册[M].长春:吉林音像出版社,2003.
[25] 邓军,文虎,张辛亥,等.煤田火灾防治理论与技术[M].徐州:中国矿业大学出版社,2014.
[26] 仲晓星.煤自燃倾向性的氧化动力学测试方法研究[D].徐州:中国矿业大学,2008.
[27] 王德明.煤氧化动力学理论及应用[M].北京:科学出版社,2012.
[28] 胡争国,仲晓星,王德明,等.煤自燃倾向性鉴定方法不合理性分析[J].煤炭科学技术,2008,36(8):49-52.
[29] 顾俊杰,王德明,仲晓星,等.基于失碳速率的煤氧化动力学模型研究[J].火灾科学,2009,18(3):138-142.
[30] 许涛,王德明,辛海会,等.煤低温恒温氧化过程反应特性的试验研究[J].中国安全科学学报,2011,21(9):113-118.
[31] 王德明.矿井火灾防治[M].徐州:中国矿业大学出版社,2008.
[32] 周秀红,杨胜强,胡新成.旧街煤矿瓦斯赋存及涌出规律分析[J].煤炭技术,2011,30(9):95-97.
[33] 赵莉,曾勇,吕倩,等.煤矿瓦斯赋存与瓦斯涌出规律研究[J].煤炭工程,2011(3):84-86.
[34] 林柏泉.矿井瓦斯防治理论与技术[M].徐州:中国矿业大学出版社,2010.
[35] 俞启香,程远平.矿井瓦斯防治[M].徐州:中国矿业大学出版社,2012.
[36] 周世宁.测定煤层瓦斯压力的新方法[J].煤矿安全,1983(9):5-8.
[37] 韩国将,王成,杜泽生,等.微震监测技术在煤矿冲击地压预测中的应用[J].中州煤炭,2015(11):37-41.
[38] 王正辉.采煤工作面自燃危险性评价方法[D].北京:煤炭科学研究总院,2004.
[39] 李洪刚.厚煤层放顶煤回采自然发火危险性评价分析[J].煤炭工程,2009(9):91-93.
[40] 王康民,王民华.基于模糊综合评价理论的采煤工作面煤炭自燃危险性评价[J].山西能源学院学报,2017,30(2):102-103.
[41] 王德明,王俊.基于无导师神经网络的煤炭自燃危险性聚类分析[J].煤炭学报,1999,24(2):37-40.
[42] 柴利平,石向荣.基于模糊聚类分析法评价煤层的自燃危险性[J].陕西煤炭,2017,36(1):25-28,36.
[43] 张红芬.煤自燃特性与巷道松散煤体自燃三维多场耦合研究[D].北京:中国矿业大学(北京),2016.
[44] 文虎.煤自燃过程的实验及数值模拟研究[D].西安:西安科技大学,2003.
[45] 徐精彩.煤自燃危险区域判定理论[M].北京:煤炭工业出版社,2001.
[46] 李宗翔,许端平,刘立群.采空区自然发火“三带”划分的数值模拟[J].辽宁工程技术大学学报,2002,21(5):545-548.
[47] 郝迎格,简俊常.超长综放工作面自然发火的防治技术[J].中国煤炭,2005,31(9):61-

63,65.

[48] 余明高,潘荣锟.煤矿火灾防治理论与技术[M].郑州:郑州大学出版社,2008.

[49] 秦书玉,赵书田,张永吉,等.煤矿井下内因火灾防治技术[M].沈阳:东北大学出版社,1993.

[50] 李宗翔.高瓦斯易自然采空区瓦斯与自然耦合研究[D].阜新:辽宁工程技术大学,2007.

[51] 王俊峰,李有忠.注氮防火时采空区气体变化与“三带”分布状况的检测[J].太原理工大学学报,2000,31(6):638-641.

[52] 陈全,王省身.综放采场自然发火规律及注氮防灭火技术研究[J].煤炭学报,1996,21(6):59-64.

[53] 文虎,徐精彩,葛岭梅,等.采空区注氮防灭火参数研究[J].湘潭矿业学院学报,2001,16(2):15-18.

[54] 李宗翔,单龙彪,张文君.采空区开区注氮防灭火的数值模拟研究[J].湖南科技大学学报(自然科学版),2004,19(3):5-9.

[55] 李宗翔,题正义,纪奕君.采空区开区注氮灭火温度场冷却过程的数值模拟[J].中国安全科学学报,2005,15(9):28-32.

[56] 周福宝,王鑫鑫,夏同强.瓦斯安全抽采及其建模[J].煤炭学报,2014,39(8):1659-1666.

[57] 余陶.采空区瓦斯与煤自燃复合灾害防治机理与技术研究[D].合肥:中国科学技术大学,2014.

[58] 罗新荣,李亚伟,丁振.地面钻井抽采下的高瓦斯采空区注氮防灭火研究[J].黑龙江科技大学学报,2016,26(3):244-250.

[59] 汪文革,袁奎.注氮条件下瓦斯抽采对采空区自燃“三带”的影响[J].煤炭科学技术,2014,42(12):75-78,83.

[60] 杨志功,穆守丽.综采放顶煤工作面采空区注氮防灭火工艺的实践[J].煤矿安全,2008(5):30-34.

[61] 王云龙,贾宝山,林立峰.设置挡风墙对采空区自燃“三带”分布的影响[J].能源技术与管理,2012(1):25-27.

[62] 赵以蕙.矿井通风与空气调节[M].徐州:中国矿业大学出版社,1990.

[63] 杨海.矿用固化泡沫防灭火密闭充填新技术[J].煤矿安全,2005(10):28-30.

[64] 焦根善.液态二氧化碳灭火技术在矿井灭火中的应用[J].陕西煤炭,2011,30(3):85-87.

[65] 李锋,许永刚.液态二氧化碳在综放工作面防灭火中的应用[J].内燃机与配件,2018(7):230-231.

[66] 张长山,张辛亥.罐装液态二氧化碳直接防灭火技术[J].煤矿安全,2016,47(9):82-84.

[67] 时国庆.防灭火三相泡沫在采空区中的流动特性与应用[D].徐州:中国矿业大学,2010.

[68] 马汉鹏.三相泡沫流动及防灭火特性与应用研究[D].徐州:中国矿业大学,2006.

[69] 孔祥言.高等渗流力学[M].合肥:中国科学技术大学出版社,1999.
[70] 刘剑.采空区自然发火数学模型及其应用研究[D].沈阳:东北大学,1999.
[71] 奚志林.矿用防灭火有机固化泡沫配制及其产生装置研究[D].徐州:中国矿业大学,2010.